电脑 Diannao | 即学即用 | 系列

Jixuejiyong Xilie

电脑组装与维护

即学即用

郝加波　编著

电子科技大学出版社

图书在版编目（CIP）数据

电脑组装与维护即学即用 / 郝加波编著. —成都：电子科技大学出版社，2008.1
（电脑即学即用系列）
ISBN 978-7-81114-717-9

Ⅰ.电… Ⅱ.郝… Ⅲ. ①电子计算机—组装—基本知识 ②电子计算机—维修—基本知识 Ⅳ. TP30

中国版本图书馆 CIP 数据核字（2007）第 191668 号

电脑组装与维护 即学即用

郝加波　编著

出　　版：电子科技大学出版社（成都市一环路东一段 159 号电子信息产业大厦　邮编：610051）
策划编辑：谢应成
责任编辑：谢应成
主　　页：www.uestcp.com.cn
电子邮件：uestcp @ uestcp.com.cn
发　　行：新华书店经销
印　　刷：四川南方印务有限公司
成品尺寸：185 mm×230 mm　　印张 12.5　字数 288 千字
版　　次：2008 年 1 月第一版
印　　次：2008 年 1 月第一次印刷
书　　号：ISBN 978-7-81114-717-9
定　　价：20.00 元

■ 版权所有　侵权必究 ■

◆ 邮购本书请与本社发行部联系。电话：（028）83202323，83256027
◆ 本书如有缺页、破损、装订错误，请寄回印刷厂调换。
◆ 课件下载在我社主页“下载专区”。

《电脑即学即用系列》序

电脑作为现代办公设备必不可少的一种工具，已经广泛地应用到各个领域，正在改变着人们的生产和生活。不会使用电脑就跟不上时代，因此，如何快速地学会电脑操作技能，就成为现代社会每个人都需要解决的新问题。

为适应这种需求，各类学历教育学校以及社会培训学校都开设计算机专业方面的课程，各类学校也将非计算机专业学生的电脑知识和技能教育纳入教学计划。为此，我们组织了一批教学精英编写这套《电脑即学即用》系列，以满足学校教学和学习电脑知识人员的需要。本套教材的作者均长期从事一线教育工作，熟悉教学内容的编排，了解学生的需求和接受能力，并将丰富的授课和写作经验融入本套教材的编写中。

本套教材涵盖了计算机各个应用领域，包括操作系统使用、办公软件、互联网、网页制作、计算机组装、图形图像、二维动画、三维动画、电脑制图等。众多的图书品种可以满足不同读者、不同电脑课程设置的需要。

本套丛书全部以最流行软件为基础，详细讲解每个软件的使用方法及应用技巧，并以大量的案例贯穿于教学过程中，使读者真正熟练掌握所学软件，融会贯通。本套丛书具有以下特点：

1. 本丛书紧密结合自学与课堂教学的特点，针对广大初、中级读者电脑基础知识薄弱的现状，突出基础知识和实践指导方面的内容。

2. 版式设计简洁、大方，突出重点，对于标题、正文、注释、技巧等都设计了醒目的字体，读者阅读起来会感到轻松愉快。

3. 语言精练实用，不讲深奥的原理，只介绍学习电脑应用最需要的内容。

4. 以详细、直观的步骤讲解相关操作，方便读者阅读。本套丛书在实例的讲解上注意选材，书中的实例都具有较强的代表性。

5. 本套丛书中涉及的制作实例、素材等内容均可在http://www.zrbook.net网站上下载使用。

编 者

2007年10月

电脑组装与维护 即 学 即 用 前 言

当今社会，计算机已成为人们日常工作和学习中必不可少的工具，掌握并熟练使用计算机技术已经成为人们必须具备的一项基本技能。

本书以循序渐进的方式，介绍了计算机内部设备、计算机外部设备、操作系统安装、应用软件安装、计算机病毒及常见故障维护，从而让读者轻松组装和维护计算机。

本书共有 8 章，其内容如下。

第 1 章介绍了计算机系统，包括计算机的发展与应用、计算机系统的组成。

第 2 章介绍了计算机的内部设备，主要介绍 CPU、主板、内存条、硬盘、显卡、机箱、电源以及计算机的组装过程。

第 3 章介绍了计算机的外部设备，包括显示器、鼠标、键盘、音箱、光驱和打印机。

第 4 章介绍了 CMOS 设置与操作系统的安装，包括认识 CMOS，认识 BIOS、BIOS 的设置、硬盘分区、格式化和操作系统的安装与维护。

第 5 章介绍了应用软件的安装，主要介绍了压缩软件 WinRAR、Office 2003 和 AutoCAD 2006 三种应用软件的安装过程。

第 6 章简单介绍了常用的工具软件，包括备份软件 Ghost、Windows 优化大师、超级兔子魔法设置和磁盘分区。

第 7 章介绍了计算机的病毒防护，包括病毒的介绍、病毒的传播路径、对病毒的防治、防火墙以及杀毒软件的介绍。

第 8 章简单介绍了一些常见的电脑日常维护、故障及处理方法。

本书的主要特点：

1. 层次清晰，循序渐进，实例丰富；
2. 内容全面，重点突出，实用性强；
3. 语言简洁，可以使学习者迅速达到熟练水准；
4. 本书的制作实例及素材均可通过 http://www.zrbook.net 网站下载。

由于编者水平有限，加之时间仓促，书中难免有不足之处，望广大读者批评指正。

郝加波
2007 年 10 月

电脑组装与维护 即学即用 目录

电脑组装与维护 即学即用 目录

电脑即学即用

教你学电脑

第 1 章 计算机系统概述

本 章 要 点：

- ◆ 计算机的发展
- ◆ 计算机的特点
- ◆ 计算机的应用领域
- ◆ 计算机的组成

电脑博士，计算机是什么时候诞生的？它有什么用途呢？

小丽，世界上第一台电子计算机诞生于 1946 年，它主要用于科学计算、信息管理、过程控制与检测、计算机辅助工程应用、计算机网络通信、电子商务等。

1.1 计算机的发展与应用

计算机的出现，为人类发展科学技术、创造文化提供了新的现代化工具。以计算机技术为基础的高新技术的广泛应用，对人类社会的生产方式、工作方式、生活方式和学习方式都产生了极其深远的影响。计算机把人类带入了一个信息化的新时代。

1.1.1 计算机的发展

世界上第一台电子计算机诞生于 1946 年，取名为 ENIAC（埃尼阿克）。ENIAC 是英文 Electronic Numerical Integrator And Calculator（电子数字积分计算机）的缩写。这台计算机主要是为了解决弹道计算问题而研制的，主要研制人是美国宾夕法尼亚大学莫尔电气工程学院的 J.W.Mauchly（莫奇莱）和 J.P.Eckert（埃克特）。ENIAC 计算机使用了 18 000 多个电子管、10 000 多个电容器、7 000 多个电阻、1 500 多个继电器，功率为 150 千瓦，重量达到 30 吨，占地面积为 170 平方米。它的加法运算速度为每秒 5 000 次。ENIAC 计算机的问世，宣告了电子计算机时代的到来。

从 1946 年美国研制成功世界上第一台电子计算机至今，按计算机所采用的电子器件来划分，计算机的发展经历了以下四个阶段。

第一阶段大约为 1946～1958 年，计算机采用的电子器件是电子管。电子管计算机的体积十分庞大，成本很高，可靠性低，运算速度慢。第一代计算机的运算速度一般为每秒几千次至几万次。在第一代计算机期间，软件方面仅仅初步确定了程序设计的概念，尚无系统软件可言。软件主要使用机器语言，使用时必须用二进制编码的机器语言来编写程序，其应用领域仅限于科学计算。

第二阶段大约为 1958～1964 年，计算机的电子器件采用的是晶体管，它的主要存储器采用磁芯存储器，外存储器开始使用磁盘，并提供了较多的外部设备。晶体管计算机与电子管计算机相比，其体积小、重量减轻、成本降低、容量扩大、功能增强、可靠性大大提高。它的运算速度提高到每秒几万次至几十万次。在这个阶段，出现了高级程序设计语言。这类语言主要使用英文字母以及读者熟悉的数字符号，接近于自然语言，使读者能够方便地编写程序。第二代计算机应用领域扩大到数据处理、事务管理和工业控制等方面。

第三阶段大约为 1964～1971 年，计算机采用了小规模和中规模集成电路。由于采用了集成电路，计算机的体积大大缩小，成本进一步降低，耗电量更省，可靠性更高，功能更加强大。其运算速度已经达到每秒几十万次至几百万次，而且内存容量大幅度增加。在软件方面，出现了许多高级语言，并开始使用操作系统，使计算机的管理和使用更加方便。这代计算机广泛应用于科学计算、文字处理、自动控制与信息管理等方面。

第四阶段为 1971 年至今，计算机全面采用大规模集成电路和超大规模集成电路。计算机的存储容量、运算速度和功能都有极大地提高，提供的硬件和软件更加丰富和完善。在这个阶段，计算机向巨型和微型两极发展，出现了微型计算机。微型计算机的出现使计算机的应用进入了突飞猛进的发展时期。特别是微型计算机与多媒体技术的结合，将计算机的生产和应用推向了新的高潮。

1.1.2 计算机的特点

计算机能进行高速运算，具有超强的记忆（存储）功能和灵敏准确的判断能力。计算机具有以下基本特点：

（1）具有超强的记忆（存储）功能，能存储程序，由程序来控制运算和操作。

（2）具有强大的数据处理能力，能完成各种复杂的任务。

（3）具有自动运行和自动控制的能力。

（4）具有高速的运算速度、极高的计算精度和灵敏准确的判断能力。

1.1.3 计算机的应用领域

计算机的三大传统应用是科学计算、事务数据处理和过程控制。随着计算机技术突飞猛进的发展，计算机的功能越来越强大，计算机的应用更加广泛和普及。可以说，在今后科学技术以及社会发展的每一项领域中，几乎都离不开计算机。计算机的应用领域大致可以分为以下几个方面。

• 科学计算

科学研究对计算能力的需要是无止境的。现代科学技术工作中的科学计算问题是十分巨大而复杂的。利用计算机的快速、高精度、连续的运算能力，可以完成各种科学计算，解决人力或者其他计算工具无法解决的复杂计算问题。

• 信息管理

利用计算机可以对任何形式的数据（包括文字、数字、图形、图像、声音等）进行加工和处理，例如文字处理、图形处理、图像处理和信号处理等。目前信息管理是计算机应用最为广泛的领域，现在越来越多的企业和单位已经普遍实现用计算机对财务、会计、档案、仓库、统计、医学资料等各个方面信息进行处理与管理。利用计算机进行信息管理，可以为实现办公自动化和管理自动化创造有利条件。

• 过程控制与检测

利用计算机对生产过程进行控制，可以提高生产的自动化水平，减轻劳动强度，提高劳动生产率和产品质量。现在，计算机过程控制已经广泛应用于机械、电力、石油、化工、冶金等工业领域，有力地促进了工业生产的自动化。

• 计算机辅助工程应用

利用计算机进行辅助设计、辅助制造、辅助测试和辅助教学，可以使设计与制造的效率、产品的质量和教学水平得到极大提高。

计算机辅助设计 CAD（Computer Aided Design）是利用计算机来帮助设计人员完成具体设计任务、提高设计工作的自动化程度和质量的一门技术。目前，CAD 技术已经广泛应用于机械、电子、航空、船舶、汽车、纺织、服装、建筑以及工程建设等各个领域，成为提高劳动生产率、产品质量以及优化工程设计水平的重要手段；计算机辅助制造 CAM（Computer Aided Manufacturing）是利用计算机来进行生产的规划、管理和控制产品制造的过程。随着生产技术的发展，现在已经把越来越多的 CAD 和 CAM 功能融为一体，使传统的设计与制造彼此相对分离的任务作为一个整体来规划和开发，实现 CAD 和 CAM 的一体化。

计算机辅助教学 CAI（Computer Assisted Instruction）是指利用计算机来实现教学功能的一种教育形式，是通过学习与计算机的交互活动达到教学目的的一种高科技手段。计算机中有预先安排好的学习计划、教学材料以及测验和评估等内容，学生与计算机通过对话方式进行教与学。计算机能对学生的学习效果进行评价，并能指出学生在学习过程中的错误。计算机可以替代教师帮助学生学习，并能不断改进教学方式、改善学习效果、提高教学水平和教学质量。CAI 体现了一种新的教育思想，是一种现代化的教学方式。

计算机辅助测试 CAT（Computer Aided Testing）是指利用计算机辅助进行产品测试。利用计算机进行辅助测试可以提高测试的准确性、可靠性和效率。

• 计算机网络通信

计算机网络是计算机技术与现代通信技术相结合的产物。利用计算机网络，可以使一个地区、一个国家，甚至在全世界范围内实现计算机软、硬件资源的共享，从而使众多的计算机可以方便地进行信息交换和相互通信。

• 电子商务

电子商务是一种现代商业方法，是利用现有的计算机硬件设备、软件和网络基础设施，通过一定的协议连接起来的电子网络环境，并进行各种各样商务活动的方式。它是在 Internet 的广阔联系与传统信息技术系统的丰富资源相互结合的背景下应运而生的一种相互关联的动态商务活动。电子商务通过电子方式处理和传递数据，渗透到贸易活动的各个阶段。它涉及许多方面的活动，包括货物电子贸易和服务、在线数据传递、电子资金划拨、电子证券交易、电子货运单证、商业拍卖、合作设计和工程、在线资料和公共产品获得等。

• 电子政府

在国际社会积极倡导的信息高速公路五个应用领域中，“电子政府”被称为第一位。所谓电子政府，是指人们对信息技术运用于政府而构建的新政府形态的形象称谓。其实质是政府利用现代信息技术，利用功能强大的政府网络向社会公开大量政务信息，更好地履行职能，更有效地达成治理目标，更好地为社会提供公共服务。

1.2 计算机系统组成

计算机系统主要由硬件和软件组成，在本小节中将简单介绍这两方面的知识。

1.2.1 计算机硬件系统

计算机系统的硬件一般由运算器、控制器、存储器、输入设备和输出设备五大部分组成。

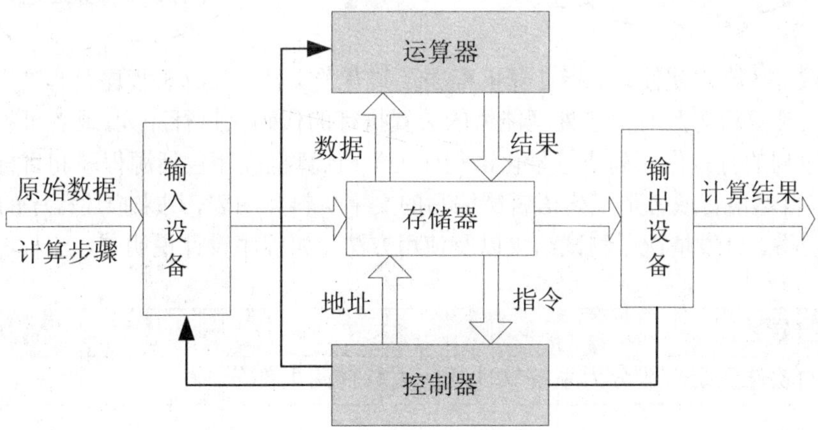

• 运算器

运算器又称为算术逻辑部件（Arithmetic Logic Unit），简称 ALU。它是对信息或数据进行处理和运算的部件，经常做的工作是算术运算和逻辑运算。算术运算是按照算术规则进行的运算，如加、减、乘、除等。逻辑运算一般是指非算术性质的运算，如与、或、非、异或、比较、移位等。

• 控制器

控制器主要由指令寄存器、译码器、程序记数器和操作控制器等部件组成。它是计算机的神经中枢和指挥中心，负责从存储器中读取程序指令并进行分析，然后按时间先后顺序向计算机的各部件发出相应的控制信号，以协调、控制输入输出操作和内存的访问。

• 存储器

存储器是存储各种信息（如程序和数据等）的部件或装置。存储器分为主存储器（或称为内存储器，简称内存）和辅助存储器（或称为外存储器，简称外存）。

• 输入设备

输入设备用来把计算机外部的程序、数据等信息送入到计算机内部的设备。常用的输入设备有键盘、鼠标、光笔、扫描仪、数字化仪等。

• 输出设备

输出设备负责将计算机的内部信息传递出来（称为输出）并在屏幕上显示、在打印机上打印、在外部存储器上存放。常用的输出设备有显示器和打印机等。

1.2.2 计算机软件系统

计算机软件（简称软件）是指计算机程序及其有关文档。计算机程序是指“为了得到某种结构而可以由计算机等具有信息处理能力的装置执行的代码化执行序列，或者可被自动转换成代码化指定序列的符号化序列或符号化语句序列”。计算机程序包括源程序和目标程序。而文档指的是“用自然语言或者形式化语言所编写的文字资料和图表，用来描述程序的内容、组成、设计、功能规格、开发情况、测试结果以及使用方法，如程序设计说明书、流程图、用户手册等”。

• 软件的分类

计算机的软件系统一般分为系统软件和应用软件两大部分。

- 软件系统
  - 系统软件
    - 操作系统(如DOS、Windows、UNIX、OS/2等)
    - 语言编译和解释系统
    - 程序设计语言（如汇编语言、BASIC、C语言、FORTRAN、PASCAL等）
    - 网络软件、数据库管理系统（如FoxBASE、Oracle等）
    - 系统服务程序（如诊断程序等）
  - 应用软件
    - 信息管理软件（如工资管理软件、人事管理软件等）
    - 科学计算程序
    - 文字与表格处理软件（如WPS、Word、Excel等)
    - 图形与图像处理软件(Photoshop、CorelDRAW等)
    - 辅助设计软件（如CAD、CAM、CAI、CAT等）

（1）系统软件：系统软件是指负责管理、监控和维护计算机硬件和软件资源的一种软件。系统软件用于发挥和扩大计算机的功能及用途，提高计算机的工作效率，方便用户的使用。系统软件主要包括操作系统、程序语言及其处理程序（如汇编程序、编译程序、解释程序等)、数据库管理系统、系统服务程序以及故障诊断程序、调试程序、编辑程序等工具软件。

（2）应用软件：应用软件是指利用计算机和系统软件为解决各种实际问题而编制的程序。常见的应用软件有科学计算程序、图形与图像处理软件、自动控制程序、情报检索系统程序、工资管理程序、人事管理程序、财务管理程序以及计算机辅助设计与制造、辅助教学等软件。

• 操作系统

操作系统是一种系统软件，它负责控制和管理计算机系统的各种硬件和软件资源，合理地组织计算机系统的工作流程，提供用户与操作系统之间的软件接口。它具备以下主要功能：

（1）进程管理（即处理机管理)：在多用户、多任务的环境下，主要解决对CPU资源的分配调度，有效地组织多个作业同时运行。

（2）存储管理：存储管理主要是管理内存资源，合理地为程序的运行分配内存空间。

（3）文件管理：文件管理可以有效地支持文件的存储、检索和修改等操作，解决文件的共享、保密与保护。

（4）设备管理：设备管理负责外部设备的分配、启动和故障处理，这样可以方便地使用外部设备。

（5）作业管理：作业管理为使用系统提供良好环境，使用户能有效地组织工作流程。

操作系统可以增强系统的处理能力，使系统资源得到有效的利用，为应用软件的运行提供支撑环境，让读者方便地使用计算机。操作系统是最底层的系统软件，是计算机软件的核心和基础。所有其他软件（包括系统软件和应用软件）都必须在它的支持和服务下运行。

操作系统可以分为单用户操作系统、批处理操作系统、分时操作系统、实时操作系统、网络操作系统、分布式操作系统六种类型。

·程序设计语言

为了让计算机解决实际问题，使计算机按人的意图进行工作，主要是通过用计算机能够“懂”得的语言和语法格式编写程序并提交给计算机执行来实现。编写程序所采用的语言就是程序语言。程序设计语言一般分为机器语言、汇编语言和高级语言。

- 程序设计语言
  - 机器语言：由 0 和 1 组成的二进制代码序列，计算机可直接执行
  - 汇编语言：将二进制形式的机器指令代码序列用符号（助记符）表示
  - 高级语言
    - 面向过程：BASIC、PASCAL、FORTRAN、C 语言
    - 面向对象：C++、JAVA、Visua、Visual Basic

（1）机器语言

机器语言的每一条指令都是由 0 和 1 组成的二进制代码序列。机器语言是面向机器硬件最底层的计算机语言，用机器语言编写的程序不需要任何翻译和解释就能被计算机直接执行。机器语言程序执行速度快、效率高。机器语言的缺点是：二进制形式的指令代码记忆困难，编写和阅读程序的难度大；机器语言的通用性和可移植性较差。

（2）汇编语言

将二进制形式的机器指令代码序列用符号（或者助记符）来表示的计算机语言。用汇编语言编写的程序（称汇编语言源程序）计算机不能直接执行，必须由机器中配置的汇编程序将其翻译成机器语言目标程序后，计算机才能执行。

（3）高级语言

机器语言和汇编语言都是面向机器的语言，而高级语言则是面向用户的语言。高级语言与具体的计算机硬件无关，其表达方式接近于对求解过程或问题的描述方法，容易理解、掌握和记忆。用高级语言编写程序的通用性和可移植性好。

用高级语言编写的程序通常称为源程序。计算机不能直接执行源程序。用高级语言编写的源程序必须被翻译成二进制代码组成的机器语言后，计算机才能执行。高级语言源程序由翻译和解释这两种执行方式。

①解释方式：在解释方式下，源程序由解释程序边“解释”边执行，不生成目标程序，解释方式执行程序的速度较慢。

②编译方式：在编译方式下，源程序必须经过编译程序的编译处理来产生相应的目标程序，然后再通过连接和装配生产可执行程序。

电脑即学即用

教你学电脑

第 2 章 计算机内部设备

本 章 要 点：

- CPU 的发展史
- 主板与内存条
- 硬盘的发展
- 显卡的基本原理
- 电源与机箱

电脑博士，计算机内部设备是由哪些组成的呢？

小丽，计算机的内部设备是由 CPU、主板、内存条、硬盘、显卡、电源、机箱等组成的。

2.1 CPU 概述

CPU 是 Central Processing Unit（中央微处理器）的缩写，它是计算机中最重要的一个部分，由运算器和控制器组成。如果把计算机比做人，那么 CPU 就是人的大脑。

2.1.1 CPU 的发展史

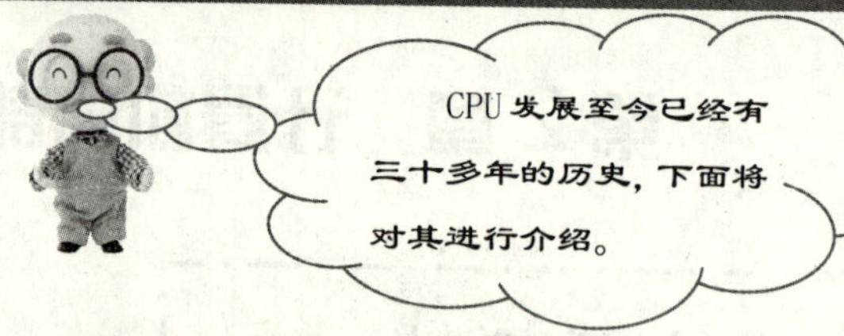

CPU 从最初发展到至今已经有三十多年的历史了，这期间，按照其处理信息的字长，CPU 可以分为：4 位微处理器、8 位微处理器、16 位微处理器、32 位微处理器以及 64 位微处理器。可以说个人电脑的发展是随着 CPU 的发展而前进的。

• 4 位微处理器

1971 年，Intel 公司推出了世界上第一款微处理器 4004，这便是第一个可用于微型计算机的 4 位微处理器，它包含 2 300 个晶体管。随后 Intel 公司又推出了 8008 微处理器，但由于性能太差，此两款微处理器的市场反应并不是很理想。

• 8 位微处理器

1974 年，Intel 公司在 8008 处理器的基础上研制的 8080 处理器，加上摩托罗拉公司生产的 6800 微处理器、Zilog 公司生产的 8080 增强型 Z80 微处理器以及 1976 年 Intel 公司又生产的增强型 8085 处理器，一起组成了 8 位微处理器的大家族。

· 16 位微处理器

英特尔公司 1978 年推出的这款 8086 处理器，它是第一块 16 位微处理器，最高主频为 8MHz，内存寻址能力为 1MB。同时英特尔还生产出与之相配合的数字协处理器 8087，这两种芯片使用相互兼容的指令集，但 i8087 指令集中增加了一些专门用于对数、指数和三角函数等数学计算的指令，人们将这些指令集统一称之为 X86 指令集。虽然此后英特尔公司又陆续生产出第二代、第三代等更先进和更快的新型 CPU，但都仍然兼容原来的 X86 指令。从这点上来说，用今天的眼光来看，8086 的性能是那么的不堪，但是它的诞生却奠定了以后 CPU 发展的基础。

1979 年，英特尔公司再接再厉，又开发出了 8088。8088 集成了约 29 000 个晶体管，采用 40 针的 DIP 封装，最高频率为 8MHz。也正是从 8088 开始，PC（个人电脑）的概念开始在全世界范围内发展起来，因为 1981 年 IBM 公司将 8088 芯片首先用于其研制的 PC 机中，标志着 PC 真正走进了人们的工作生活之中。

1982 年，英特尔公司在 8086 的基础上，研制出了 80286 微处理器，它是一块真正为 PC 而存在的 CPU，IBM 公司首先将 80286 微处理器用在 AT 机中，引起了业界极大的轰动。80286 采用 PGA 封装，集成了大约 130 000 个晶体管，最大主频为 20MHz，内、外部数据传输均为 16 位，使用 24 位内存储器的寻址，内存寻址能力为 16MB，可使用的工作方式包括实模式和保护模式两种。在这之前，英特尔公司也发布过 80186 CPU，这是一块性能介于 8088 与 80286 之间的 CPU，但因为某种原因，80186 CPU 从来都没有在 PC 机中应用过。

• **32 位微处理器**

1985 年，英特尔公司推出了 80386DX，这是一种全新的 32 位微处理器，其内部包含 27.5 万个晶体管，最高频率为 40MHz，内部和外部数据总线是 32 位，地址总线为 32 位，可以寻址 4GB 内存，管理 64TB 的虚拟存储空间，并且比 80286 有更多的指令。而且在 386 时代，英特尔公司为了解决内存的速度瓶颈，采取了用预读内存的方法来缓解，并为 386 设计了高速缓存（Cache）这一方案。英特尔公司的这一设想无疑是伟大的，不仅一直沿用至今，而且还发挥着越来越重要的作用。

在英特尔公司发布 386 的时候，同时也有其他的几家 CPU 制造商推出了类似的产品，性能也不错，比如 Motorola 68000、AMD Am386SX/DX 和 IBM 386SLC。

1989 年，英特尔公司乘胜追击推出 486 芯片，该芯片集成了 120 万个晶体管，使用 1um 的制造工艺，频率从 25MHz 逐步提高到 50MHz。在当时，486 所采用的技术是最先进的，采用了突发总线方式，大大提高了与内存的数据交换速度，性能比 80386DX 提高了近 4 倍。

在英特尔公司推出 486 的同时，其他几家 CPU 制造商也不甘落后，都发布了自己的同性能 CPU，其中以 TI 486 DX、Cyrix 486DLC 和 AMD 5x86 为代表。

1993 年，英特尔公司的 Pentium(奔腾)CPU 面世，这一全面超越 486 性能优良的产品为英特尔公司赢得了巨大的声誉，同时也把其他竞争对手甩在了后面，一举奠定了市场霸主的地位。早期奔腾 75MHz～120MHz 使用 0.5um 制造工艺，后期 120MHz 以上的奔腾则改用 0.35um 工艺。

1997 年初英特尔公司为了提高电脑在多媒体、3D 图形方面的应用能力，发布了 Pentium MMX（多能奔腾），同时许多新指令集也应运而生，其中最著名的就是英特尔公司的 MMX（MultiMedia Extensions，多媒体扩展指令集）、SSE 和 AMD 的 3D NOW。这些指令可以一次性处理多个数据，在软件的配合下，可以得到最佳的性能。

在 1997 年中 Pentium II 和 AMD K6 上市，年末 Cyrix 6x86MX 面市。AMD 是一家生命力异常顽强的公司，在与英特尔公司的竞争中，一直是屡败屡战，精神可嘉。在 Pentium 呼风唤雨的年代，AMD 在 1996 年发布了自己第一块独立生产的 X86 级 CPU-K5，但性能一般。永不服输的 AMD 在 1997 年又卷土重来，推出了拥有全新的 MMX 指令，整体性能要优于奔腾 MMX，接近同主频 Pentium II 的水平 K6。

到了 1998 年，经过一年混战，CPU 市场正式开始洗牌。英特尔公司的 Pentium II 发布，它采用 0.25um 工艺制造，最高频率为 400MHz。但是因为转用了 Slot 1 架构，所以很多消费者并没有选用。此时 AMD 的 K6-2 乘虚而入，凭借低廉的价格一度占得近 30%的市场份额，这也给 AMD 一个喘息的机会。所以在 1999 年的处理器大战中，面对英特尔公司的猛烈反扑，AMD 没有步 Cyrix 的后尘，落得被收购的下场。

面对市场的压力，英特尔公司于 2000 年发布了 Pentium 4（以后简称 P4）处理器。但接下来的一切都不是很顺利，光是接口就改了两次。第一次是因为刚开始的 423 接口的 Willamette 核心 P4 所搭配的 RDRAM（i850 芯片组）价格太高，市场反应冷淡，于是又改成 Northwood 核心的 478 接口 P4。再后来为了提升频率，Intel 又将核心改换为 Prescott 核心，接口也换为 LGA775，其最高的达到了 4GB，但是发热量也高得惊人，而且如此频繁的改换接口，也令消费者厌烦了。

而 AMD 公司则在 2000 年 6 月推出了 Athlon xp 处理器，再次向英特尔发出了挑战，并在 DIY 市场取得重大成功。可以这么说，在进入到 Pentium 4 时代以来，在 AMD 的紧逼下，英特尔公司感到了前所未有的危机，这也为 AMD 后来的 K8 处理器打下了一个坚实的基础。

· 64 位微处理器

2003 年，AMD 公司推出了 K8 处理器，并且继 Athlon 率先进入 G 时代以来，又一次走在了英特尔公司的前面，引领了 CPU 的发展方向。现在，Athlon 64 仍处在不断发展的过程中，而英特尔公司也适时地推出了自己的 64 位处理器以抗衡意气风发的 Athlon 64。

• 双核处理器

双核处理器是指在一个处理器上集成两个运算核心，从而提高计算能力。“双核”的概念最早是由IBM、HP、Sun等支持RISC架构的高端服务器厂商提出的，不过由于RISC架构的服务器价格高、应用面窄，没有引起广泛的注意。

最近逐渐热起来的“双核”概念，主要是指基于X86开放架构的双核技术。在这方面起领导地位的厂商主要有AMD和Intel两家。而两家的思路又有不同。AMD从一开始设计时就考虑到了对多核心的支持。所有组件都直接连接到CPU，消除系统架构方面的挑战和瓶颈。两个处理器核心直接连接到同一个内核上，核心之间以芯片速度通信，进一步降低了处理器之间的延迟。而Intel采用多个核心共享前端总线的方式。专家认为，AMD的架构更容易实现双核以至多核，英特尔公司的架构会遇到多个内核争用总线资源的瓶颈问题。

2.1.2 CPU的参数指标

CPU（Central Processing Unit的缩写）中央处理器由运算器和控制器组成，CPU的内部结构可分为控制单元。逻辑单元和存储单元三大部分。CPU的工作原理就像一家工厂对产品的加工过程：进入工厂的原料（指令），经过物资分配部门（控制单元）的调度分配，被送往生产线（逻辑运算单元），生产出成品（处理后的数据）后，再存储在仓库（存储器）中，最后等着拿到市场上去卖（交由应用程序使用）。

• **CPU相关技术参数**

（1）CPU工作电压

CPU的工作电压是指CPU正常工作所需的电压。早期CPU（286～486时代）的工作电压一般为5V，那是因为当时的制造工艺相对落后，使得CPU的发热量太大，寿命减短。随着CPU的制造工艺与主频的提高，近年来各种CPU的工作电压有逐步下降的趋势，以解决发热过高的问题。

（2）主频

CPU 主频也叫时钟频率，单位是 MHz，用来表示 CPU 的运算速度。CPU 的主频＝外频×倍频系数。

很多人认为 CPU 的主频指的是 CPU 运行的速度，实际上这种认识是很片面的。CPU 的主频表示在 CPU 内数字脉冲信号振荡的速度，与 CPU 实际的运算能力是没有直接关系的。当然，主频和实际的运算速度是有关的，但是目前还没有一个确定的公式能够实现两者之间的数值关系，而且 CPU 的运算速度还要看 CPU 的流水线等各方面的性能指标。由于主频并不直接代表运算速度，所以在一定情况下，很可能会出现主频较高的 CPU 实际运算速度较低的现象。

（3）外频

外频是 CPU 的基准频率，单位也是 MHz。外频是 CPU 与主板之间同步运行的速度，而且目前的绝大部分电脑系统中的外频也是内存与主板之间同步运行的速度，在这种方式下，可以理解为 CPU 的外频直接与内存相连，以实现两者间的同步运行。

（4）前端总线（FSB）频率

前端总线（FSB）频率（即总线频率）直接影响 CPU 与内存之间直接数据交换的速度。数据传输最大带宽取决于所有同时传输的数据的宽度和传输频率，即数据带宽＝（总线频率×数据宽度）/8。外频与前端总线（FSB）频率的区别：前端总线的速度指的是数据传输的速度，外频指的是 CPU 与主板之间同步运行的速度。也就是说，100MHz 外频特指数字脉冲信号在每秒钟振荡一千万次；而 100MHz 前端总线指 CPU 每秒钟可接受的数据传输量是 100MHz×64bit÷8Byte/bit=800MB/s。

（5）倍频系数

倍频系数是指 CPU 主频与外频之间的相对比例关系。在相同的外频下，倍频越高 CPU 的频率也越高。但实际上，在相同外频的前提下，高倍频的 CPU 本身意义并不大。这是因为 CPU 与系统之间数据传输速度是有限的，一味追求高倍频而得到高主频的 CPU 就会出现明显的“瓶颈”效应。

· 其他参数

（1）超流水线与超标量

流水线是英特尔公司首次在 486 芯片中开始使用的。流水线的工作方式就像工业生产上的装配流水线。在 CPU 中由 5～6 个不同功能的电路单元组成一条指令处理流水线，然后将一条 X86 指令分成 5～6 步后再由这些电路单元分别执行，这样就能实现在一个 CPU 时钟周期内完成一条指令，从而提高 CPU 的运算速度。经典奔腾的每条整数流水线都分为四级流水，即指令预取、译码、执行、写回结果。

超标量是通过内置多条流水线来同时执行多个处理器，其实质是以空间换取时间。而超流水线是通过细化流水、提高主频，使得在一个机器周期内完成一个甚至多个操作，其实质是以时间换取空间。例如 Pentium 4 的流水线就长达 20 级。将流水线设计的步（级）越长，其完成一条指令的速度就越快，因此才能适应工作主频更高的 CPU。但是流水线过长也带来了一定的副作用，很可能会出现主频较高的 CPU 实际运算速度较低的现象，英特尔公司的 Pentium 4 就出现了这种情况，虽然它的主频可以高达 1.4GB 以上，但其运算性能却远远比不上 AMD 1.2GB 的速龙，甚至 Pentium III。

（2）多线程与多核心

同时多线程（Simultaneous multithreading，简称 SMT）可通过复制处理器上的结构状态，让同一块处理器上的多个线程同步执行并共享处理器的执行资源，可最大限度地实现宽发射、乱序超标量处理、提高处理器运算部件的利用率、缓和由于数据相关或 Cache 未命中带来的访问内存延时。当没有多个线程可用时，SMT 处理器几乎和传统的宽发射超标量处理器一样。SMT 最具吸引力的是只需小规模改变处理器核心的设计，几乎不用增加额外的成本就可以显著地提升效能。多线程技术则可以为高速的运算核心准备更多的待处理数据，减少运算核心的闲置时间。这对于桌面低端系统来说无疑十分具有吸引力。英特尔从 3.0GHz Pentium 4 开始，所有处理器都将支持 SMT 技术。

多核心，也指单芯片多处理器（Chip multiprocessors，简称 CMP）。CMP 是由美国斯坦福大学提出的，其思想是将大规模并行处理器中的 SMP（对称多处理）集成到同一芯片内，各个处理器并行执行不同的进程。与 CMP 比较，SMT 处理器结构的灵活性比较突出。但是，当半导体工艺进入 0.18um 以后，线延时已经超过了门延迟，要求微处理器的设计通过划分许多规模更小、局部性更好的基本单元结构来进行。相比之下，由于 CMP 结构已经被划分成多个处理器核来设计，每个核都比较简单，有利于优化设计，因此更有发展前途。目前，IBM 的 Power 4 芯片和 Sun 的 MAJC5200 芯片都采用了 CMP 结构。多核处理器可以在处理器内部共享缓存，提高缓存利用率，同时简化多处理器系统设计的复杂度。

2005 年下半年，英特尔和 AMD 的新型处理器也将融入 CMP 结构。新奔腾处理器开发代码为 Montecito，采用双核心设计，拥有最少 18MB 片内缓存，采取 90nm 工艺制造，它的设计绝对称得上是对当今芯片业的挑战。它的每个单独的核心都拥有独立的 L1、L2 和 L3 Cache，包含大约 10 亿支晶体管。

（3）缓存

缓存是指可以进行高速数据交换的存储器，它先于内存与 CPU 交换数据，因此速度很快。缓存的结构和大小对 CPU 速度的影响非常大，CPU 内缓存的运行频率极高，一般是和处理器同频运作，工作效率远远大于系统内存和硬盘。实际工作时，CPU 往往需要重复读取同样的数据块，而随着缓存容量的增大，可以大幅度提升 CPU 内部读取数据的命中率，而不用再到内存或者硬盘上寻找，从而提高了系统性能。但是从 CPU 芯片面积和成本等因素来考虑，缓存都很小。

L1 Cache（一级缓存）是 CPU 第一层高速缓存。内置的 L1 高速缓存的容量和结构对 CPU 的性能影响较大，不过高速缓冲存储器均由静态 RAM 组成，结构较复杂，在 CPU 管芯面积不能太大的情况下，L1级高速缓存的容量不可能做得太大。一般L1缓存的容量通常在32KB～256KB。

L2 Cache（二级缓存）是CPU的第二层高速缓存，分内部和外部两种芯片。内部的芯片二级缓存运行速度与主频相同，而外部的二级缓存则只有主频的一半。L2高速缓存容量也会影响CPU的性能，原则是越大越好，现在家庭用CPU的L2高速缓存容量最大为512KB，而服务器和工作站上用CPU的L2高速缓存更高达1MB～3MB。

L3 Cache（三级缓存）分为两种，早期的是外置，现在的都是内置。L3缓存的应用可以进一步降低内存延迟，同时提升大数据量计算时处理器的性能。降低内存延迟和提升大数据量计算能力对游戏都很有帮助。而在服务器领域增加L3缓存在性能方面仍然有显著的提升。故它比较慢的磁盘I/O子系统就可以处理更多的数据请求，而具有较大L3缓存的处理器提供更有效的文件系统缓存行为及较短消息和处理器队列长度。

（4）CPU内核和I/O工作电压

从586CPU开始，CPU的工作电压分为内核电压和I/O电压两种。其中内核电压的大小是根据CPU的生产工艺而定，一般制作工艺越小，内核工作电压越低；I/O电压一般都在1.6～3V。低电压能解决耗电过大和发热过高的问题。

（5）制造工艺

制造工艺的微米长度是指IC内电路与电路之间的距离。制造工艺的趋势是向密集度愈高的方向发展。密度愈高的IC电路设计，意味着在同样大小面积的IC中，可以拥有密度更高、功能更复杂的电路设计。

• 指令集

（1）X86指令集

要知道什么是指令集还要从当今的X86架构的CPU说起。X86指令集是英特尔为其第一块16位CPU（i8086）专门开发的，IBM1981年推出的世界第一台PC机中的CPU-i8088（i8086简化版）使用的也是X86指令，同时电脑中为提高浮点数据处理能力而增加的X87芯片系列数字协处理器则另外使用X87指令，以后就将X86指令集和X87指令集统称为X86指令集。虽然随着CPU技术的不断发展，英特尔陆续研制出更新型的i80386、i80486，直到今天的PentiumIII（以下简为PIII）系列，但为了保证电脑能继续运行以往开发的各类应用程序以保护和继承丰富的软件资源，英特尔公司所生产的所有CPU仍然继续使用X86指令集，它的CPU仍属于X86系列。由于英特尔X86系列及其兼容CPU都使用X86指令集，所以就形成了今天庞大的X86系列及兼容CPU阵容。

（2）CISC指令集

CISC指令集（Complex Instruction Set Computer的缩写）。在CISC微处理器中，程序的各条指令是按顺序串行执行的，每条指令中的各个操作也是按顺序串行执行的。顺序执行的优点是控制简单，但计算机各部分的利用率不高，执行速度慢。其实它是英特尔生产的X86系列

·（也就是IA-32架构）CPU及其兼容CPU，如AMD、VIA。

（3）RISC指令集

RISC指令集（Reduced Instruction Set Computing的缩写），中文意思是“精简指令集”。它是在CISC指令系统基础上发展起来的，在对CISC机进行的测试表明，各种指令的使用频度相当悬殊，最常使用的是一些比较简单的指令，它们仅占指令总数的20%，但在程序中出现的频度却占80%。复杂的指令系统必然增加微处理器的复杂性，使处理器的研制时间变长，成本变高。并且复杂指令需要复杂的操作，必然会降低计算机的速度。基于上述原因，20世纪80年代RISC型CPU诞生了，相对于CISC型CPU，RISC型CPU不仅精简了指令系统，还采用了一种叫做“超标量和超流水线结构”，大大增加了并行处理能力。RISC指令集是高性能CPU的发展方向，它与传统的CISC（复杂指令集）相对。相比而言，RISC的指令格式统一，种类比较少，寻址方式也比复杂指令集少，当然处理速度就提高很多了。目前在中高档服务器中普遍采用这一指令系统的CPU，特别是高档服务器全都采用RISC指令系统的CPU。RISC指令系统更加适合高档服务器的操作系统UNIX，现在Linux也属于类似UNIX的操作系统。RISC型CPU与Intel和AMD的CPU在软件和硬件上都不兼容。

·扩展指令集

对于CPU来说，在基本功能方面，它们的差别并不太大，基本的指令集，也都差不多，但是厂家为了提升CPU某一方面的性能，又开发了扩展指令集，扩展指令集定义了新的数据和指令，能够大大提高某方面数据处理能力。

（1）MMX指令

MMX（Multi Media eXtension，多媒体扩展指令集）指令集是英特尔公司于1996年推出的一项多媒体指令增强技术。它包括有57条多媒体指令，通过这些指令可以一次性处理多个数据，即使在处理结果超过实际处理能力时也能进行正常处理。这样在软件的配合下，就可以得到更高、更好的性能。

（2）SSE指令

SSE（Streaming SIMD Extensions，单指令多数据流扩展）指令集是英特尔公司在Pentium Ⅲ处理器中率先推出的，又称互联网SSE指令集。该指令集包括了70条指令，其中包含提高3D图形运算效率的50条SIMD（单指令多数据技术）浮点运算指令、12条MMX整数运算增强指令、8条优化内存中连续数据块传输指令。

英特尔公司为了对付AMD 3D Now！+指令集，又在SSE的基础上开发了SSE2指令集。该指令集包括144条新建指令，涉及了在多重的数据目标上立刻执行单个指令（即SIMD）。最重要的是SSE2能处理128位和两倍精密浮点数学运算。处理更精确浮点数的能力使SSE2成为加速多媒体程序、3D处理工程以及工作站类型任务的基础配置。

（3）3D Now!指令

3D Now!（3D No Waiting）是由AMD公司提出的指令集，并被AMD广泛应用于其K6-2、

K6-3 以及 Athlon 处理器上。3D Now！指令集技术其实就是 21 条机器码的扩展指令集。该指令集主要针对三维建模、坐标变换和效果渲染等三维应用场合，在软件的配合下，可以大幅度提高 3D 处理性能。后来 AMD 在 Athlon 上开发了 3D Now！+。3D Now！+继续增加至 52 条指令，包含一些 SSE 码，因而在针对 SSE 做最佳化的软件中能获得更好的性能。

2.2 主板概述

主板是电脑系统中最大的一块电路板，是计算机系统中最为重要的设备之一，其肩负着其他设备之间的配合、控制、数据传递等作用，而主板芯片组则是主板的“灵魂”，一块主板的功能、性能和技术特性都是由主板芯片组的特性来决定的。

2.2.1 主板规格

主板结构分为 AT、Baby-AT、ATX、Micro ATX、LPX、NLX、Flex ATX、EATX、WATX 以及 BTX 等结构。其中，AT 和 Baby-AT 是多年前的老主板结构，现在已被淘汰；而 LPX、NLX、Flex ATX 则是 ATX 的变种，多见于国外的品牌机，国内尚不多见；EATX 和 WATX 则多用于服务器/工作站主板；ATX 是目前市场上最常见的主板结构，扩展插槽较多，PCI 插槽数量有 4～6 个，大多数主板都采用此结构；Micro ATX 又称 Mini ATX，是 ATX 结构的简化版，就是常说的“小板”，扩展插槽较少，PCI 插槽数量在 3 个或 3 个以下，多用于品牌机并配备小型机箱；而 BTX 则是英特尔制定的最新一代主板结构。

- **AT/Baby AT 主板结构**

在 PC 推出后的第三年即 1984 年，IBM 公布了 PC-AT。AT 主板的尺寸为 330.2mm×304.8mm，板上集成有控制芯片和 8 个 I/O 扩充插槽。由于 AT 主板尺寸较大，因此系统单元（机箱）水平方向增加了 50.8mm，高度增加了 25.4mm，这一改变也是为了支持新的较大尺寸的 AT 格式适配卡。

AT 主板尺寸较大，板上能放置较多的元件和扩充插槽。但随着电子元件集成化程度的提高，相同功能的主板不再需要 AT 板的尺寸。因此在 1990 年推出了 Baby/Mini AT 主板规范，简称 Baby AT 主板。

Baby AT 主板是从最早的 XT 主板继承来的，它的大小为 381mm×215.9mm，比 AT 主板略长，而宽度大大窄于 AT 主板。Baby AT 主板沿袭了 AT 主板的 I/O 扩展插槽、键盘插座等外设接口及元件的摆放位置，而对内存槽等内部元件结构进行了紧缩，再加上大规模集成电路使内部元件减少，使得 Baby AT 主板比 AT 主板布局紧凑而功能不减。

但随着计算机硬件技术的进一步发展，计算机主板上集成功能越来越多，Baby AT 主板有点不负重荷，而 AT 主板又过于庞大，于是很多主板商又采取另一种折中的方案，即一方面取消主板上使用较少的零部件以压缩空间(如将 I/O 扩展槽减为 7 个甚至 6 个)，另一方面将 Baby AT 主板适当加宽，增加使用面积，这就形成了众多的规格不一的 Baby AT 主板。当然这些主板对基本 I/0 插槽、外围设备接口及主板固定孔的位置不加改动，使得即使是最小的 Baby AT 主板也能在标准机箱上使用。最常见的 Baby AT 主板尺寸是 3/4Baby AT 主板（26.5cm×22cm 即 10.7 英寸×8.7 英寸），采用 7 个 I/O 扩展槽。

· ATX 主板结构

ATX 标准的设计规格为宽 12 英寸（305mm）高 9.6 英寸（244mm），随着主板设计的进一步优化，主板的规格可以缩小到 MINI-ATX 的 11.2 英寸（284mm）×8.2 英寸（208mm）。

这样印刷电路板的制造成本可降低 30%，从计算机发展的趋势分析，MiniATX 可以说是规范发展的方向。在安装过程中，ATX 标准与 AT 不同的是主板的长边紧贴在主机箱的后面板，增加了从主板上直接引出信号接口的空间，使得主板上可以集成更多的功能，提高了系统的规模及可靠性。ATX 的结构中标准的 I/O 后背板，有两个串行口输出，一个 PS/2 鼠标口、PS/2 键盘口和一个并行口输出，其尺寸宽为 6.25 英寸（159mm）高 1.75 英寸（44.5mm），这种配置适合需要灵活配置图形卡及音频卡的高档主板。

ATX 标准的设计规格为宽 304.8mm，高为 243.84mm。它与 AT 结构的相比，主要做了以下改进：

（1）从外形上看，ATX 主板相当于 Baby AT 型主板旋转了 90°。

（2）CPU、内存插槽以及 I/O 插槽更加合理。

（3）散热系统更加合理，将原来的 CPU、电源的风扇合二为一。

（4）优化了软硬盘驱动器接口位置。

（5）采用了增加的电源管理，真正实现电脑的软开/关机和绿色节能功能。

· BTX 主板结构

英特尔公司为了改善个人电脑系统散热量大、噪音大以及对个人电脑进行技术规范以确立自己在电脑市场上的霸主地位，于 2003 年针对个人电脑提出了新的规则——Balanced Technology eXtended（即 BTX 标准）。

BTX 主板是 ATX 结构的替代者，类似于前几年 ATX 取代 AT 和 Baby AT 一样。革命性的改变是新的 BTX 规格能够在不牺牲性能的前提下做到最小的体积。新的架构对接口、总线、设备都有新的要求，同时也提供某种程度的向后兼容，以便实现技术革命的顺利过渡。

BTX 具有如下特点：

（1）支持 Low-profile，即窄板设计，系统结构将更加紧凑。

（2）针对散热和气流的运动，对主板的线路布局进行了优化设计。

（3）主板的安装将更加简便，机械性能也将经过最优化设计。

2.2.2 主板芯片组

芯片组“Chipsets”即“南桥”和“北桥”的统称，是构成主板电路的核心，是主板的灵魂。它的性能和技术特性决定了这块主板可以与什么硬件搭配，可以达到什么样的运算性能、内存传输性能和磁盘传输性能。因此，从一定意义上来说，它决定了主板的级别和档次。即是说，采用相同芯片组的不同品牌的主板性能差异不大。

·北 桥

北桥芯片（North Bridge）是主板芯片组中起主导作用的最重要的组成部分，也称为主桥（Host Bridge）。一般来说，芯片组的名称就是以北桥芯片的名称来命名的，例如英特尔 845E 芯片组的北桥芯片是 82845E，875P 芯片组的北桥芯片是 82875P 等。北桥芯片负责与 CPU 的联系并控制内存、AGP 数据在北桥内部传输，提供对 CPU 的类型和主频、系统的前端总线频率、内存的类型（SDRAM，DDR SDRAM 以及 RDRAM 等等）和最大容量、AGP 插槽、ECC 纠错等支持，整合型芯片组的北桥芯片还集成了显示核心。北桥芯片就是主板上离 CPU 最近的芯片，这主要是考虑到北桥芯片与处理器之间的通信最密切，为了提高通信性能而缩短传输距离。因为北桥芯片的数据处理量非常大，发热量也越来越大，所以现在的北桥芯片都覆盖着散热片用来加强北桥芯片的散热，有些主板的北桥芯片还会配合风扇进行散热。因为北桥芯片的主要功能是控制内存，而内存标准与处理器一样变化比较频繁，所以不同芯片组中北桥芯片是肯定不同的，当然这并不是说所采用的内存技术就完全不一样，而是不同的芯片组北桥芯片间肯定在一些地方有差别。

由于已经发布的 AMD K8 核心的 CPU 将内存控制器集成在了 CPU 内部，于是支持 K8 芯片组的北桥芯片变得简单多了，甚至还能采用单芯片芯片组结构。这也许将是一种大趋势，北桥芯片的功能会逐渐单一化，为了简化主板结构、提高主板的集成度，也许以后主流的芯片组很有可能变成南北桥合一的单芯片形式（事实上 SIS 很早就发布了不少单芯片芯片组）。

由于每一款芯片组产品对应一款相应的北桥芯片，所以北桥芯片的数量非常多。

·南 桥

南桥芯片（South Bridge）是主板芯片组的重要组成部分，一般位于主板上离 CPU 插槽较远的下方，PCI 插槽的附近。这种布局是考虑到它所连接的 I/O 总线较多，离处理器远一点有利于布线。相对于北桥芯片来说，其数据处理量并不算大，所以南桥芯片一般都没有覆盖散热片。南桥芯片不与处理器直接相连，而是通过一定的方式（不同厂商的芯片组有所不同，例如英特尔的 Hub Architecture 以及 SIS 的 Multi-Threaded“妙渠”）与北桥芯片相连。

南桥芯片负责 I/O 总线之间的通信，如 PCI 总线、USB、LAN、ATA、SATA、音频控制器、键盘控制器、实时时钟控制器、高级电源管理等，这些技术一般相对来说比较稳定，所以不同芯片组中可能南桥芯片是一样的，不同的只是北桥芯片。所以现在主板芯片组中北桥芯片的数量要远远多于南桥芯片。例如早期英特尔不同架构的芯片组 Socket 7 的 430TX 和 Slot 1 的 440LX 其南桥芯片都采用 82317AB，而近两年来的芯片组 Intel 945 系列芯片组都采用 ICH7 或者 ICH7R 南桥芯片，但也能搭配 ICH6 南桥芯片。更有甚者，有些主板厂家生产的少数产品采用的南北桥是不同芯片组公司的产品。

南桥芯片的发展方向主要是集成更多的功能，例如网卡、RAID、IEEE 1394、甚至 WI-FI 无线网络等等。

2.2.3 主板的构成

主板实际上就是一块电路板，在电路板上分布着各种集成电路、电容、电阻、插槽、插座、跳线等元件。其主要有 CPU 插座、PCI 插槽、AGP 插槽、内存插槽、IDE 硬盘接口、USB 接口等。

下面以 ATX 主板为例来简单介绍一下主板上各功能部件。

（1）电感：常会在主板上看见一种铜线缠绕的线圈，这种线圈叫电感。好的电感线圈，如果是采用单线绕制，铜线应该粗大，间隔均匀；如果采用多股铜线绕制，每股线之间要相隔均匀，而且在圆周上分布也尽量均匀。应该注意两个电感线圈切忌放在一起，因为这样很容易产生互感，使主板的电磁兼容性能大大降低。

（2）频率发生器：这一块芯片就是频率发生器，在它旁边的金属小块叫晶振。它主要利用高频振荡来产生不同的电平，提供一个初始化的信号。由于频率发生器的发热量比较大，设计主板时都会留出适当的位置用来散热。

（3）电容：这就是电解电容，也叫直立电容。在 CPU 插槽旁边的电路称为 5V 滤波电路，采用的电容至少是 1 200μF，最好是 1 500μF 以上，耐高温 105℃以上，耐电压 6.3V 以上。一些比较好的主板甚至采用 2 200μF 以上的电容。

（4）CPU 插槽：这是一个 Slot A 接口的插槽，只能搭配 AMD 的老 Athlon。除 Slot A 以外，还有 Socket 370、Slot 1、Socket A 等几种 CPU 接口，它们之间不能通用。

（5）扩展插槽：主板上的扩展插槽有几种不同的类型。最长的两根是 ISA 插槽，ISA 总线的最高传输速率为 5MB/s，一般 ISA 插槽多为黑色，比较好辨认。PCI 总线的最高传输速率为 133MB/s，目前大部分的扩展卡都使用 PCI 总线结构，PCI 插槽多为白色。AGP 插槽是图形专用接口，它可以将要处理的图形数据存放在主存里，提高图形数据处理速度，现在 AGP 的最大理论数据传输率将达到 1 056MB/s。

（6）BIOS 芯片：它负责控制硬件的底层，有一些重要设备的初始化信息，是保证系统正常运行的基础。

（7）ATX 电源插座：采用 20 口的 ATX 电源插座，采用了防反插设计，不会像 AT 电源一样因为插反而烧坏主板。

（8）内存插槽：提供了四条 3.3V 的 168pin 的 SDRAM 内存插槽。

（9）芯片组：芯片组是保证系统正常工作的重要控制模块。芯片组通常分为两部分，靠近 CPU 插槽的一般称为北桥芯片，这片芯片上面覆盖着一块散热片，它主要负责控制 CPU、内存和显卡的工作。一般靠近 PCI 插槽的称为南桥芯片，主板负责控制系统的输入输出等功能（比如支持硬盘的 UDMA/66 传输模式就可以由某些南桥芯片控制）。

（10）软驱接口和 IDE 接口：一般来说主板只提供一个软驱接口，用一根扁平的 34 线数据线连接软驱。IDE 接口则有两个，最多可以连接四个 IDE 设备，可连接硬盘、光驱、刻录机等。

（11）DIP 开关：一组组合开关，通常可控制 CPU 的倍频和外频。不过现在 CPU 的倍频一般都锁定（有部分 AMD 的 Duron 处理器没有锁倍频），所以只有外频调整。

（12）外置 I/O 接口：现在的主板一般都符合 PC"99 规范，也就是用不同的颜色表示不同的接口，以免出错。一般键盘和鼠标都是采用 PS/2 圆口，只是键盘接口一般为蓝色，鼠标接口一般为绿色，便于区别。而 USB 接口为扁平状，可接 Modem、扫描仪等 USB 接口的外设。而串口可连接 Modem 和比较老的鼠标，并口一般连接打印机。

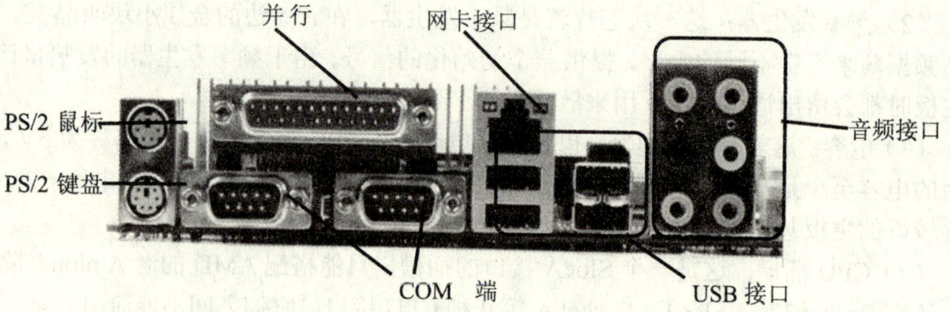

2.3 内存条概述

内存在电脑中的作用是举足轻重的，它是除了 CPU 外能表明电脑是否够档次的又一标准。

2.3.1 内存的发展

• FPM 内存

FPM 是 Fast Page Mode（快页模式）的简称，是较早的 PC 机普遍使用的内存，它每隔 3 个时钟脉冲周期传送一次数据。现在早就被淘汰掉了。

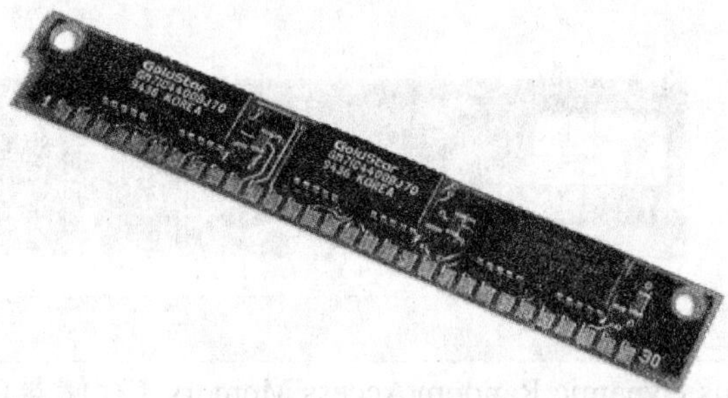

• EDO 内存

EDO 是 Extended Data Out（扩展数据输出）的简称，它取消了主板与内存两个存储周期之间的时间间隔，每隔 2 个时钟脉冲周期传输一次数据，大大地缩短了存取时间，使存取速度提高 30%，达到 60ns。EDO 内存主要用于 72 线的 SIMM 内存条，以及采用 EDO 内存芯片的 PCI 显示卡。这种内存流行在 486 以及早期的奔腾计算机系统中，它有 72 线和 168 线之分，采用 5V 工作电压，带宽 32 bit，必须两条或四条成对使用，可用于英特尔 430FX/430VX 甚至 430TX 芯片组主板上。目前已经被淘汰，只能在某些老爷机上见到。

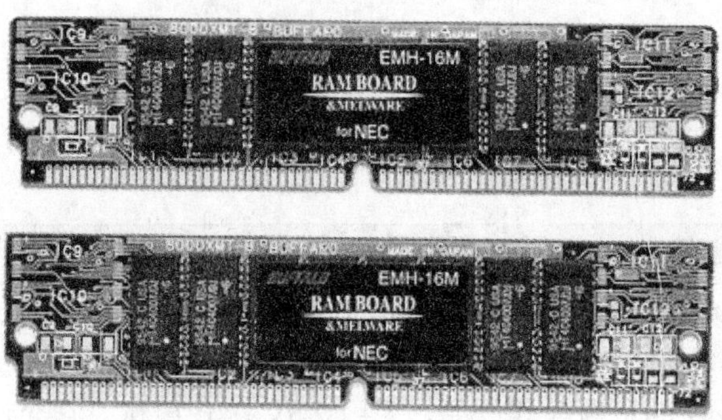

· SDRAM 内存

SDRAM 是 Synchronous Dynamic Random Access Memory（同步动态随机存储器）的简称，是前几年普遍使用的内存形式。SDRAM 采用 3.3V 工作电压，带宽 64 bit，SDRAM 将 CPU 与 RAM 通过一个相同的时钟锁在一起，使 RAM 和 CPU 能够共享一个时钟周期，以相同的速度同步工作，与 EDO 内存相比速度能提高 50%。SDRAM 基于双存储体结构，内含两个交错的存储阵列，当 CPU 从一个存储体或阵列访问数据时，另一个就已为读写数据做好了准备，通过这两个存储阵列的紧密切换，读取效率就能得到成倍的提高。SDRAM 不仅可用做主存，在显示卡上的显存方面也有广泛应用。SDRAM 曾经是长时间使用的主流内存，从 430TX 芯片组到 845 芯片组都支持 SDRAM。但随着 DDR SDRAM 的普及，SDRAM 也正在慢慢退出主流市场。

· RDRAM 内存

RDRAM 是 Rambus Dynamic Random Access Memory（存储器总线式动态随机存储器）的简称，是 Rambus 公司开发的具有系统带宽、芯片到芯片接口设计的内存，它能在很高的频率范围下通过一个简单的总线传输数据，同时使用低电压信号，在高速同步时钟脉冲的两边沿传输数据。最开始支持 RDRAM 的是英特尔 820 芯片组，后来又有 840、850 芯片组等。RDRAM 最初得到了英特尔的大力支持，但由于其高昂的价格以及 Rambus 公司的专利许可限制，一直未能成为市场主流，其地位被相对廉价而性能同样出色的 DDR SDRAM 迅速取代，市场份额很小。

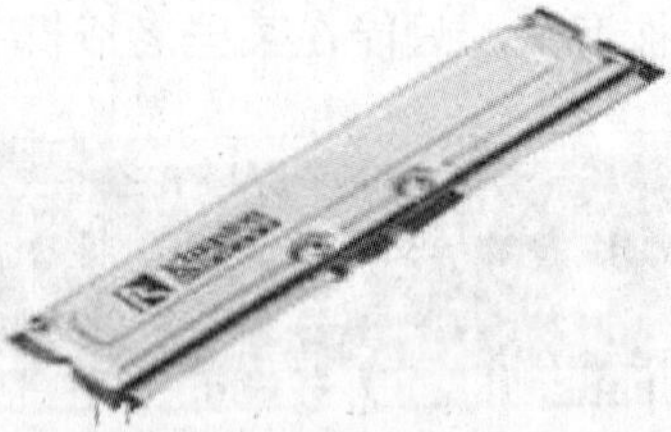

· DDR SDRAM 内存

DDR SDRAM 是 Double Data Rate Synchronous Dynamic Random Access Memory（双数据率同步动态随机存储器）的简称，是由 VIA 等公司为了与 RDRAM 相抗衡而提出的内存标准。DDR SDRAM 是 SDRAM 的更新换代产品，采用 2.5V 工作电压，它允许在时钟脉冲的上升沿和下降沿传输数据，这样不需要提高时钟的频率就能加倍提高 SDRAM 的速度，并具有比

SDRAM 多一倍的传输速率和内存带宽，例如 DDR 266 与 PC 133 SDRAM 相比，工作频率同样是 133MHz，但内存带宽达到了 2.12 GB/s，比 PC 133 SDRAM 高一倍。目前主流的芯片组都支持 DDR SDRAM，是目前最常用的内存类型。

• DDR2 内存

DDR2（Double Data Rate 2）SDRAM 是由 JEDEC（电子设备工程联合委员会）进行开发的新生代内存技术标准。它与上一代 DDR 内存技术标准最大的不同就是：虽然同是采用了在时钟的上升/下降延同时进行数据传输的基本方式，但 DDR2 内存却拥有两倍于上一代 DDR 内存预读取能力（即：4bit 数据读预取）。换句话说，DDR2 内存每个时钟能够以 4 倍外部总线的速度读/写数据，并且能够以内部控制总线 4 倍的速度运行。

此外，由于 DDR2 标准规定所有 DDR2 内存均采用 FBGA 封装形式，而不同于目前广泛应用的 TSOP/TSOP-II 封装形式，FBGA 封装可以提供更为良好的电气性能与散热性，为 DDR2 内存的稳定工作与未来频率的发展提供了坚实的基础。回想起 DDR 的发展历程，从第一代应用到个人电脑的 DDR200 经过 DDR266、DDR333 到今天的双通道 DDR400 技术，第一代 DDR 的发展也走到了技术的极限，已经很难通过常规办法提高内存的工作速度。随着 Intel 最新处理器技术的发展，前端总线对内存带宽的要求越来越高，拥有更高更稳定运行频率的 DDR2 内存将是大势所趋。

• DDR3 内存

与现有的计算机内存芯片相比，DDR3 有很大的改进，有助于提高个人电脑的性能，尤其是多媒体应用软件的性能。性能提高的原因是 DDR3 芯片能够以比目前大多数主流内存芯片更快的速度与计算机的其他部分通信。目前，许多计算机使用时钟频率为 400MHz 的 DDR3 内存。更先进的 DDR2 内存正在日益普及：它的时钟频率在 400MHz～800 MHz 之间。Elpida 的 DDR3 内存芯片的时钟频率为 1.3 GHz。

新的 DDR3 内存芯片还有另外一个长处：更低的能耗。它的运行电压是 1.5V，低于 DDR2 内存芯片的 1.8V。尽管差别并不大，但在使用电池的设备中却能够延长电池续航时间，因为能耗低，产生的热量也就少，从而对冷却的要求也就低一些。

Elpida 并非是第一家推出 DDR3 芯片的公司。今年早些时候，三星公司宣布它已经开发了容量为 512MB、时钟频率为 1.06GHz 的 DDR3 芯片。

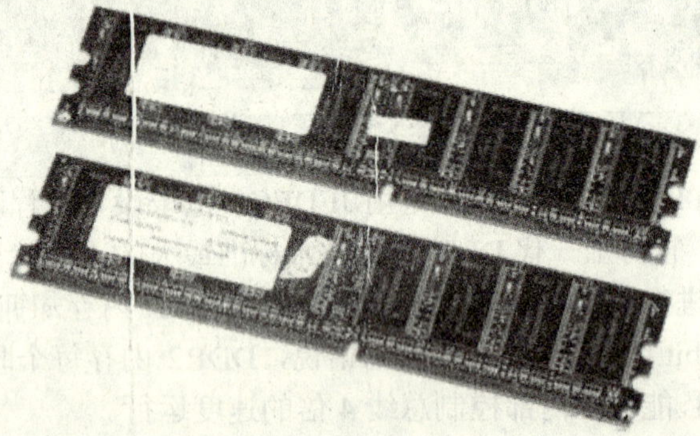

2.3.2 内存的基本性能参数

计算机中的内存有多种基本参数，下面将分别对其进行介绍。

·内存控制器

内存控制器是电脑上最重要的组成部件之一。它的功能是监督控制数据从内存载入/载出。如果需要，还可以对数据的完整性进行检测。

芯片组决定了支持的处理器类型，通常包含几组控制器，分别控制着处理器和其他组件的数据交换。内存控制器是芯片组很常见的一部分，它建立了从内存到微处理器的数据流。如果是支持双通道模式的芯片组，就会包含两组内存控制器。与众不同的是，近期问世的 AMD Athlon64 处理器内部集成了内存控制器。

·内存参数规格

内存的时序参数一般简写为 2/2/2/6-11/1T 的格式，分别代表 CAS/tRCD/tRP/tRAS/CMD 的值。2/2/2/6-11/1T 中最后两个时序参数，也就是 tRAS 和 CMD（Command 缩写），是其中较复杂的时序参数。目前市场上对这两个参数的认识有一些错误，因为部分内存厂商直接用它们来代表内存性能。

• CMD Rate

Command Rate 译为“首命令延迟”，这个参数的含义是片选后多少时间可以发出具体的寻址的行激活命令，单位是时钟周期。片选是指对行物理 Bank 的选择（通过 DIMM 上 CS 片选信号进行）。如果系统只使用一条单面内存，那就不存在片选的问题了，因为此时只有一个物理 Bank。

用更通俗的说法，CMD Rate 是一种芯片组意义上的延迟，它并不全由内存决定，

是由芯片组把虚拟地址解释为物理地址。不难估计，高密度大容量的系统内存的物理地址范围更大，其 CMD 延迟肯定比只有单条内存的系统大，即使是双面单条。

Intel 对 CMD 这个问题就非常敏感，因此部分芯片组的内存通道被限制到四个 Bank。这样就可以比较放心地把 CMD Rate 限定在 1T，而不理用户最多能安装多少容量的内存。

宣扬 CMD Rate 可以设为 1T 实际上多少也算是一种误导性广告，因为所有的无缓冲（Unbuffered）内存都应具有 1T 的 CMD Rate，最多支持四个 Bank 每条内存通道，当然也不排除芯片组的局限性。

• tRAS

tRAS 在内存规范的解释是 Active to Precharge Delay，行有效至行预充电时间。是指从收到一个请求后到初始化 RAS（行地址选通脉冲）真正开始接受数据的间隔时间。这个参数看上去似乎很重要，其实不然。内存访问是一个动态的过程，有时内存非常繁忙，但也有相对空闲的时候，虽然内存访问是连续不断的。tRAS 命令是访问新数据的过程（例如打开一个新的程序），但发生的不多。

接下来介绍几个内存时序参数分别为 CAS 延迟、tRCD 以及 tRP，这些参数又是如何影响系统性能的呢？

• CAS

CAS 意为列地址选通脉冲（Column Address Strobe 或者 Column Address Select），CAS 控制着从收到命令到执行命令的间隔时间，通常为 2、2.5、3 这几个时钟周期。在整个内存矩阵中，因为 CAS 按列地址管理物理地址，因此在稳定的基础上，这个非常重要的参数值越低越好。过程是这样的，在内存阵列中分为行和列，当命令请求到达内存后，首先被触发的是 tRAS（Active to Precharge Delay），数据被请求后需预先充电，一旦 tRAS 被激活后，RAS 才开始在一半的物理地址中寻址，行被选定后，tRCD 初始化，最后才通过 CAS 找到精确的地址。整个过程也就是先行寻址再列寻址。从 CAS 开始到 CAS 结束就是现在讲解的 CAS 延迟。因为 CAS 是寻址的最后一个步骤，所以在内存参数中它是最重要的。

• tRCD

标准 tRCD 是指 RAS to CAS Delay（RAS 至 CAS 延迟），对应于 CAS，RAS 是指 Row Address Strobe，行地址选通脉冲。CAS 和 RAS 共同决定了内存寻址。RAS（数据请求后首先被激发）

和 CAS（RAS 完成后被激发）并不是连续的，存在着延迟。然而，这个参数对系统性能的影响并不大，因为程序存储数据到内存中是一个持续的过程。在同个程序中一般都会在同一行中寻址，这种情况下就不存在行寻址到列寻址的延迟了。

· tRP

tRP 指 RAS Precharge Time，行预充电时间。也就是内存从一个行访问结束到重新开始的间隔时间。简单而言，在依次经历过 tRAS、RAS、tRCD 和 CAS 之后，需要结束当前的状态然后重新开始新的循环，再从 tRAS 开始。这也是内存工作最基本的原理。如果你从事的任务需要大量的数据变化，例如视频渲染，此时一个程序就需要使用很多的行来存储，tRP 的参数值越低表示在不同行切换的速度越快。

2.4 硬盘概述

在发明磁盘系统之前，计算机使用穿孔纸带、磁带等来存储程序与数据，这些存储方式不仅容量低、速度慢，而且有个大缺陷：它们都是顺序存储，为了读取后面的数据，必须从头开始读，无法实现随机存取数据。

2.4.1 硬盘的发展

最初的 PC 电脑上是没有硬盘的，因为实在太贵了，后来随着慢慢地发展才开始安装硬盘。几年前的硬盘还都停留在几十兆上，最大也就是几百兆，当时的技术最大也就支持到 540MB。那时候的软件也很小，DOS 系统加上 Windows 3.1 和汉字系统全部也就 30MB 不到。游戏都是几兆一个，普通的应用软件多数都是几十 KB 的。人们当时对硬盘的需求也很小。那时的硬盘发展也几乎是停滞状态，除了容量小规模的增加，新技术应用根本没有。那时的硬盘都是使用普通的 IDE 接口且一直使用到了 PCI 总线问世。

PCI 总线问世后，开始有比 540MB 更大的硬盘问世，硬盘的技术终于得到了一次发展，EIDE 接口终于出现了。EIDE 的意思是增强型的 IDE 接口，这种接口能支持 LBA 的大硬盘模式，硬盘从这时候开始发展了。而那时最出名的硬盘要数希捷公司和昆腾公司的产品。当时的昆腾公司首先在硬盘的技术上进行了革新，推出了火球系列的火球 1 代硬盘，火球 1 代的转速是 4 500rpm，容量是 640MB，寻道时间为 11ms。这在当时已经是迈出了很大的一步。在这之前的硬盘转速最多都只有 3 000 多 rpm。在这之后随着英特尔公司的 Pentium 处理器问世，个人电脑到了发展最快的阶段，昆腾硬盘也推出了一系列的火球产品，850M 的拓荒者、1.2G 火球 2 代、1.7G 的沙漠风暴、2.1G 的火球 2 代、2.5G 的沙漠风暴等等，这系列的硬盘转速达到了 4 800rpm，寻道时间小于 11ms。昆腾火球系列的硬盘讲求的是高性能，但是高性能也带来了高成本和高价格。希捷在这时也推出了大容量的新款硬盘，虽然没有火球的高性能可是价格却要低出很多。

于是昆腾又推出了大脚系列硬盘，大脚硬盘是一种 5 英寸盘体的硬盘，转速是 3 600 rpm，寻道时间小于 11ms。由于大脚的盘体大，可读半径大就弥补了转速慢的弱点，而且性能也没有太多的下降。这时的硬盘竞争队伍中又加入了新的厂家迈拓。迈拓进入市场后推出了钻石硬盘，这种硬盘性能虽然也不能超过火球，但是比火球便宜，当然要比大脚贵一点。不过大脚硬盘的稳定性却存在一些问题。之后的一段时间硬盘在技术上没有大的革新，只是各厂家在容量和转速上做文章。昆腾在这一时期又推出了火球 3 代、4 代和大脚 2 代，希捷也推出了捷豹等一些新产品，而迈拓则推出了钻石 2 代和 3 代。

MMX CPU 的出现也给了硬盘新的发展，伴随 MMX 技术出现的 DMA33 和 S.M.A.R.T 技术再次促进了硬盘的发展。DMA33 技术是一种新的数据传输接口，比起以前的 IDE 接口要快出 50%以上。S.M.A.R.T 技术则是可以对硬盘的磁头单元、盘片电机驱动系统、硬盘内部电路以及盘片表面媒介材料等进行监测，当 S.M.A.R.T 监测并分析出硬盘可能出现问题时会及时向用户报警以避免电脑数据受到损失。昆腾及时应用新技术推出了支持 DMA33 和 S.M.A.R.T 的火球 5 代硬盘，别称星云，火球 5 代一上市马上受到市场的肯定，销量猛增。这时昆腾也把这种技术应用在了大脚硬盘上，推出了支持这两种新技术的大脚 3 代硬盘，这款硬盘也叫恐龙。星云的转速达到 5 400rpm，寻道时间小于 9 ms。恐龙的转速也达到了 4 500 rpm，寻道时间小于 10 ms。迈拓也于同时推出了钻石 4 代和金钻 1 代硬盘。这两块硬盘都支持 DMA33 技术，和昆腾的火球 5 代性能上几乎没有区别，价格也不菲。而希捷则没有太大的动向，过了几周才推出了使用这一技术的大灰熊硬盘，大灰熊硬盘的转速竟达到 7 200 rpm，寻道时间是 9 ms。这对于昆腾和迈拓无疑是个冲击，好在大灰熊的价格也是高得惊人。

很快为了能够甩开对手占领市场，昆腾又发布了新产品火球 6 代，这一代的硬盘单片盘体容量达 2.5G，使用了 MR 磁头，MR（磁阻式磁头）是一种更精密的薄膜磁头，它与传统的薄膜磁头相比体积更小，重量也更轻，而且 MR 磁头将读、写分成两部分，因此可以按读、写方式分别进行优化以达到最佳工作状态；最重要的一点是 MR 磁头的读单元采用的是检测磁头阻抗变化而不是像传统磁头检测感应电流的工作方式，这种检测阻抗变化方式可以使读取数据的灵敏度大为提高。所以采用 MR 磁头可以进一步提高硬盘盘片上的数据密度，因此也就提高了同一规格硬盘的存储容量。现在 MR 磁头已经被所有硬盘制造商所采用。但是在当时只有昆腾有这种技术。过了几周后希捷和别的厂家才开始生产具备了 MR 磁阻式磁头的硬盘。希捷于这时候推出了第一代酷鱼硬盘。

到 1998 年不久以后，昆腾又推出了更新的火球 7 代和 8 代硬盘，希捷和迈拓也推出了新款的酷鱼和钻石硬盘，这几代的硬盘都在稳定性上大做文章，转速和平均寻道存取时间也有所提高。发展到了这个时候已经到了PⅡ时代，在PⅡ时代厂家又开发了一些新的硬盘出来，并使用了GMR和PRML技术。GMR是在MR磁头基础上改进而来。它采用了系列先进技术实现了分别对磁头自身的感应电流方向（会产生相应的磁场）进行调控，以降低磁头工作时产生的磁场对盘片数据磁场的干扰，因此与MR和MRX磁头相比，GMR磁头有更高的数据读取灵敏度，从理论上讲这是目前最先进的磁头。PRML是将硬盘数据读取电路分成两段“操作流水线”，流水线第一段将磁头读取的信号数字化处理然后只选取部分“标准”信号移交第二段继续处理，第二段将所接收的信号与PRML芯片预置信号模型进行对比，然后选取差异最小的信号进行组合后输出以完成数据的读取过程。PRML技术可以降低硬盘读取数据的错误率，因此可以进一步提高磁盘数据密集度。

1999年Intel810芯片组问世了，DMA66技术也随之诞生。硬盘的接口速率又提高了一倍，希捷和昆腾等大硬盘生产厂家纷纷开始生产基于这种接口的新型硬盘。昆腾火球10代，希捷最新型号的酷鱼都支持这种DMA66的接口，并且酷鱼的转速是7 200 rpm。这时的7 200 rpm技术已经成熟起来，7 200 rpm硬盘继最早的希捷大灰熊后经过了一年多的成熟期，在技术上已经得到相当的完善，几乎所有的知名硬盘厂家都推出了自己的7 200 rpm硬盘产品。这里我们提到的硬盘转速就是指硬盘主轴电机每分钟的转速。由于磁碟和磁头间通常在工作时磁碟高速旋转，而磁头由悬臂带动作直线运动从而控制磁头具体所读写的磁道，这样相互配合完成读取磁碟面上某一特殊位置的信息。提高电机的转速可以有效地缩短磁头在盘面上经过一个圆周所需要的时间，理论上可以有效地缩短硬盘的平均寻道时间和提高硬盘内部传输速率，事实上也的确如此。一般5 400 rpm硬盘的平均寻道时间在9.5ms左右，而7 200 rpm的产品基本控制在9ms以下，部分产品甚至达到7.6ms。平均寻道时间是标志硬盘速度的重要指标之一，很多科研人员都力图进一步降低这一指标，使硬盘寻道更为快捷。

未来的硬盘在接口上会有较大的突破，在高端新一代的Ultra 160M接口的硬盘会逐渐替代现有的WIDE Ultra2 SCSI硬盘，届时接口速率又将翻倍，在16bit带宽下极限速度最高可以达到160MB/S。光纤接口（FC-AL）也将开始进入专业领域，200MB/S的传输速率可以满足高分辨率视频流以及高精度数据采集的数据流量要求，另一方面可以利用光纤远距离低损耗的传输特性达成远距离传输，根据白皮书称光纤接口配合远程电缆可以长达10km。IEEE1394又被称为火线（Firewire）是一种非常具有潜力的高速串行总线，其传输速率以百兆为单位，最高可以达到GB/S级。IEEE1394是USB有力的竞争者，同样适用除硬盘以外的诸多硬件产品，不过目前IEEE1394成本较高，在很大程度上限制了它的应用，如果能够控制成本，IEEE1394完全可以替代目前的SCSI和IDE硬盘接口。国际上固态硬盘研发工作也在进行之中，所谓固态硬盘就是用半导体不易失性记忆器件代替传统硬盘中的磁碟和磁头等机械结构，如果记忆体集成度足够高的话，硬盘的重量会大为减轻，而且速度非机械结构所能比拟，寻址时间可以提升几个数量级。不过目前半导体存储器的单位容量的价格远高于硬盘，所以大容量固态硬盘只能用于不计成本的特殊场合，其容量也不能与传统硬盘相比。

2.4.2 硬盘的基本参数

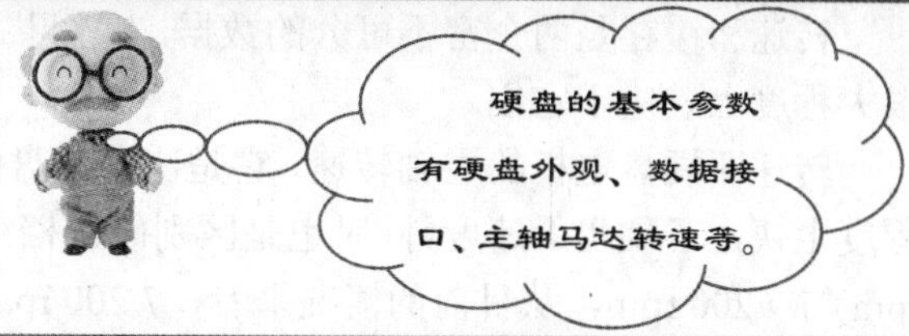

• 硬盘外观

硬盘尺寸有很多种，现在普遍使用的是 3 英寸（76.2mm）硬盘，大小和 3.5 寸（11.55cm）软驱相仿。除此之外，还有 5 寸（16.5cm）硬盘以及 2.5 寸（8.25cm）或体积更小的硬盘，小体积硬盘常用于笔记本电脑中，各种不同外观的硬盘如下图所示。

3 英寸硬盘（76.2mm）　2.5 英寸硬盘（63.5mm）　5 英寸硬盘（127mm）

• 数据接口

硬盘外壳上除电源插座外，还有一个必不可少的数据接口：40 针的 IDE 接口，而 50 针的是 SCSI 接口。还有一些跳线，在安装时可能要用它们来设置硬盘：对于 IDE 硬盘，主要设置是作为主盘（Master）还是副盘（Slave）；对于 SCSI 硬盘，则是设置 ID 号和终端电阻等。

SCSI 接口　IDE 接口　SATA 接口

• 主轴马达转速

采用 IDE 接口的硬盘，为 5 400rpm/7 200rpm，rpm 的意思为转/分钟，SCSI 接口硬盘较快，为 10 000rpm/15 000rpm，笔记本型硬盘最慢，为 4 200rpm/5 400rpm。一般来说转速越快，性能越好。

• 转速与缓存

转速和缓存是两个密不可分的数据，它们共同影响着使用者最终的感觉，硬盘的快慢，在很大程度上取决于它们。

转速即硬盘电机的主轴转速，它是决定硬盘内部传输率的决定因素之一，它的快慢在很大程度上决定了硬盘的速度，同时也是区别硬盘档次的重要标志。如今 IDE 硬盘的转速多为 5 400 rpm 与 7 200 rpm，从目前的情况来看，7 200 rpm 硬盘是市场的主流。

硬盘的缓存是指在硬盘内部的高速存储器。如今硬盘采用的缓存类型多为 SDRAM，但也有例外的如采用 EDO DRAM 的。缓存的容量越大越好，它直接关系到硬盘的读取速度，如今的硬盘缓存容量大都是 2M，并向 8M 的更大容量过渡。但也有少数只有 512K 缓存的产品，这点大家需注意。

• 硬盘的容量与单碟容量

硬盘容量即硬盘所能存储的最大数据量，是以 MB（兆）和 GB（千兆）为单位的，早期的硬盘容量低下，大多以 MB（兆）为单位。1956 年 9 月 IBM 公司制造的世界上第一台磁盘存储系统只有区区的 5MB，而现今硬盘技术飞速的发展数百千兆容量的硬盘也已进入到家庭用户的手中。硬盘的容量有 40GB、60GB、80GB、100GB、120GB、160GB、200GB、500GB，硬盘技术还在继续向前发展，更大容量的硬盘还将不断推出。

单碟容量（Storage Per Disk），是硬盘相当重要的参数之一，一定程度上决定着硬盘的档次高低。硬盘是由多个存储碟片组合而成的，而单碟容量就是一个存储碟所能存储的最大数据量。硬盘厂商在增加硬盘容量时，可以通过两种手段：一个是增加存储碟片的数量，但受到硬盘整体体积和生产成本的限制，碟片数量都受到限制，一般都在 5 片以内；而另一个办法就是增加单碟容量。

同时，硬盘单碟容量的增加不仅仅可以带来硬盘总容量的提升，而且也有利于生产成本的控制，提高硬盘工作的稳定性。单碟容量的增加意味着厂商要在同样大小的盘片上建立更多的磁道数（数据存储在盘片的磁道中），虽然这在技术难度上对厂商要求很高，但盘片磁道密度（单位面积上的磁道数）提高，代表着数据密度的提高，这样在硬盘工作时盘片每转动一周，磁头所能读出的数据就越多。所以在相同转速的情况下，硬盘单碟容量越大其内部数据传输速率就越快。另外单碟容量的提高使单位面积上的磁道条数也有所提高，这样硬盘寻道时间也会有所下降。

• 平均寻道时间

硬盘还有一个指标就是平均寻道时间。平均寻道时间实际上是由转速、缓存、单碟容量等性能综合决定的一个参数，体现在用户的角度，就是一个总体的性能指标。目前主流硬盘的平均寻道时间差别都不大，一般在 9 ms 左右。

一般来说，硬盘的转速越高，其平均寻道时间就越低；单碟容量越大，其平均寻道时间就越低。当单碟片容量增大时，磁头的寻道动作和移动距离减少，从而使平均寻道时间减少，加快硬盘速度。

在硬盘上数据是分磁道、分簇存储的，经常读写操作后，往往数据并不是连续排列在同一磁道上，所以磁头在读取数据时需要在磁道之间反复移动，因此平均寻道时间在数据传输中起着十分重要的作用。在读写大量的小文件时，平均寻道时间也起着至关重要的作用。在读写大文件或连续存储的大量数据时，平均寻道时间的优势则得不到体现，此时单碟容量的大小、转速、缓存就是较为重要的因素。

- 硬盘的传输率

硬盘的传输率主要指硬盘的外部和内部数据的传输率，它们的单位为Mb/s（兆位/秒）或MB/s(1MB=8Mb)。硬盘的外部传输率（Burst Data Transfer Rate）即硬盘的突发数据传输率，它一般指硬盘的数据接口的速率。现在的 ATA/66/100/133 接口的硬盘的传输率可达 66～133MB/s。

而硬盘的内部数据传输率（Internal Data Transfer Rate）是指磁头至硬盘缓存间的最大数据传输率，在这方面市场上主流硬盘的最大内部数据传输率一般都可达 350Mb/s 以上，优秀的硬盘其最大内部数据传输率可达 500Mb/s。

- 硬盘的磁头

硬盘磁头是硬盘读取数据的关键部件，它的主要作用就是将存储在硬盘盘片上的磁信息转化为电信号向外传输，而它的工作原理则是利用特殊材料的电阻值会随着磁场变化的原理来读写盘片上的数据，磁头的好坏在很大程度上决定着硬盘盘片的存储密度。目前比较常用的是GMR（Giant Magneto Resisive）巨磁阻磁头，GMR 磁头使用了磁阻效应更好的材料和多层薄膜结构，这比以前的传统磁头和 MR（Magneto Resisive）磁阻磁头更为敏感，相对的磁场变化能引起很大的电阻值变化，从而实现更高的存储密度。

磁头是硬盘中对盘片进行读写工作的工具，是硬盘中最精密的部位之一。磁头是用线圈缠绕在磁芯上制成的。硬盘在工作时，磁头通过感应旋转盘片上磁场的变化来读取数据；通过改变盘片上的磁场来写入数据。为避免磁头和盘片的磨损，在工作状态下，磁头悬浮在高速转动的盘片上方，而不与盘片直接接触，只有在电源关闭之后，磁头会自动回到在盘片上的固定位置（称为着陆区，此处盘片并不存储数据，是盘片的起始位置）。

由于磁头工作的性质，对其磁感应敏感度和精密度的要求都非常高。早先的磁头采用铁磁性物质，在磁感应敏感度上不是很理想，因此早期的硬盘单碟容量都比较低，单碟容量大则碟片上磁道密度大，磁头感应程度不够，就无法准确读出数据。这就造成早期的硬盘容量都很有限。随着技术的发展，磁头在磁感应敏感度和精密度方面都有了进步。

最初磁头是读、写功能一起的，这对磁头的制造工艺、技术都要求很高，而对于个人电脑来说，在与硬盘交换数据的过程中，读取数据远远快于写入数据，读、写操作二者的特性也完全不同，这也就导致了读、写分离的磁头，二者分别工作、各不干扰。

（1）薄膜感应（TEI）磁头

在 1990～1995 年间，硬盘采用 TFI 读/写技术。TFI 磁头实际上是绕线的磁芯。盘片在绕线的磁芯下通过时会在磁头上产生感应电压。TFI 读磁头之所以会达到它的能力极限，是因为在提高磁灵敏度的同时，它的写能力却减弱了。

（2）各向异性磁阻（AMR）磁头

AMR（Anisotropic Magneto Resistive）是 20 世纪 90 年代中期，希捷公司推出的使用 AMR 磁头的硬盘。AMR 磁头使用 TFI 磁头来完成写操作，但用薄条的磁性材料来作为读元件。在有磁场存在的情况下，薄条的电阻会随磁场而变化，进而产生很强的信号。硬盘译解由于磁场极性变化而引起的薄条电阻变化，提高了读灵敏度。AMR 磁头进一步提高了面密度，而且减少了元器件数量。由于 AMR 薄膜的电阻变化量有一定的限度，AMR 技术最大可以支持 $3.3GB/m^2$（$0.51GB/cm^2$）的记录密度，所以 AMR 磁头的灵敏度也存在极限。这导致了 GMR 磁头的研发。

（3）GMR（Giant Magneto Resistive，巨磁阻）

GMR 磁头继承了 TFI 磁头和 AMR 磁头中采用的读/写技术。但它的读磁头对于磁盘上的磁性变化表现出更高的灵敏度。GMR 磁头是由 4 层导电材料和磁性材料薄膜构成的：一个传感层、一个非导电中介层、一个磁性的栓层和一个交换层。GMR 传感器的灵敏度比 AMR 磁头大 3 倍，所以能够提高盘片的密度和性能。

硬盘的磁头数取决于硬盘中的碟片数，盘片正反两面都存储着数据，所以一个盘片对应两个磁头才能正常工作。比如总容量为 80GB 的硬盘，采用单碟容量为 80GB 的盘片，只有一张盘片，该盘片正反面都有数据，则对应两个磁头；而同样总容量为 120GB 的硬盘，采用二张盘片，则只有三个磁头，其中一张盘片的一面没有磁头。

2.4.3 硬盘接口技术

硬盘接口是硬盘与主机系统间的连接部件，作用是在硬盘缓存和主机内存之间传输数据。不同的硬盘接口决定着硬盘与计算机之间的连接速度，在整个系统中，硬盘接口的优劣直接影响着程序运行快慢和系统性能好坏。从整体的角度上，硬盘接口分为 IDE、SATA、SCSI 和光纤通道四种，IDE 接口硬盘多用于家用产品中，也部分应用于服务器；SCSI 接口的硬盘则主要应用于服务器市场，而光纤通道只运用在高端服务器上，价格昂贵；SATA 是种新生的硬盘接口类型，还正处于市场普及阶段，在家用市场中有着广泛的前景。在 IDE 和 SCSI 的大类别下，又可以分出多种具体的接口类型，又各自拥有不同的技术规范，具备不同的传输速度，比如 ATA100 和 SATA，Ultra160 SCSI 和 Ultra320 SCSI 都代表着一种具体的硬盘接口，各自的速度差异也较大。

• IDE 接口

IDE 的英文全称为“Integrated Drive Electronics”，即“电子集成驱动器”，它的本意是指把“硬盘控制器”与“盘体”集成在一起的硬盘驱动器。把盘体与控制器集成在一起的做法减少了硬盘接口的电缆数目与长度，数据传输的可靠性得到了增强，硬盘制造起来变得更容易，因为硬盘生产厂商不需要再担心自己的硬盘是否与其他厂商生产的控制器兼容。对用户而言，硬盘安装起来也更为方便。

这里所说的 IDE，既是宏观意义上的硬盘接口类型，又是微观意义上的硬盘接口标准。之所以说它是宏观意义上的一种硬盘接口类型，是因为时至今日这一接口技术仍在不断地发展，并且仍是 PC 机中硬盘接口中的绝对主流，原因当然是其性能也在得到不断发展，且相当不错，此类接口的硬盘价格相对其他接口也要便宜许多。后面要介绍的各类 ATA、Ultra ATA、DMA、Ultra DMA 硬盘都属于 IDE 接口类型。称它是微观意义上的硬盘接口标准，是指如果细分，它仅代表第一代的 IDE 标准，因为随后其接口技术得到了飞速发展，引入了许多新技术，使这一 IDE 接口标准得到了质的飞跃，通常不再以 IDE 标称，而是以诸如 ATA、Ultra ATA、DMA、Ultra DMA 等标注。

• SCSI 接口

SCSI 的英文全称为“Small Computer System Interface”（小型计算机系统接口）。它是一种与 IDE（ATA）完全不同的接口，它不是专门为硬盘设计的，而是一种总线型的系统接口。每个 SCSI 总线上可以连接包括 SCSI 控制卡在内的 8 个 SCSI 设备。SCSI 的优势在于它支持多种设备，独立的总线使得它对 CPU 的占用率很低，传输速率比 ATA 接口快得多，但同时价格也很高，所以也决定了其普及程度远不如 IDE，只能在高档的电脑设备中出现。

最早的 SCSI 是于 1979 年由美国的 Shugart 公司(Seagate 希捷公司的前身)制订的，原是为小型机研制出的一种接口技术，但随着电脑技术的发展，现在它被完全移植到了普通微机上。与 PC 机常用的 IDE 接口技术一样，SCSI 接口技术也得到了不断发展。

在 20 世纪 90 年代初，推出了 SCSI-2 标准，类似于 SCSI-1，但是可以支持同时连接 7 个装置，传输速率也达到了 10～20MB/s。

1995 年推出了 SCSI-3 标准版本，俗称“Ultra SCSI”，它采用 8 位的通道宽度，传输速率为 20MB/s，其允许接口电缆的最大长度为 1.5m。

1997 年推出了 Ultra2 SCSI（Fast-40）标准版本，其数据通道宽度仍为 8 位，但其采用了 LVD(Low Voltage Differential，低电平微分)传输模式，传输速率为 40MB/s，允许接口电缆的最长为 12 m，大大增加了设备的灵活性，支持同时挂接 15 个装置。随后其推出了 WIDE ULTRA 2 SCSI 接口标准，它采用 16 位数据通道带宽，最高传输速率可达 80MB/s，允许接口电缆的最长为 12 m，同样支持同时挂接 15 个装置，大大增加了设备的灵活性。

1998 年，更高数据传输率的 Ultra 160/m SCSI(Wide 下的 Fast-80)规格正式公布，其最高数据传输率为 160MB/s，昆腾推出的 Atlas10K 和 Atlas 四代等产品支持 Ultra3 SCSI 的 Ultra160/m 传输模式。

目前最新的 Ultra320 SCSI 版本标准也已推出，这一 SCSI 接口标准支持最高数据传输达到了 320MB/s。

目前 SCSI 接口标准广泛应用于如：硬盘、光驱、ZIP、MO、扫描仪、磁带机、JAZ、打印机、光盘刻录机等设备上，同时由于较其他标准接口的传输速率快，所以在一些高端电脑、工作站，特别是服务器上常用来作为硬盘及其他储存装置的接口。

SCSI 接口技术与其他技术一样，也是向前兼容，也就是说新的 SCSI 接口可以兼容老接口，而且如果一个 SCSI 系统中的两种 SCSI 设备不是位于同一规格，那么 SCSI 系统将取较低级规格作为工作标准。例如有的 SCSI 控制卡是 Ultra160/m SCSI（160MB/s）卡，而硬盘只支持 Wide Ultra2 SCSI（80MB/s），那么你的 SCSI 系统将工作于 Wide Ultra2 SCSI。同样如果控制卡是 Wide Ultra2 SCSI 卡，而硬盘却支持 Ultra160 SCSI，那么 SCSI 系统也只能工作于 Wide Ultra2 SCSI 中。所以在选购 SCSI 系统时应该注意这个问题，SCSI 控制卡和 SCSI 硬盘要选择支持相同规格标准的。

SCSI 接口具有：配置扩展灵活（在一块 SCSI 控制卡上就可以同时挂接 15 个设备）、高性能（具有很多任务、宽带宽及少 CPU 占用率等特点）、应用广泛（具有外置和内置两种）等优点。其缺点主要体现为：价格昂贵、安装复杂，SCSI 硬盘的数据线各类繁多，如下图所示就是其中一种。

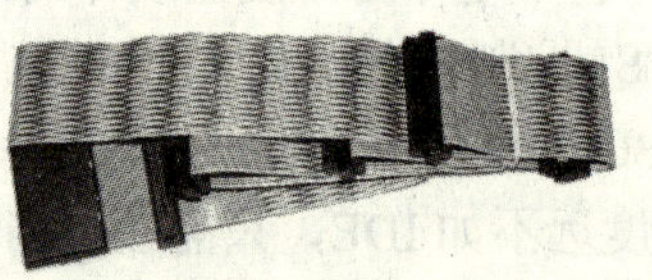

· SATA 接口

SATA，即串行 ATA，是英特尔公司在 2000 年 IDF（Intel Developer Forum，英特尔开发者论坛）上发布的将于下一代外设产品中采用的接口类型。从其名称上就可知，它一改以往 ATA 标准的并行数据传输方式，而是以连续串行的方式传送资料。这样在同一时间点内只会有 1 位数据传输，此做法能减少接口的针脚数目，用四支针就完成了所有的工作(第 1 针发出、第 2 针接收、第 3 针供电、第 4 针地线)，相比 ATA 接口标准的 80 芯数据线来说，其数据线显得更加趋于标准化。如下图所示的就是一根 Serial ATA 数据线。

串口硬盘是一种完全不同于并行 ATA 的新型硬盘接口类型，由于采用串行方式传输数据而知名。相对于并行 ATA 来说，就具有非常多的优势。首先，Serial ATA 以连续串行的方式传送数据，一次只会传送 1 位数据。这样能减少 SATA 接口的针脚数目，使连接电缆数目变少，效率也会更高。实际上，Serial ATA 仅用四支针脚就能完成所有的工作，分别用于连接电缆、连接地线、发送数据和接收数据，同时这样的架构还能降低系统能耗和减小系统复杂性。其次，Serial ATA 的起点更高、发展潜力更大，Serial ATA 1.0 定义的数据传输率可达 150MB/s，这比最快的并行 ATA（即 ATA/133）所能达到 133MB/s 的最高数据传输率还高，而在 Serial ATA 2.0 的数据传输率达到 300MB/s，最终 SATA 将实现 600MB/s 的最高数据传输率。

• SATA II 接口

SATA II 是在 SATA 的基础上发展起来的，其主要特征是外部传输率从 SATA 的 1.5Gbps(150MB/sec)进一步提高到了 3Gbps（300MB/sec），此外还包括 NCQ（Native Command Queuing，原生命令队列）、端口多路器（Port Multiplier）、交错启动（Staggered Spin-up）等一系列的技术特征。单纯的外部传输率达到 3Gbps 并不是真正的 SATA II。

SATA II 的关键技术就是 3Gbps 的外部传输率和 NCQ 技术。NCQ 技术可以对硬盘的指令执行顺序进行优化，避免像传统硬盘那样机械地按照接收指令的先后顺序移动磁头读写硬盘的不同位置，与此相反，它会在接收命令后对其进行排序，排序后的磁头将以高效率的顺序进行寻址，从而避免磁头反复移动带来的损耗，延长硬盘寿命。另外并非所有的 SATA 硬盘都可以使用 NCQ 技术，除了硬盘本身要支持 NCQ 之外，也要求主板芯片组的 SATA 控制器支持 NCQ。此外，NCQ 技术不支持 FAT 文件系统，只支持 NTFS 文件系统。

由于 SATA 设备市场比较混乱，不少 SATA 设备提供商在市场宣传中滥用“SATA II”的现象愈演愈烈，例如某些号称“SATA II”的硬盘却仅支持 3Gbps 而不支持 NCQ，而某些只具有 1.5Gbps 的硬盘却又支持 NCQ，所以，由希捷（Seagate）所主导的 SATA-IO（Serial ATA International Organization，SATA 国际组织，原 SATA 工作组）又宣布了 SATA 2.5 规范，收录了原先 SATA II 所具有的大部分功能——从 3Gbps 和 NCQ 到交错启动（Staggered Spin-up）、热插拔（Hot Plug）、端口多路器（Port Multiplier）以及比较新的 eSATA（External SATA，外置式 SATA 接口）等等。

值得注意的是，部分采用较早的仅支持 1.5Gbps 的南桥芯片（例如 VIA VT8237 和 NVIDIA nForce2 MCP-R/MCP-Gb）的主板在使用 SATA II 硬盘时，可能会出现找不到硬盘或蓝屏的情况。不过大部分硬盘厂商都在硬盘上设置了一个速度选择跳线，以便强制选择 1.5Gbps 或 3Gbps 的工作模式（少数硬盘厂商则是通过相应的工具软件来设置），只要把硬盘强制设置为 1.5Gbps，SATA II 硬盘照样可以在老主板上正常使用。

SATA 硬盘在设置 RAID 模式时，一般都需要安装主板芯片组厂商所提供的驱动，但也有少数较老的 SATA RAID 控制器在打了最新补丁的某些版本的 Windows XP 系统里不需要加载驱动就可以组建 RAID。

• 光纤通道

光纤通道的英文拼写是 Fibre Channel，和 SCSI 接口一样光纤通道最初也不是为硬盘设计开发的接口技术，而是专门为网络系统设计的，但随着存储系统对速度的需求，才逐渐应用到硬盘系统中。光纤通道接口是为提高多硬盘存储系统的速度和灵活性而开发的，它的出现大大提高了多硬盘系统的通信速度。光纤通道的主要特性有：热插拔性、高速带宽、远程连接、连接设备数量大等。光纤通道是为像服务器一样的多硬盘系统环境而设计，它能满足高端工作站、服务器、海量存储子网络、外设间通过集线器、交换机和点对点连接等方式进行双向、串行数据通信等系统对高数据传输率的要求。

2.5 显卡概述

使用电脑就必须通过显示器来看电脑的操作过程，而显示器必须从显卡中获取数据，若没有显卡，就不能看到操作的过程从而不能进行作业。

2.5.1 显卡的基本原理

在早期的 DOS 操作系统时代，利用标准的 EGA、VGA 显卡以及帧缓存（用于存储图像），完全可以处理大多数图像或者文本文件的显示，但是这种组合对复杂的图形显示及高质量的图像处理就显得无能为力了。特别是当更多的用户使用 Windows 等 32 位操作系统后，仅仅依靠 CPU 已经无法对众多的图形函数进行处理，最根本的解决方法就是利用专门的图形加速卡。

图形加速卡拥有自己的图形函数加速器和显存，这些都是专门用来执行图形加速任务的，因此就可以大大减少 CPU 所必须处理图形函数的时间。例如要画一个圆，如果让 CPU 去运算，它就要计算需要多少个像素来实现，用什么颜色等等。如果图形加速卡芯片存储有画圆函数，CPU 只需要发出让显卡画圆的指令，剩下的工作就由加速卡来进行，这样 CPU 就可以执行其他的任务，由此可以大大提高计算机的整体性能。

现在的显卡大多为图形加速卡，它们或多或少都可以执行一些图形函数。通常所说的加速卡性能，是指其芯片集能够提供图形函数计算能力，这个芯片集通常也称为加速引擎或图形处理器。一般来说，在芯片集的内部会有一个时钟发生器、VGA 核心和硬件加速函数，很多新的芯片集在内部还集成了 RAMDAC（数字模拟转换器）。芯片集可以通过它们的数据传输带宽来划分，目前的芯片多为 64 位或 128 位，而早期的显卡芯片为 32 位或 16 位。拥有更大的带宽可以使芯片在一个时钟周期中处理更多的信息，带来更高的解析度和色深。

2.5.2 显卡的基本组成

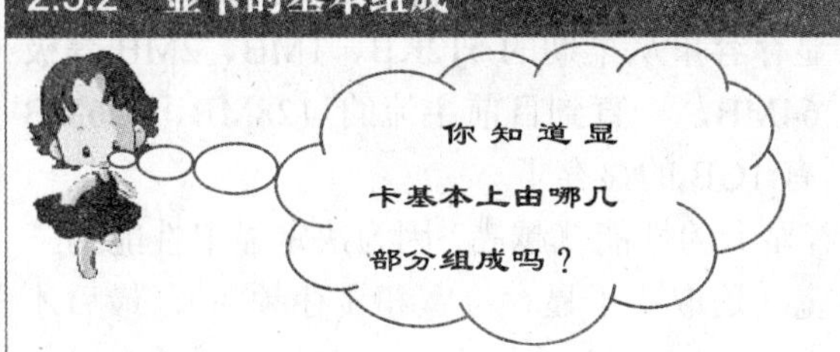

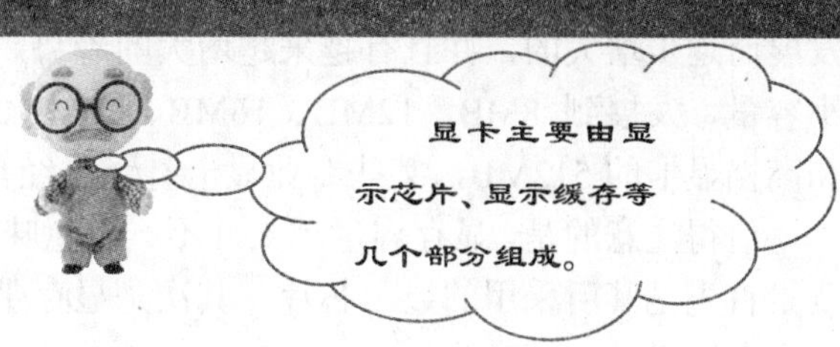

显卡主要由显示芯片、显示缓存、BIOS 和 RAMDAC 等几个重要的部分组成，此外还包括一些连接插座或插针。

• 显示芯片

显示芯片是显卡的核心芯片，它的性能好坏直接决定了显卡性能的好坏，其主要任务就是处理系统输入的视频信息并将其进行构建、渲染等工作。显示主芯片的性能直接决定了显示卡性能的高低。不同的显示芯片，不论从内部结构还是其性能，都存在着差异，而其价格差别也很大。显示芯片在显卡中的地位，就相当于电脑中 CPU 的地位，是整个显卡的核心。因为显示芯片的复杂性，目前设计、制造显示芯片的厂家只有 NVIDIA、ATI、SIS、3DLabs 等公司。家用娱乐性显卡都采用单芯片设计的显示芯片，而在部分专业的工作站显卡上有采用多个显示芯片组合的方式。

• 显存

显存是显卡上的关键核心部件之一，它的优劣和容量大小会直接关系到显卡的最终性能表现。可以说显示芯片决定了显卡所能提供的功能和其基本性能，而显卡性能的发挥则很大程度上取决于显存。

（1）显存容量

显存容量是显卡上本地显存的容量数，这是选择显卡的关键参数之一。显存容量的大小决定着显存临时存储数据的能力，在一定程度上也会影响显卡的性能。显存容量也是随着显卡的发展而逐步增大的，并且有越来越增大的趋势。显存容量从早期的512KB、1MB、2MB等极小容量，发展到8MB、12MB、16MB、32MB、64MB，一直到目前主流的128MB、256MB和高档显卡的512MB，某些专业显卡甚至已经具有1GB的显存了。

值得注意的是，显存容量越大并不一定意味着显卡的性能就越高，因为决定显卡性能的三要素首先是其所采用的显示芯片，其次是显存带宽（这取决于显存位宽和显存频率），最后才是显存容量。

（2）显存的时钟周期

显存时钟周期就是显存时钟脉冲的重复周期，它是作为衡量显存速度的重要指标。显存速度越快，单位时间交换的数据量也就越大，在同等情况下显卡性能将会得到明显提升。显存的时钟周期一般以ns（纳秒）为单位，工作频率以MHz为单位。显存时钟周期跟工作频率一一对应，它们之间的关系为：工作频率＝1÷时钟周期×1 000。那么显存频率为166MHz，它的时钟周期为1÷166×1 000＝6（ns）。

对于DDR SDRAM或者DDR2、DDR3显存来说，描述其工作频率时用的是等效输出频率。因为能在时钟周期的上升沿和下降沿都能传送数据，所以在工作频率和数据位宽度相同的情况下，显存带宽是SDRAM的两倍。换句话说，在显存时钟周期相同的情况下，DDR SDRAM显存的等效输出频率是SDRAM显存的两倍。例如，5ns的SDRAM显存的工作频率为200MHz，而5ns的DDR SDRAM或者DDR2、DDR3显存的等效工作频率就是400MHz。常见显存时钟周期有5ns、4ns、3.8ns、3.6ns、3.3ns、2.8ns、2.0ns、1.6ns、1.1ns，甚至更低。

（3）显存频率

显存频率是指在默认情况下，该显存在显卡上工作时的频率，以MHz（兆赫兹）为单位。显存频率在一定程度上反映着该显存的速度。

显存频率与显存时钟周期是相关的，二者成倒数关系，也就是显存频率＝1/显存时钟周期。如果是SDRAM显存，其时钟周期为6ns，那么它的显存频率就为1/6ns=166 MHz。而对于DDR SDRAM或者DDR2、DDR3，其时钟周期为6ns，那么它的显存频率就为1/6ns=166 MHz，但要了解这是DDR SDRAM的实际频率，而不是我们平时所说的DDR显存频率。因为DDR在时钟上升期和下降期都进行数据传输，其一个周期传输两次数据，相当于SDRAM频率的二倍。习惯上称呼的DDR频率是其等效频率，是在其实际工作频率上乘以2，就得到了等效频率。因此6ns的DDR显存，其显存频率为1/6ns×2=333 MHz。

（4）显存带宽

显存带宽是指显示芯片与显存之间的数据传输速率，它以字节/秒为单位。显存带宽是决定显卡性能和速度最重要的因素之一。要得到精细（高分辨率）、色彩逼真（32bit真彩）、流畅（高刷新速度）的3D画面，就必须要求显卡具有大显存带宽。目前显示芯片的性能已达到很高的程度，其处理能力是很强的，只有大显存带宽才能保障其足够的数据输入和输出。随着多媒体、3D 游戏对硬件的要求越来越高，在高分辨率、32 位 bit 真彩和高刷新率的 3D 画面面前，相对于 GPU，较低的显存带宽已经成为制约显卡性能的瓶颈。显存带宽是目前决定显卡图形性能和速度的重要因素之一。

显存带宽的计算公式为：显存带宽＝工作频率×显存位宽/8。目前大多中低端的显卡都能提供 6.4GB/s、8.0GB/s 的显存带宽，而对于高端的显卡产品则提供超过 20GB/s 的显存带宽。在条件允许的情况下，尽可能购买显存带宽大的显卡，这是一个选择的关键。

（5）显存位宽

显存位宽是显存在一个时钟周期内所能传送数据的位数，位数越大则瞬间所能传输的数据量就越大，这是显存的重要参数之一。目前市场上的显存位宽有 64 位、128 位和 256 位三种，人们习惯上叫的 64bit 显卡、128bit 显卡和 256bit 显卡就是指其相应的显存位宽。显存位宽越高，性能越好价格也就越高，因此 256bit 宽的显存更多应用于高端显卡，而主流显卡基本都采用 128bit 显存。

大家知道显存带宽＝显存频率×显存位宽/8，那么在显存频率相当的情况下，显存位宽将决定显存带宽的大小。比如说同样显存频率为 500MHz 的 128bit 和 256bit 显存，那么它们的显存带宽将分别为：128bit＝500MHz×128 / 8=8GB/s，而 256bit＝500MHz×256/8=16GB/s，是 128bit 的 2 倍，可见显存位宽在显存数据中的重要性。

显卡的显存是由一块块的显存芯片构成的，显存总位宽同样也是由显存颗粒的位宽组成，显存位宽＝显存颗粒位宽×显存颗粒数。显存颗粒上都带有相关厂家的内存编号，可以去网上查找其编号，就能了解其位宽，再乘以显存颗粒数，就能得到显卡的位宽。这是最为准确的方法，但实施起来较为麻烦。

• 显卡的 BIOS

BIOS 是“Basic Input Output System”的简称，也就是“基本输入输出系统”。显卡 BIOS 固定在显示卡所带的一个专用存储器里。BIOS 中储存了显示卡的硬件控制程序和相关信息。可以说 BIOS 是显示卡的“神经中枢”。开机后显示卡 BIOS 中的数据被映射到内存里并控制整个显卡的工作。

显卡 BIOS 芯片用来保存显卡 BIOS 程序，和主板 BIOS 一样，显卡 BIOS 是储存在 BIOS 芯片中的，而不是储存在磁盘中。显卡 BIOS 主要用于显卡上各器件之间正常运行时的控制和管理，所以 BIOS 程序的技术质量（合理性和功能）必将影响显卡最终的产品技术特性。另外在显卡 BIOS 中还保存了所在显卡的主要技术信息，如图形处理芯片的型号规格、VGA BIOS 的版本和编制日期等。

显卡 BIOS 升级就是通过必要的软件把厂商提供的新 BIOS 文件，写入到显卡的 ROM 中去。显卡 BIOS 是存放在存储器（ROM）里，不同厂商选用的 ROM 类型各有不同，并非所有的显卡都支持对 BIOS 的升级。如果显示卡使用的是一次性的 PROM（可编程只读存储器）那将无法进行升级。如果使用的是 EPROM（可擦写可编程只读存储器），那么理论上是可以升级的，但必须要有专用的设备才能进行，对于用户来说没什么意义。如果显卡采用的是 Flash EPROM（闪存）或 EEPROM（电擦写可编程只读存储器），那么显卡将自由升级，目前绝大多数显卡都采用了此类 ROM，方便用户自行升级。

• RAMDAC

RAMDAC 是“Random Access Memory Digital/Analog Convertor”的缩写，即随机存取内存数字—模拟转换器。RAMDAC 作用是将显存中的数字信号转换为显示器能够显示出来的模拟信号，其转换速率以 MHz 表示。

计算机中处理数据的过程其实就是将事物数字化的过程，所有的事物将被处理成 0 和 1 两个数，而后不断进行累加计算。图形加速卡也是靠这些 0 和 1 对每一个像素进行颜色、深度、亮度等各种处理。显卡生成的信号都是以数字来表示的，但是所有的 CRT 显示器都是以模拟方式进行工作的，数字信号无法被识别，这就必须有相应的设备将数字信号转换为模拟信号。而 RAMDAC 就是显卡中将数字信号转换为模拟信号的设备。

RAMDAC 的转换速率以 MHz 表示，它决定了刷新频率的高低（与显示器的“带宽”意义近似）。其工作速度越高，频带越宽，高分辨率时的画面质量越好，该数值决定了在足够的显存下，显卡最高支持的分辨率和刷新率。如果要在 1024×768 的分辨率下达到 85Hz 的分辨率，RAMDAC 的速率至少是 1 024×768×85×1.344÷1.06≈90（MHz）。

早期显卡的 RAMDAC 一般为 300MHz，很快发展到 350MHz，目前主流的显卡 RAMDAC 都能达到 400MHz，已足以满足和超过目前大多数显示器所能提供的分辨率和刷新率。

2.5.3 显卡的接口类型

接口类型指显卡与主板连接所采用的接口种类。显卡的接口决定着显卡与系统之间数据传输的最大带宽，也就是瞬间所能传输的最大数据量。只有在主板上有相应接口的情况下，显卡才能使用。显卡发展至今共出现 ISA、PCI、AGP、PCI Express 等几种接口。

• ISA 接口

IBM 公司于 1981 年推出的基于 8 位机 PC/XT 的总线，称为 PC 线。1984 年 IBM 公司推出了 16 位 PC 机 PC/AT，称为 AT 总线。为了能够合理地开发外插接口卡，由 Intel 公司、IEEE 和 EISA 集团联合开发了与 IBM/AT 原装机总线意义相近的 ISA 总线，即 8/16 位的“工业标准结构”（ISA,Industry Standard Architecture）总线。

8 位 ISA 扩展 I/O 插槽由 62 个引脚组成，用于 8 位的插卡；8/16 位的扩展插槽除了具有一个 8 位 62 线连接器外，还有一个附加的 36 线连接器，这种扩展 I/O 插槽既可支持 8 位的插卡，又可支持 16 位插卡。ISA 总线的主要性能指标如下：I/O 地址空间“O1OOH～03FFH24”位地址线可直接寻址的内容量为 16MB，8/16 位数据线，62/36 引脚，最大位宽 16 位(bit)，最高时钟频率为 8MHz，最大稳态传输率为 16MB/s，DMA 通道功能开放式总线结构，允许多个 CPU（物理设备）共享系统资源 ISA 插槽，可以插入符合该规范的 ISA 插卡。

· PCI 接口

1991 年，Intel 公司率先提出了 PCI 的概念，并联合 IBM、Compaq、AST、HP、DEC 等 100 多家公司成立了 PCI 集团。新一代的 PCI 总线接口的时钟频率为 33.3MHz/66MHz，最大数据传输速率可达 133MB/s，同时具有与处理器和存储器子系统完全并行操作的能力。尽管如此，PCI 总线仍有诸多不足之处，特别是在 3D 技术应用的过程中表现更为突出。如在 3D 图形描绘时，在 PCI 显卡的显存中不仅有影像数据，还有纹理数据（Texture Data）、Z 轴的距离数据及 Alpha 变换数据等，特别是纹理数据的信息量相当大。如果要描绘细致的 3D 图形，就要求显存容量很大，再加之必须采用较快速的显存，最终导致显卡价格不菲。因此，3D 显卡的制造厂商所期望的是：既能增加纹理数据的储存能力，又能降低产品的成本。一个有效的办法就是将纹理数据从显示内存移到主内存，以便减少显示内存的容量，从而降低显卡的成本。从整个系统来看，增加显示内存也不如增加主内存划算，因为 DRAM 价格已不太昂贵，而且把纹理数据储存在主内存比储存在显示内存中能更有效的利用内存。存储纹理数据所占的内存空间依应用程序而定，也就是说，当应用程序结束后，它所占用的主内存空间又可恢复，纹理数据并不永远占用主内存的空间。然而当纹理数据从显示内存移到主内存时，随着纹理数据传输量的加大，数据传输的瓶颈自然地从显卡上的内存总线转移到了 PCI 总线上。例如，显示 1024×768 16bit 真彩色的 3D 图形时，纹理数据的传输速度需要 200MB / s 以上，但目的 PCI 总线最高数据传输速度仅为 133MB/s，因而也就成为系统的主要瓶颈。

· AGP 接口

AGP（Accelerate Graphical Port），加速图形接口。随着显示芯片的发展，PCI 总线日益无法满足其需求。Intel 公司于 1996 年 7 月正式推出了 AGP 接口，它是一种显示卡专用的局部总线。严格地说，AGP 不能称为总线，它与 PCI 总线不同，因为它是点对点连接，即连接控制芯片和 AGP 显示卡，但在习惯上我们依然称其为 AGP 总线。

AGP 总线直接与主板的北桥芯片相连，且通过该接口，显示芯片与系统主内存直接相连，避免了窄带宽的 PCI 总线形成的系统瓶颈，增加 3D 图形数据传输速度，同时在显存不足的情况下还可以调用系统主内存。所以它拥有很高的传输速率，这是 PCI 等总线无法与其相比拟的。

由于采用了数据读写的流水线操作减少了内存等待时间，数据传输速度有了很大提高；具有 133MHz 及更高的数据传输频率；地址信号与数据信号分离可提高随机内存访问的速度；采用并行操作允许在 CPU 访问系统 RAM 的同时 AGP 显示卡访问 AGP 内存；显示带宽也不与其他设备共享，从而进一步提高了系统性能。

AGP 标准在使用 32 位总线时，有 66MHz 和 133MHz 两种工作频率，最高数据传输率为 266Mbps 和 533Mbps，而 PCI 总线理论上的最大传输率仅为 133Mbps。目前最高规格的 AGP 8X 模式下，数据传输速度达到了 2.1GB/s。

· PCI-Express 接口

PCI Express（以下简称 PCI-E）采用了目前业内流行的点对点串行连接，比起 PCI 以及更早期的计算机总线的共享并行架构，每个设备都有自己的专用连接，不需要向整个总线请求带宽，而且可以把数据传输率提高到一个很高的频率，达到 PCI 所不能提供的高带宽。相对于传统 PCI 总线在单一时间周期内只能实现单向传输，PCI-E 的双单工连接能提供更高的传输速率和质量，它们之间的差异跟半双工和全双工类似。

PCI-E 的接口根据总线位宽不同而有所差异，包括 X1、X4、X8 以及 X16，而 X2 模式将用于内部接口而非插槽模式。PCI-E 规格从 1 条通道连接到 32 条通道连接，有非常强的伸缩性，以满足不同系统设备对数据传输带宽不同的需求。此外，较短的 PCI-E 卡可以插入较长的 PCI-E 插槽中使用，PCI-E 接口还能够支持热拔插，这也是个不小的飞跃。PCI-E X1 的 250MB/s 传输速度已经可以满足主流声效芯片、网卡芯片和存储设备对数据传输带宽的需求，但是远远无法满足图形芯片对数据传输带宽的需求。因此，用于取代 AGP 接口的 PCI-E 接口位宽为 X16，能够提供 5GB/s 的带宽，即便有编码上的损耗但仍能够提供约为 4GB/s 左右的实际带宽，远远超过 AGP 8X 的 2.1GB/s 的带宽。

尽管 PCI-E 技术规格允许实现 X1（250MB/s），X2，X4，X8，X12，X16 和 X32 通道规格，但是依目前形式来看，PCI-E X1 和 PCI-E X16 已成为 PCI-E 主流规格，同时很多芯片组厂商在南桥芯片当中添加对 PCI-E X1 的支持，在北桥芯片当中添加对 PCI-E X16 的支持。除去提供极高数据传输带宽之外，PCI-E 因为采用串行数据包方式传递数据，所以 PCI-E 接口每支针脚可以获得比传统 I/O 标准更多的带宽，这样就可以降低 PCI-E 设备生产成本和体积。另外，PCI-E 也支持高阶电源管理，支持热插拔，支持数据同步传输，为优先传输数据进行带宽优化。

在兼容性方面，PCI-E 在软件层面上兼容目前的 PCI 技术和设备，支持 PCI 设备和内存模组的初始化，也就是说过去的驱动程序、操作系统无须推倒重来，就可以支持 PCI-E 设备。目前 PCI-E 已经成为显卡接口的主流，不过早期有些芯片组虽然提供了 PCI-E 作为显卡接口，但是其速度是 4X 的，而不是 16X 的，例如 VIA PT880 Pro 和 VIA PT880 Ultra，当然这种情况极为罕见。

2.6 机箱与电源

机箱和电源分别是电脑主机的外衣和动力源泉，以前在电脑 DIY 配置中往往被忽略，似乎只是品牌机才需要考虑的问题，但随着 DIY 水平的提高和电脑组件耗电及发热量的剧增，大家也渐渐开始注重电源和机箱的问题。

2.6.1 机 箱

机箱是一个容器，它的作用有三个方面：首先，它提供空间给电源、主机板、各种扩展板卡、软盘驱动器、光盘驱动器、硬盘驱动器等存储设备，并通过机箱内部的支撑、支架、各种螺丝或卡子夹子等连接件将这些零配件牢固地固定在机箱内部，形成一个集约型的整体。其次，它坚实的外壳保护着板卡、电源及存储设备，能防压、防冲击、防尘，并且它还能发挥防电磁干扰、辐射的功能，起屏蔽电磁辐射的作用。再次，它还提供了许多便于使用的面板开关指示灯等，让操作者更方便地操纵微机或观察微机的运行情况。

机箱有很多种类型，现在比较普遍使用的是 ATX、Micro ATX 和 BTX 三种。

ATX 机箱是目前最常见的机箱，支持现在绝大部分类型的主板。Micro ATX 机箱是在 ATX 机箱的基础之上建立的，为了进一步的节省桌面空间，因而比 ATX 机箱体积要小一些。各个类型的机箱只能安装其支持类型的主板，一般是不能混用的，而且电源也有所差别。另外，机箱还有超薄、半高、3/4 高、全高和立式、卧式机箱之分。3/4 高和全高机箱拥有三个或者三个以上的 5.25 英寸（133.35mm）驱动器安装槽和两个 3.5（11.55cm）寸软驱槽。半高机箱主要是 Micro ATX 机箱，它有 2～3 个 5.25 寸（17.33cm）驱动器槽。在选择时最好以标准立式 ATX 机箱为准，因为它空间大，安装槽多，扩展性好，通风条件也不错，完全能适应大多数用户的需要，为 ATX-G8018L 机箱。

最新推出的 BTX，就是“Balanced Technology Extended”的简称。是 Intel 定义并引导的桌面计算平台新规范。BTX 架构，可支持下一代计算机系统设计的新外形，使能够在散热管理、系统尺寸和形状，以及噪音方面实现最佳平衡。

BTX 新架构特点：支持 Low-profile，也即窄板设计，系统结构将更加紧凑；针对散热和气流的运动，对主板的线路布局进行了优化设计；主板的安装将更加简便，机械性能也将经过最优化设计。基本上，BTX 架构分为三种，分别是标准 BTX、Micro BTX 和 Pico BTX。

BTX 具有弹性的电路布线及模块化的组件区域，才是 BTX 的重点所在。BTX 机箱相比 ATX 机箱最明显的区别，就在于把以往只在左侧开启的侧面板，改到了右边。而其他 I/O 接口，也都相应的改到了相反的位置。

BTX 机箱内部则和 ATX 有着较大的区别，BTX 机箱最让人关注的设计重点就在于对散热方面的改进，CPU、图形卡和内存的位置相比 ATX 架构都完全不同，CPU 的位置完全被移到了机箱的前面，而不是原先的后部位置，这是为了更有效地利用散热设备，提升对机箱内各个设备的散热效能。为此，BTX 架构的设备将会以线性进行配置，并在设计上以降低散热气流的阻抗因素为主；通过从机箱前部向后吸入冷却气流，并顺沿内部线性配置的设备，最后在机箱背部流出。这样设计不仅更利于提高内部的散热效能，而且也可以因此而降低散热设备的风扇转速，保证机箱内部的低噪音环境。

除了位置变换之外，在主板的安装上，BTX 也进行了重新规范，其中最重要的是 BTX 拥有可选的 SRM（Support and Retention Module）支撑保护模块，它是机箱底部和主板之间的一个缓冲区，通常使用强度很高的低碳钢材来制造，能够抵抗较强的外来力而不易弯曲，因此可有效防止主板的变形，下图为 BTX 标准机箱。

机箱的制作材料也应当加以考虑。机箱的外壳通常是由一层 1mm 以上的钢板制成，在它上面还镀有一层很薄的锌。内部的支架主要由铝合金条或者铝合金板制成。好的机箱，外壳采用较厚的钢板，能承受较大的压力。同时外层和内部支架边缘切口平整圆滑，不会因为在装卸的时候不小心而把手划破。这里特别需要说明的是机箱的制作用塑料。一些高性能的机箱前面板都采用硬度很高的 ABS 工程塑料制作。这种塑料面板的优点就在于结实稳定，能长时间保持色泽，长期使用也不会开裂。

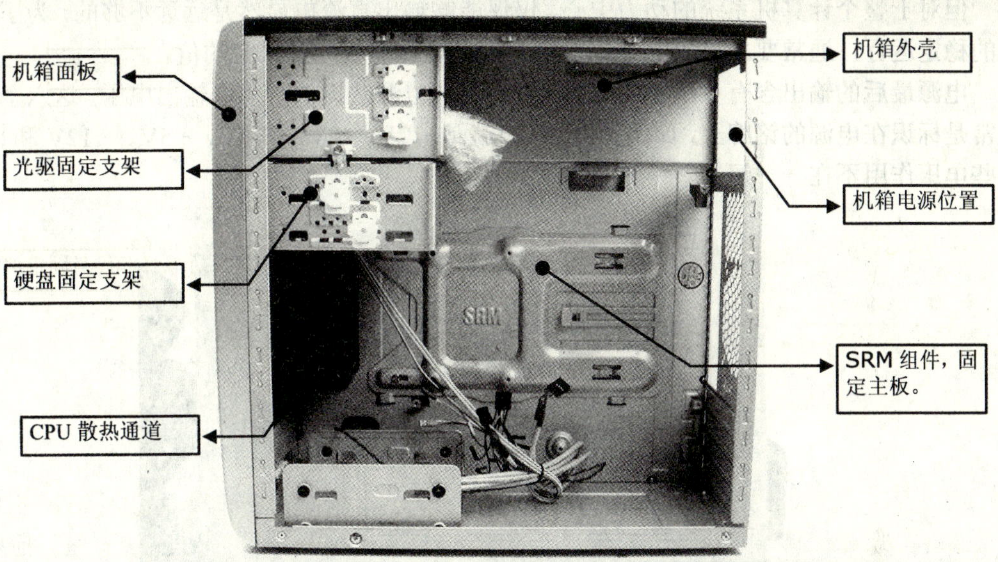

2.6.2 电 源

由于计算机所使用的电源是直流电，而电力公司所提供的是交流电，故此需要使用电源把交流电转为直流电。电源内部有线圈、电容、二极管等零件。首先，交流电会经过电源内的线圈及电容，过滤其中的高频干扰，再利用二极管加以整流成直流电，再经过滤波电容稳定电流后才供给系统使用。目前使用的计算机电源有 AT、ATX 和 BTX 三种电源，由于现在的主板一般为 ATX 主板，所以 AT 电源也就不常见。

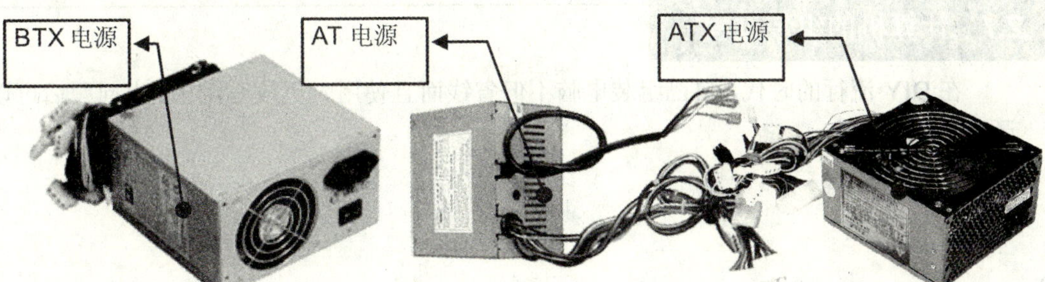

但对于整个计算机系统的动力中心，仅仅能够输出直流电显然是远远不够的，为了保证电器的稳定运行，通常要求输出的电压要稳及输出功率需要达到一定的值。

电源最后的输出含有多组不同的直流电压值，电源共提供了六个输出电压，这六个电压值通常是标识在电源的铭牌上，如下图所示，也就是+12V、+5V、+3.3V、－5V、－12V 和+5VSB，这些电压作用不在一一阐述。

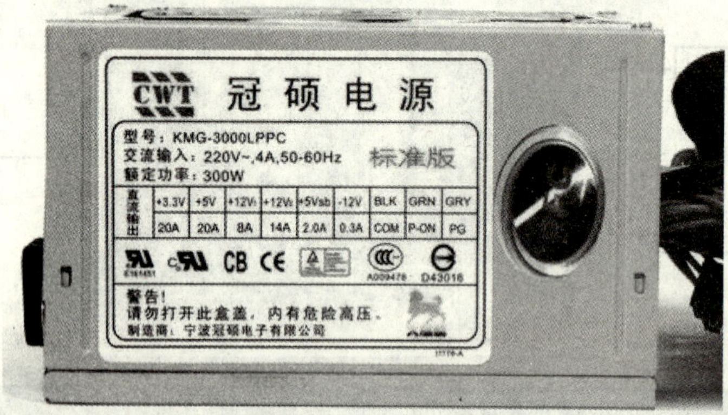

电源在供电电压方面，只要输出的电压不超越以上数值都是合格的，以电源的规格来说正电压有 5%误差，而负电压则有 10%误差，其实已经十分严格。因为以 IBM 对硬件电压忍受的要求是正电压 10%误差及负电压 20%误差。在这六个电压中，每个电压所能提供的功率也是不同的。一台电源的绝大部分功率都是由前三个电压提供的，也就是+12V、+5V 和+3.3V，而后三个电压由于并没有接到大功耗的设备上，所以它们的功率最高不过 20W，属于功率因素中次要的因素。

目前电源的输出功率最常见的就有“额定功率”、“输出功率”和“峰值功率”三种说法。其中常提到的电源功率，一般指的是电源的额定输出功率。在电源的铭牌上，标注的功率也应该是额定功率。额定功率是电源厂家按照 INTEL 公司制定的标准标定的功率，可以表征电源工作的平均输出。

2.7 计算机的组装过程

在 DIY 流行的时代，自己组装电脑不但省钱而且使用时更放心，电脑出问题后可以自己动手修理维护。

2.7.1 组装电脑的基本步骤

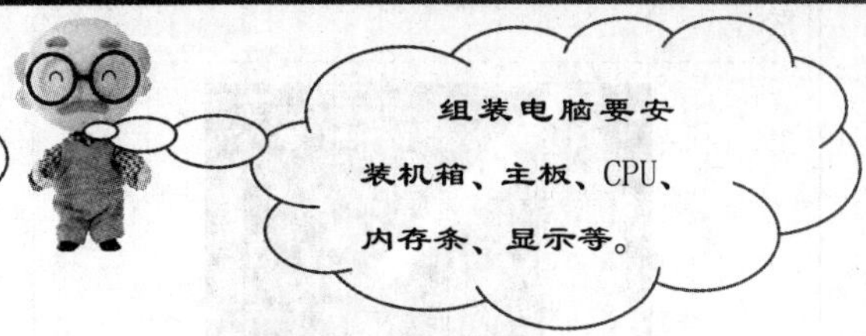

组装电脑时，应按照以下步骤进行：

（1）机箱的安装：主要是对机箱进行拆封，并且将电源安装在机箱里（目前大多数机箱、电源已被销售商装好了）。

（2）主板的安装：将主板安装在机箱主板上。

（3）CPU 的安装：在主板处理器插座上插入安装所需的 CPU，并且安装上散热风扇（CPU 是整个电脑的核心部分：因此在安装时需要特别小心和注意）。

（4）内存条的安装：将内存条插入主板内存插槽中。

（5）显卡的安装：根据显卡总线选择合适的插槽。

（6）机箱与主板间的连线：即各种指示灯、电源开关线、PC 喇叭的连接，以及硬盘、光驱电源线和数据线的连接。

2.7.2 CPU 的安装

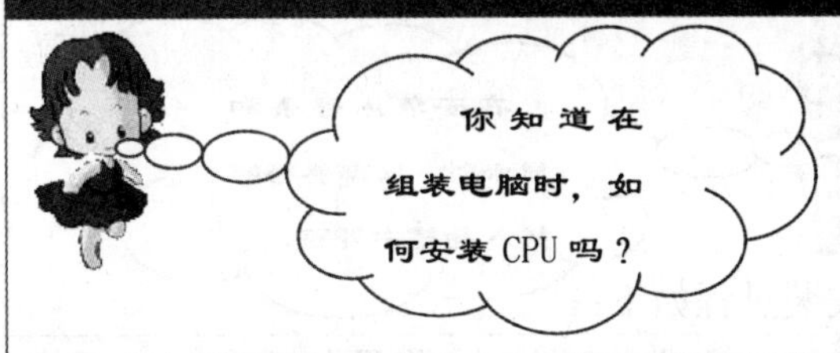

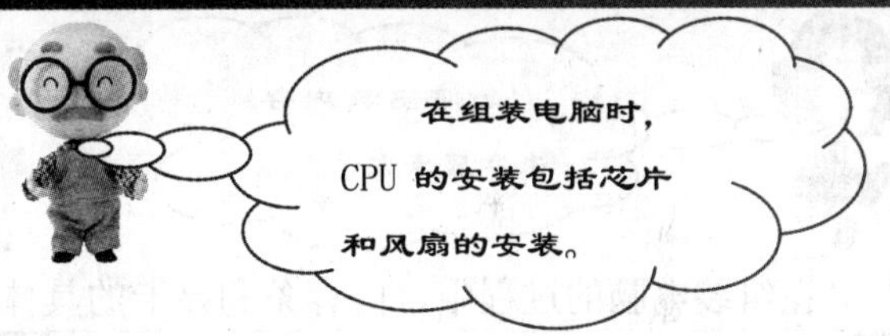

在组装电脑时，对 CPU 的安装的具体操作步骤如下：

1 向外或向上拉开 CPU 插座上的锁杆与插座呈 90°，以便让 CPU 能够插入处理器插座。然后将 CPU 上针脚有缺针的部位对准插座上的缺口。

当 CPU 能够顺利插入插座中时，按下锁杆。

3 安装好 CPU 后，在上面涂上少许硅胶。

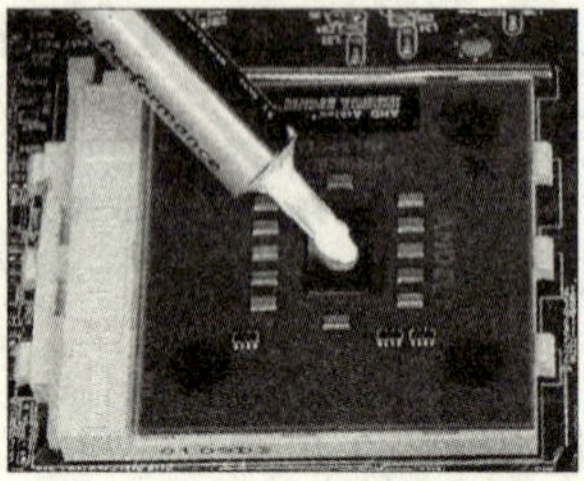

4 将散热器的固定件一端固定到 CPU 插座，将固定件的另一端固定。

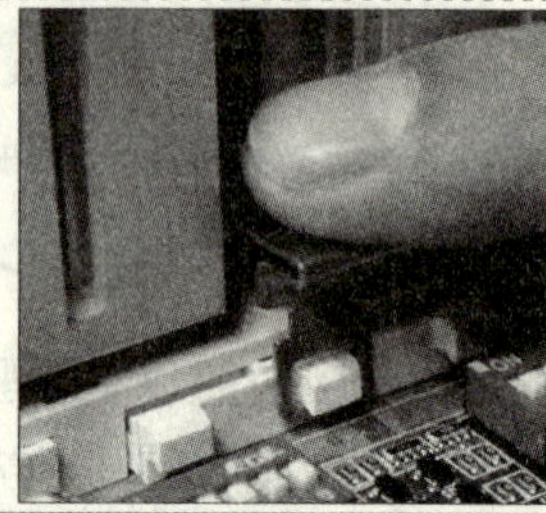

5 固定好散热器后，将散热器的电源连接到主板电源上。

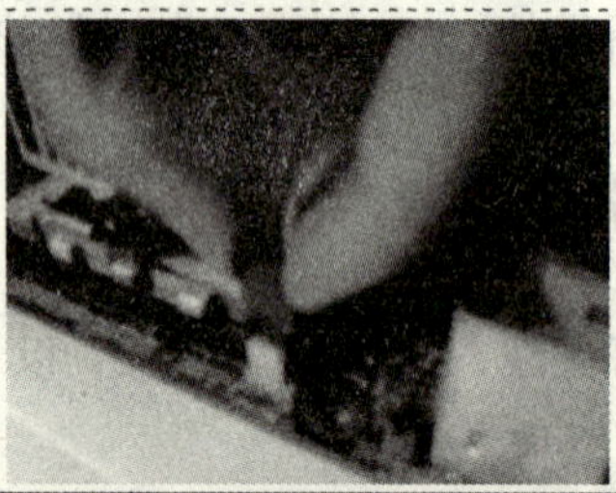

提示：

在安装 CPU 的时候一定要将针脚对准，否则容易使针脚弯曲。

2.7.3 内存条和显卡的安装

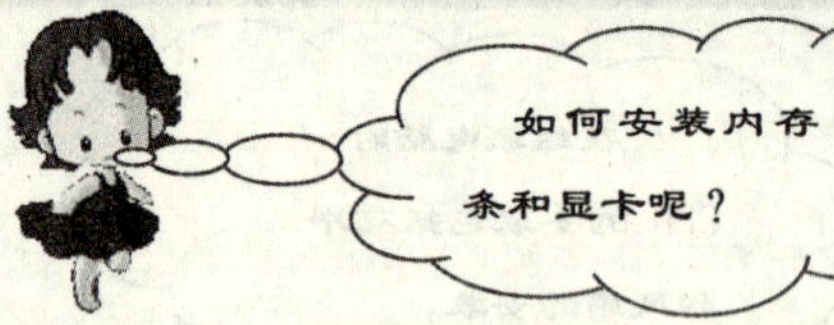

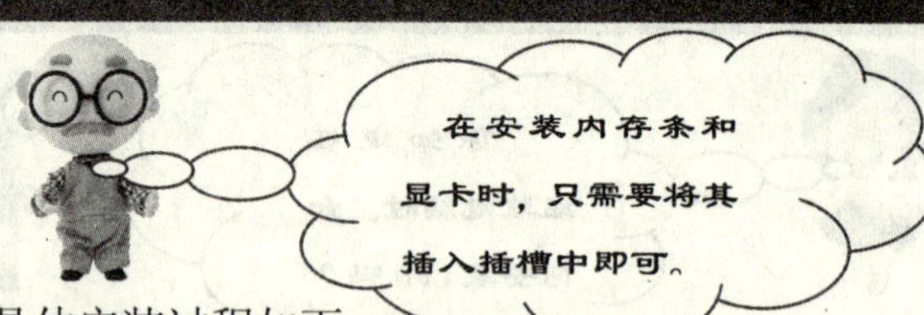

在组装电脑的过程中，内存条和显卡的具体安装过程如下：

1 搬开 DIMM 插槽两边的两个灰白色的固定卡子，然后将内存条的两个凹口对准 DIMM 插槽的两个凸起的部分，然后均匀用力插入插槽，当听到“咔”一声响，就表示内存条已经安装好了，这时，插槽两边的固定卡子会自动卡住内存条。

2 在安装显卡时，将显卡插入 AGP 插槽中即可。

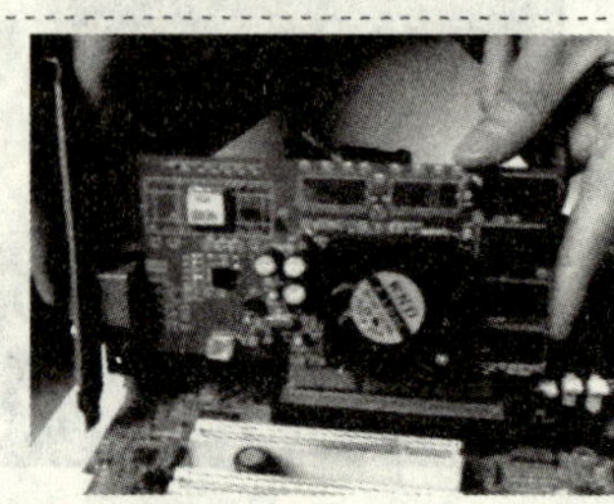

2.7.4 将主板安装到机箱内

在组装电脑的过程中，将主板安装到机箱内的具体安装过程如下：

1 将已安装好处理器、内存和显卡的主板放入机箱内，并以螺丝钉固定。

2 将主板固定好后，用螺丝钉固定 AGP 显卡。

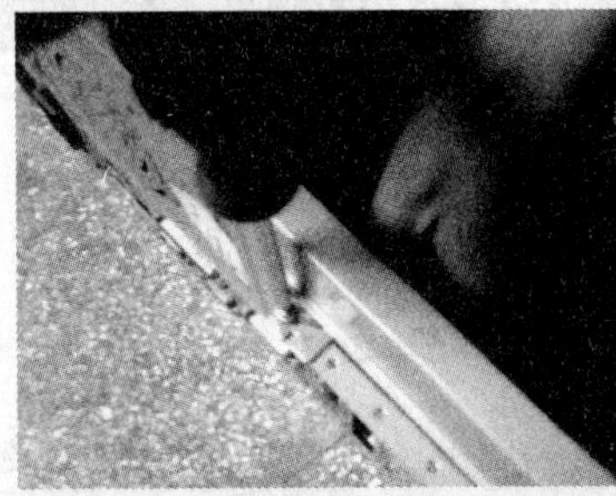

2.7.5 安装硬盘

在组装电脑的过程中，安装硬盘的具体安装过程如下：

1 将硬盘推入硬盘架，再以螺丝钉将其固定。

2 将数据线插入硬盘数据线接口，数据线红色线的部分与硬盘电源接口保持一个方向。

3 以相同的方法将数据线的另一端插入主板的 IDE 接口，注意插接方向。

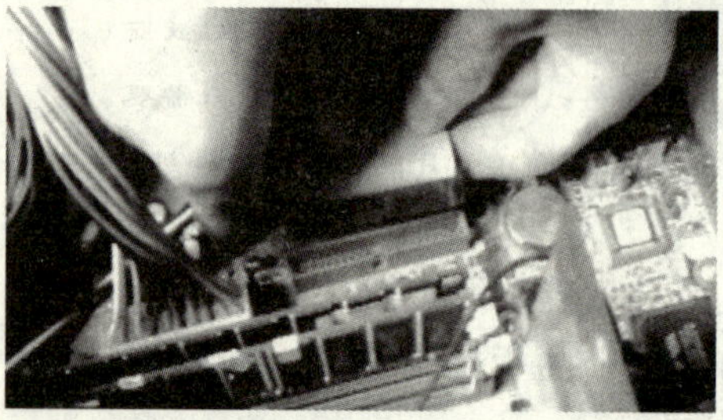

4 将电源上的硬盘电源插入硬盘电源接口，需注意电源接口的正反方向。

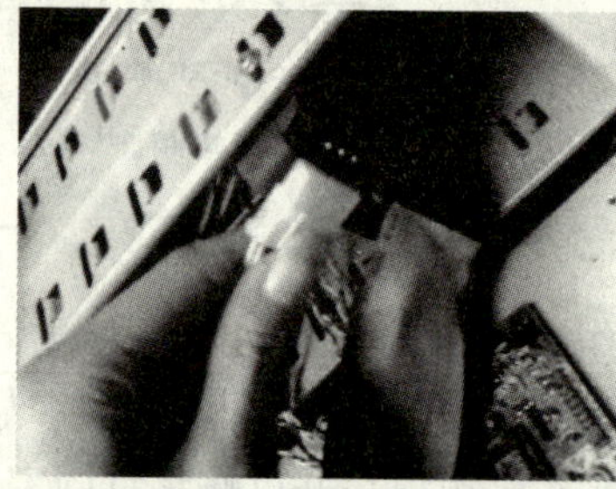

2.7.6 线路的连接

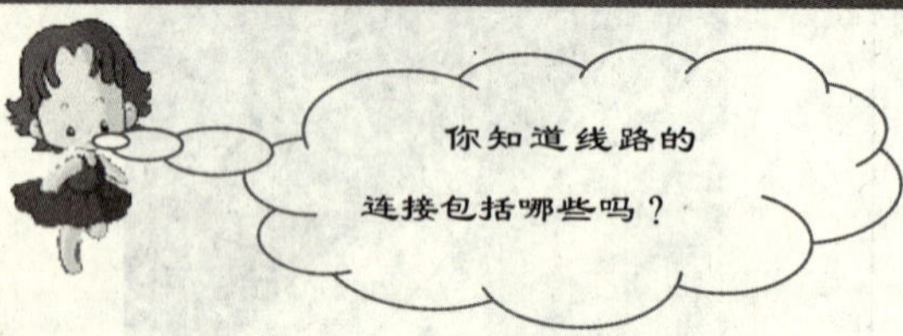

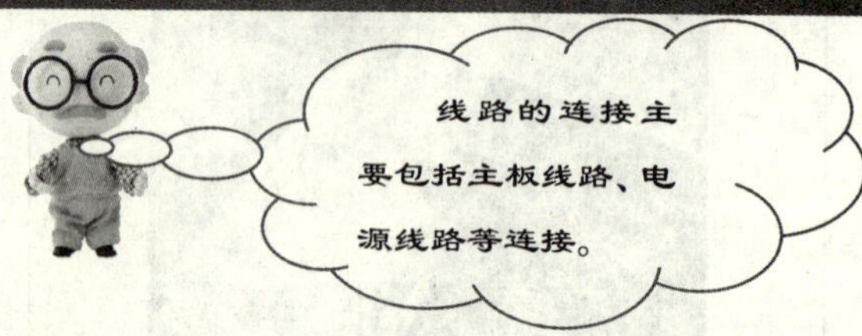

在组装电脑的过程中，线路连接的具体安装过程如下：

1 将显卡散热器电源线与主机电源线接口相连接，最后将主机电源的主板电源接头与主板电源插口连接。

2 将主机箱的电源开关线、复位启动线等按照主板说明书连接到主板上。

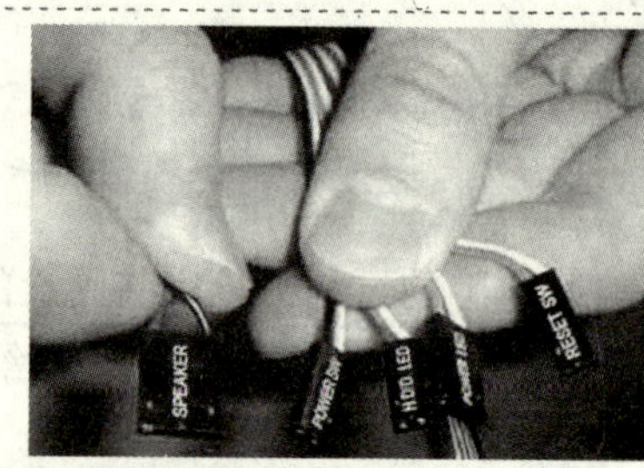

3 完成上述操作后，将机箱盖好。

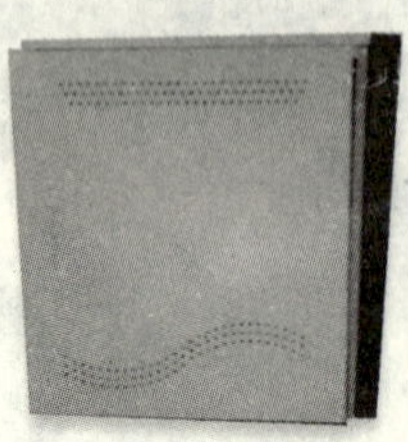

4 最后，为机箱安上螺丝钉即可。

电脑即学即用

教你学电脑

第3章 计算机外部设备

本章要点：

- 外部设备简介
- 显示器
- 鼠标与键盘
- 音箱与光驱
- 打印机安装

电脑博士，计算机外部设备是由哪些组成的呢？

小丽，计算机的外部设备是由显示器、鼠标、键盘、音箱、光驱等组成的。

3.1 外部设备简介

外部设备是计算机系统不可缺少的组成部分，是计算机与外部世界联系的桥梁。用户使用计算机系统时，接触最多的是外部设备。随着计算机技术的飞速发展及广泛应用，计算机系统要求外部设备的种类越来越多。

3.1.1 计算机外设的分类

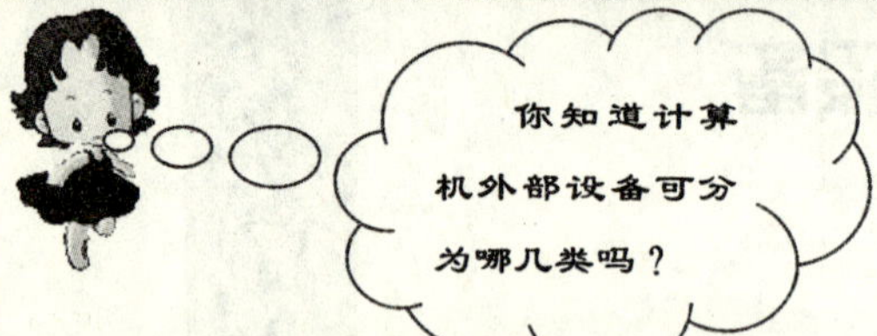

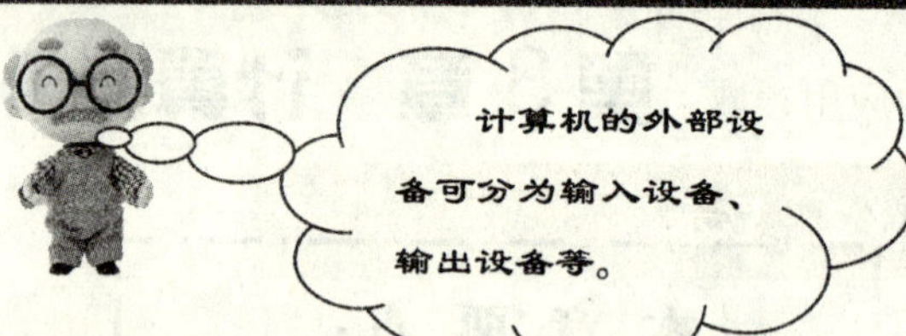

计算机外设的种类很多，一般按照对数据的处理功能进行分类。

·输入设备

凡是能把程序、数据和命令送入计算机进行处理的设备都是输入设备。输入设备包括字符输入设备、图形输入设备、图像输入设备、模拟量输入设备。

·输出设备

输出设备是十分重要的人机接口，其功能是输出人们所需要的计算机处理结果，如：显示器、打印机、绘图仪等。

·外存储器设备

主存以外的存储器简称外存。外存储器用于存储大量的暂时不参加运算或处理的数据和程序。它是主存的后备和补充。

外存的特点是存储容量大，可靠性高且价格低廉，可以永久地保存信息且可以重复使用。

外存储器按存储介质可分为磁表面存储器和光盘存储器两类。

·多媒体设备

多媒体设备的功能是使计算机能够直接接受、存储、处理文字、声音、图像等多媒体信息，如：CD-ROM、声卡、视频卡、数码相机、数码摄像机等。

·网络通信设备

网络通信设备主要有：调制解调器、网卡、中继器、集线器、网桥、路由器及网关等。

3.1.2 计算机外设的作用

在计算机系统中，外部设备的作用非常重要。主要有以下几个方面：

（1）提供人机对话。（2）完成数据媒体的变换。（3）存储大量数据。（4）扩展了计算机的应用领域。

3.2 显示器

显示器是表现一台电脑整体水平的最佳媒介，无论拥有什么样的先进配置，开机以后，通过显示器所表现出的绚丽色彩和动感画面才能体会到机器是什么样的配置。一台劣质显示器，会影响健康，导致视力急剧下降。因此，显示器是电脑中最重要的设备之一。

3.2.1 显示器的工作原理

显示器的显示系统和电视机类似，主要部件是显像管（电子枪）。在彩色显示器中，通常有 3 个电子枪，索尼 Trinitron 的三个电子枪在一起，也称为单枪。显示管的屏幕上涂有一层荧光粉，电子枪发射出的电子击打在屏幕上，使被击打位置的荧光粉发光，从而产生了图像，每一个发光点又由“红”“绿”“蓝”三个小的发光点组成，这个发光点也就是一个像素。由于电子束是分为三条的，它们分别射向屏幕上的这三种不同的发光小点，从而在屏幕上出现绚丽多彩的画面。

3.2.2 阴阳极显示器（CRT）

如下图所示为阴阳极显示器（CRT）。

• 显像管的尺寸

显像管的尺寸就是我们通常所说的 14、15、17 英寸（355.6、381、431.8 mm），注意，这里说的长度是指显示器屏幕对角线的长度，单位为英寸（1in=25.4mm）。虽然显示器通常用 15 英寸、17 英寸这样的指标来衡量屏幕大小，实际上它们的显示尺寸并不一样。最大的可视图像尺寸（Viewable Image Size，缩写 VIS）大小取决于 CRT 的可用显示尺寸和显示器前面板开口大小。一般 15 英寸 CRT 的 VIS 在 13.8～14 英寸（350.52～355.6 mm）左右；17 英寸 CRT 的 VIS 大约为 15.5～16 英寸（393.7～406.4mm）左右。因此，在选显示器的尺寸时，还要注意看它标称的最大显示面积。

• 点　距

点距（或条纹间距）是显示器的一个非常重要的硬件指标。所谓点距，是指一种给定颜色的一个发光点与离它最近的相邻同色发光点之间的距离，这种距离不能用软件来更改，这一点与分辨率是不同的。在任何相同分辨率下，点距越小，显示图像越清晰细腻，分辨率和图像质量也就越高。如今家用显示器大多采用 0.28mm 点距，采用 0.25mm 有 SONY 的特丽珑和三菱的钻石珑，0.26mm（明基和部分飞利浦）和 0.27mm 的也不少，像三星 750S 采用 0.22mm 的点距，完全可以满足各种行业的需要。对于普通用户而言，点距在 0.28mm 以下的显示器就可以了。

• 分辨率

分辨率（Resolution）就是指构成图像的像素和，即屏幕包含的像素多少。它一般表示为水平分辨率（一个扫描行中像素的数目）和垂直分辨率（扫描行的数目）的乘积。如 1 024×768，表示水平方向最多可以包含 1 024 个像素，垂直方向是 768 像素，屏幕总像素的个数是它们的乘积。分辨率越高，画面包含的像素数就越多，图像越细腻清晰。显示器的分辨率受显示器的尺寸、显像管点距、电路特性等方面影响。

• 带 宽

带宽是显示器的一个非常重要的参数，能够决定显示器性能的好坏。所谓带宽是显示器视频放大器通频带宽度的简称，一个电路的带宽实际上是反映该电路对输入信号的响应速度。带宽越宽，惯性越小，响应速度越快，允许通过的信号频率越高，信号失真越小，它反映了显示器的解像能力。单位为 MHz，可以用“水平分辨率×垂直分辨率×刷新率”这个公式来计算带宽的数值。直观鉴别方法是：运行一个电子表格软件，并仔细观察屏幕表格线的横、竖直线是否粗细一致，同时调整对比度旋钮，看横、竖线能否同时截止（消失）。线条粗细差别越小，同时截止的灵敏度就越高，说明该显示器的视频带宽指标越高。

• 刷新率

显示器的刷新率分为垂直刷新频率和水平刷新频率。垂直刷新频率也叫场频，是指每秒钟显示器重复刷新显示画面的次数，以 Hz 表示。这个刷新的频率就是通常所说的刷新率。如果刷新率低，显示的图像会出现抖动，这也就是看电视时图像闪烁的原因，因此，垂直刷新率越高，图像越稳定，质量越好。与垂直刷新率相对应的一项指标是水平刷新率，也叫行频，是指显示器在 1s 内扫描水平线的次数，以 kH 为单位。水平和垂直刷新率及分辨率三者是相关的，在分辨率确定的情况下，它决定了垂直刷新频率的最大值。刷新率越高，图像的质量就越好，闪烁越不明显，人的感觉就越舒适。一般认为，70～72Hz 的刷新率即可保证图像的稳定。

• 控制方式

显示器的控制方式主要有模拟、数控、OSD 等，模拟和数控一般应用在 14 或 15 英寸（355.6 mm 或 381mm）的显示器上，现在的新型显示器一般都采用 OSD 的控制方式。OSD 也就是“On Screen Display”的缩写，它的诞生使显示器的调节变得更加方便。可以说这也是数字调节方式的一种，不同的是它使用了人性化的设计，将显示器的一些设置、状态等信息以量化的方式显示在屏幕上。这种方式大大简化和方便了调节的过程，能使一般人很快掌握。并且，这种方式也能减少显示器按键的磨损，原因就是它只使用了一个旋钮（单键飞梭）通过数码控制对其进行操作。这种控制方式也是如今显示器操控方式的发展方向。

• 安全认证

显示器直接关系到使用者的健康，所以我们有必要认识一些显示器的安全认证。现在在显示器市场中最常见，也是最标准的安全认证有 TCO92、TCO95、TCO99 和 MPRII。从认证的等级和全面性来看，TCO99 是最高级的认证，其次是 TCO95、TCO92 及 MPRII。这些安全认证对于普通用户有什么实际意义呢？对于用户来说，通过这些安全认证的显示器当然是最好的选择。现在 TCO 认证已经到了 TCO99，是越来越严格，因此，各厂商都把通过 TCO 认证作为产品宣传中的一个亮点。但是，TCO 主要关注的是用户健康，如果用户没有什么经济问题，最好选用有 TCO 或 MPRII 认证的显示器，毕竟关系到我们长远利益。对于电磁辐射的强弱，可以用一个简单的方法来检测，取一根头发，在离屏幕正前方 8cm 左右的上方落下，若头发被屏幕吸引就表示辐射较强，最好不要买这款产品。

3.2.3 液晶显示器（LCD）

如下图所示为常见的液晶显示器（LCD）。

• 分辨率

LCD 的分辨率与 CRT 显示器不同，一般不能任意调整，它是制造商所设置和规定的。分辨率是指屏幕上每行有多少像素点、每列有多少像素点，一般用矩阵行列式来表示，其中每个像素点都能被计算机单独访问。现在 LCD 的分辨率一般是 1 024×768，也就表示它拥有 1 024×768 个物理像素点，也只有在这个分辨率下才能显示最好的效果。

• 刷新率

LCD 刷新频率是指显示帧频，亦即每个像素为该频率所刷新的时间，与屏幕扫描速度及避免屏幕闪烁的能力相关。也就是说刷新频率过低，可能出现屏幕图像闪烁或抖动。

• 亮度/对比度

亮度是反映液晶显示器性能的重要指标之一，LCD 的画面亮度是以平方烛光（cd/m^2）或 nits 为测量单位。行业规定桌面式液晶显示器的亮度必须大于 $150cd/m^2$，而目前主流的亮度均在 300cd/m^2 以上。需要注意的是，数据并不是产品性能的全部，较亮的产品不见得就是最好的产品，亮度是否均匀才是关键，这是在产品规格说明书里是找不到的。亮度均匀与否，和光源与反光镜的数量与配置方式息息相关，离光源远的地方，其亮度必然较暗。

对比度指黑白色的反差度，即最大亮度和最小亮度值的对比值，它决定了显示影像的层次感。对比度越高，图像愈清晰，但对比度高到某一个程度，颜色的纯真都会出现问题，亮度与对比要搭配得恰到好处，才能够呈现美观的画质。

• 响应时间

响应时间指的是液晶显示器对输入信号的反应速度，也就是液晶体由暗转亮或者由亮转暗的反应时间。它分为 Rising（上升时间）和 Falling（下降时间）两部分，响应时间则是两者之和。

响应时间决定着液晶显示画面的流畅程度。液晶显示器的响应时间越短，就代表显示器各像素点对输入信号反应的速度越快，它在每秒钟能显示的画面也就越多。例如平常看到的电影，每秒钟显示 24 幅画面，这时已经无法察觉画面的延迟，会感觉很流畅。因此，市面上大部分的液晶显示器都能应对自如。但是当进行一些高速度游戏的时候（如 CS），响应时间过高的液晶显示器会出现显示图像拖影现象。

从理论上讲，响应时间为 25ms 的 LCD 显示器每秒钟可以显示 40 帧动画（即 40 幅画面/秒），16ms 响应时间的 LCD 显示器每秒钟可以显示 62.5 帧动画。其实 16ms 响应时间就是代表该液晶显示器每 16ms 能显示一帧动画，用 1s/16ms 就能得出每秒能够显示动画的帧数。也就是说，响应时间越短越好，因为这样液晶显示器每秒显示的画面帧数才能够提高，从而使液晶显示器摆脱拖影的困境。

• 可视角度

可视角度是指用户可以从不同的方向清晰地观察屏幕上所有内容的角度。由于提供液晶显示的光源经折射和反射后输出时具有一定的方向性，在超出这一范围观看就会产生色彩失真现象。

液晶电视的可视角度包括水平可视角度和垂直可视角度两个指标，水平可视角度表示以显示器的垂直法线（即显示器正中间的垂直假设线）为准，在垂直于法线左方或右方一定角度的位置上仍然能够正常的看见显示图像，这个角度范围就是液晶显示器的水平可视角度；同样如果以水平法线为准，上下的可视角度就称为垂直可视角度。一般而言，可视角度是以对比度变化为参照标准的。当观察角度加大时，该位置看到的显示图像的对比度会下降，而当角度加大到一定程度，对比度下降到 10∶1 时，这个角度就是该液晶显示器的最大可视角。目前市场上大多数产品的可视角度在 120° 以上，部分产品达到了 140° 以上。

· 显示色素

几乎所有 15 英寸（381mm）LCD 都只能显示高彩（256K），因此许多厂商使用了所谓的 FRC （Frame Rate Control）技术以仿真的方式来表现出全彩的画面。当然，此全彩画面必须依赖显示卡的显存，并非使用者的显示卡可支持 160 万色全彩就能使 LCD 显示出全彩。

3.2.4 液晶显示器（LCD）优缺点

液晶显示器（LCD）和阴极射线管（CRT）是目前电脑市场上主要的显示器，它们之间存在着不同的优缺点，下面将对其进行介绍。

· 液晶显示器的优点

目前市场上的液晶显示器主要有以下优点。

（1）超精致影像画质，液晶显示器的液晶技术可产生比一般映像管显示器更清晰、更精致的影像画质，更真实、更饱和的色彩呈现。

（2）十足平面显示，液晶显示技术免除了笨重的映像管，体积更加扁平、轻巧。

（3）节省空间，一台普通 17 英寸（431.8mm）CRT 显示器厚度大约为 43cm，而一台 15 英寸（381mm）LCD 显示器加上后面支架也不到 20cm 左右，如银行、证券等办公室，这一项费用的节省也不可小视，此外，空间节省带来的另一项直接好处是可以购买更加精简的办公桌。

（4）节省能源，CRT 显示器需要加热电极元件使电子枪以极高的速度发射电子束，所以经常会感觉 CRT 的后壳总是很热，这也是 CRT 耗能的主要原因，而一台 15 英寸 LCD 显示器功耗大约是一台 17 英寸 CRT 显示器的 1/3 左右，同时液晶显示技术散发出来的热更少，相对地产生舒适、卓越的附加价值。

（5）有利于健康，TFT LCD 无辐射、无闪烁，因而会使使用者眼睛感觉非常舒适，这对长期以来因 CRT 显示器而受到健康影响的人员来讲无疑是最大的福音。

· 液晶显示器的缺点

目前市场上的液晶显示器主要有以下缺点。

相比 CRT 显示器，LCD 显示器图像质量仍不够完善，这主要体现在色彩鲜艳和饱和度上，而且液晶显示器的响应时间仍然不够短，静止画面时也许还可以，一旦用来玩游戏，这些画面更新剧烈的显示类别，液晶显示器的弱点就暴露出来了。在液晶显示器不断发展的同时，其他平面显示器也在进步中，等离子体显示器（PDP）、场致显示器（FED）、发光聚合体显示器（LEP）都在其中。其中，最值得关注和看好的就是场致显示器，它具有许多比液晶显示器更出色的性能。

3.2.5 液晶显示器的保养

LCD 只有保养得好，才能够长期无故障享受着 LCD 那与众不同的高档次显示效果。在 LCD 中，唯一的一个逐渐消耗的零件就是显示器的背景照明灯。长期使用以后，会发现屏幕变得暗淡或者干脆就不亮了，这时，只要更换背景照明灯就可以使 LCD 起死回生，变得和新的一样。

（1）避免屏幕内部烧坏

CRT 显示器能够因为长期工作而烧坏，对于 LCD 也如此。所以在不用显示器的时候，一定要将其关闭，或者降低显示器的显示亮度，否则时间长了，就会导致内部烧坏或者老化。这种损坏一旦发生就是永久性的，无法挽回。另外，如果长时间地连续显示一种固定的内容，就有可能导致某些 LCD 像素过热，进而造成内部烧坏。

为了避免这种内部烧坏，在不使用的时候可采取下列措施：

① 没事的时候请关掉显示器；② 经常以不同的时间间隔改变屏幕上的显示内容（例如运行屏幕保护程序）；③ 将显示屏的亮度减小到比较暗的水平；④ 显示一种全白的屏幕内容。

（2）保持环境的湿度

不要让任何具有湿气性质的东西进入 LCD。当发现有雾气，要用软布将其轻轻地擦去，然后才能打开电源。如果湿气已经进入 LCD 了，就必须将 LCD 放置到温暖并且干燥的地方，以便让其中的水分和有机化物蒸发掉。对含有湿度的 LCD 加电，能够导致液晶电极腐蚀，进而造成永久性损坏。

（3）正确清洁显示屏表面

如果发现显示屏表面有污迹，可用沾有少许玻璃清洁剂的软布轻轻地将其擦去，不要将清洁剂直接洒到显示屏表面上。清洁剂进入 LCD 将导致屏幕短路。

（4）避免不必要的振动

LCD 屏幕十分脆弱，所以要避免强烈的冲击和振动。LCD 差不多就是用户家中或者办公室中所有用品中最敏感的电气设备。LCD 中含有很多玻璃和灵敏的电气元件，掉落到地板上或者其他类似的强烈打击会导致 LCD 屏幕以及 CFL 单元的损坏。还要注意不要对 LCD 显示表面施加压力。

（5）请勿拆卸

有一个规则，即永远也不要拆卸 LCD。即使在关闭了很长时间以后，背景照明组件中的 CFL 换流器依旧可能带有大约 1 000V 的高压，这种高压能够导致严重的人身伤害。所以永远也不要企图拆卸或者更改 LCD 显示屏，以免遭遇高压。未经许可的维修和变更会导致显示屏暂时甚至永久不能工作。所以在你手脚实在闲不住的时候，最好去摆弄割草机或者别的什么玩意儿，就是别动娇贵而危险的 LCD！

3.3 鼠标与键盘

鼠标和键盘是电脑最常见的输入设备，使用它们可以给电脑下达各种命令，从而送入既定的系统之中，它们是计算机系统最重要的输入设备。

3.3.1 键 盘

键盘作为电脑上最常见的输入设备，自第一台计算机诞生之日起，一直到今天都是每台电脑必不可少的标准配件之一。

·键位数量

目前常见的有 104、108 以及多功能键盘，104 键盘比传统 101 键盘多了三个在 Windows 95 中的快捷键，而 108 键盘又比 104 键盘多了睡眠、唤醒、开关机等四个键，但是由于多了四个键，使得部分键位不同于原来的 104 键盘，用惯了 104 键盘的人可能会经常按错键。多功能键盘虽然功能较多，但是由于其价格相对贵一些，又需要安装驱动才能在 Windows 98 下发挥功能键的作用，所以大家如果不喜欢多功能键盘的话，就买个普通的 108 或 104 键盘吧。

• 键盘的类型

键盘的类型按照结构可分为机械式和电容式两大类，机械式的键盘只在早期出现过，其缺点是敲击时需要较大的力度，使用者的手指容易疲劳，且键盘磨损较快。目前市场上的键盘绝大多数都是电容式的，没有机械式键盘的诸多缺点。此方面问题对于选购意义不大，仅供大家了解而已。

• 接口的类型

目前市面上常见的键盘接口有三种：老式 AT 接口（俗称大口）、PS/2 接口（俗称小口）、USB 接口。老式 AT 接口已经被逐渐淘汰，但是市面上仍有部分采用此接口的键盘在销售，朋友们选购时要注意。PS/2 接口的键盘是现在市场占有率最大的，如果你的主板比较老，只有老式的 AT 接口，可以买一条转接线就能在 AT 接口上使用 PS/2 键盘，不过这样就会失去除 104 键以外的功能键的作用了。USB 键盘是出现不久的新产品，其键盘结构与 AT 和 PS/2 键盘是基本一样的，只不过改成了 USB 接口而已。但是此种键盘需要主板支持才能在 BIOS 和 DOS 下使用，所以目前还不宜购买。

• 其他类型键盘

手写键盘的代表产品是爱国者的手写键盘系列，此系列键盘把键盘和手写板结合在一起，512 级的电磁压感笔上的按键与鼠标完全兼容，换句话说就是可以不必单买鼠标了。配合软件，手写输入的识别率可达 99%，而且可以自动适应使用者的笔迹和书写习惯以达到越来越高的识别率。对于不会打字的非计算机专业人士来说是个相当不错的选择。

笔记本键盘是仿照笔记本电脑制作的，所以整体十分小巧，不过由于键盘面积的减少，键位也不得不减少了很多，最明显的改变就是没有标准键盘右边的数字小键盘了，除此之外与普通键盘并没有什么本质上的区别。

无线键盘是一个普通的键盘，从本质上来讲与标准键盘没有任何区别，唯一的不同就是它去掉了用于连接键盘与主机之间的连接线，改用无线传输，这样做的好处就是在一些特殊的场合可以不必受限于两米长的键盘线，在远处即可操作电脑。

注意：

在选购键盘时，还需要注意以下几点：

（1）手感，因为每个人手感都不一样，所以购买时一定要亲自试试，自己觉得好用、舒服就行了。

（2）做工，如果你挑选的不是大厂产品，那么购买时一定要仔细看看键盘边缘有没有毛刺、异常突起、粗糙不平等等毛病，还有按键是否灵敏，有没有按下去起不来的情况。

（3）按键分布，有几个按键至今没有统一的标准，要挑选你认为比较顺手的。

（4）是否“占键”，有些键盘最多只能同时按下 3～4 个键，对于游戏玩家来说这可是很不方便的，所以尽量挑选可同时按下键位多的产品。

3.3.2 鼠 标

它的工作原理是利用自身的移动，把移动距离及方向的信息转换成脉冲送给计算机，再由计算机把脉冲转换成鼠标光标的坐标数据，从而达到指示位置的目的。

目前根据鼠标测量位移部件的类型，将鼠标分为光电式、光机式和机械式 3 种。

・光电式

光电式鼠标（如下图所示）是利用发光二极管(LED)与光敏晶体管的组合来测量位移，两者之间的夹角使 LED 发出的光照到光电板后，正好反射给后者，鼠标中的电路就将检测到光的强弱变成表示位移的脉冲。它精确度高，可靠性好。但因光的折射，平板必须配合滑鼠的光源的照射角度精确设计，否则无法动作，且市场上售价较高。

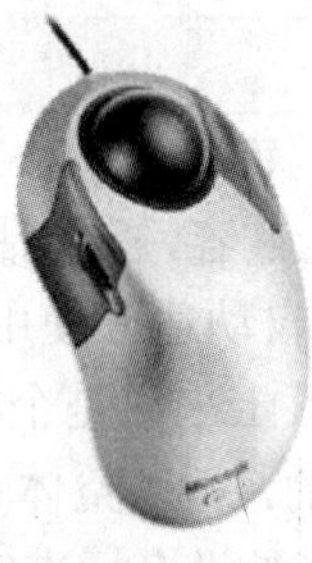

・光机式

也用光敏半导体元件测量位移，但其工作方式与光电式有些不同。鼠标内置 3 个滚轴，其中 1 个是空轴，另 2 个分别是 X 方向滚轴和 Y 方向滚轴。这 3 个滚轴都与一个可以滚动的小球接触，当小球滚动时便带动了 3 个滚轴转动，当译码轮被带动时，LED 发出的光时而照到光敏晶体管时而被阻断，从而产生表示位移的脉冲。它的精确度比机械滑鼠高，但造价却很接近，并且不需要特殊的底板，在任何平面上皆可操作。

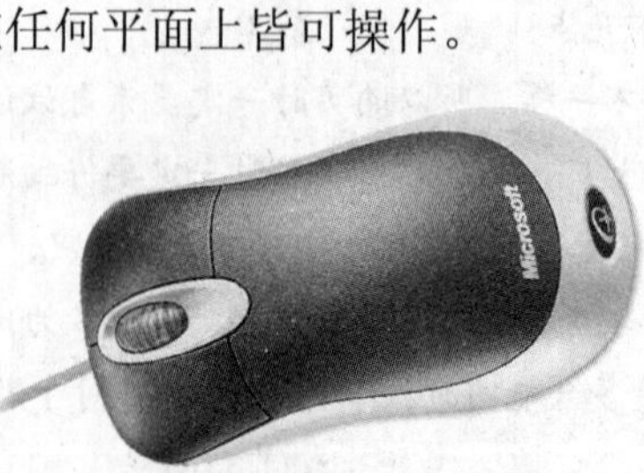

· 机械式

机械式鼠标如下图所示，这种鼠标已经被淘汰。

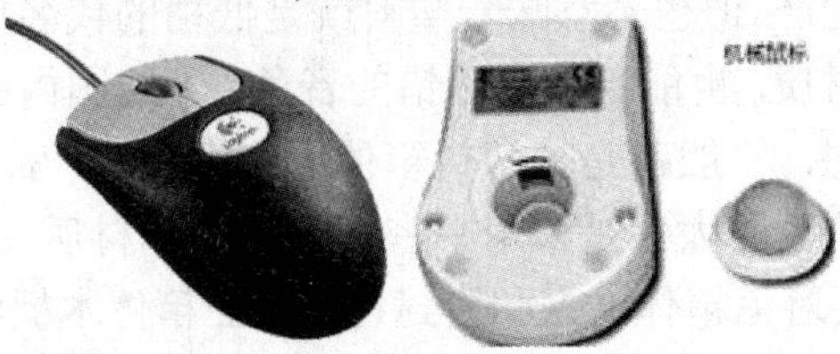

因此，在选购鼠标时应常考虑到以下几项要点：

（1）选购类型：即 RS-232 串口/并口或 PS/2 接口。

（2）所持资金多少。

（3）用途和最低需求。如：仅仅是用于文本输入、网上浏览或用于高精度的 CAD 制图（指使用 Mouse 绘图）。

（4）分辨率：即 DPI（Dots Per Inch），指鼠标器内解码装置所能辨认每英寸（25.4mm）长度内点数，分辨率高表示光标在显像器屏幕上移动定位较准且移动速度较快。

（5）功能：这当然是指从硬件上扩展的功能。

（6）品牌：这就不需我多说了吧！像刚刚提到的微软，还有罗技都是不错的品牌。

（7）样式、手感：好的设计（如人体工程学设计），不但配合你的手形，而且能令你的操作更舒适自如。

目前市场上有两种光电板，一种是铝合金光电板。它的反射点密度较高，故鼠标的移动很有效，不需要手部做大范围移动，长时间使用不会引起手部疲劳，符合人体工程学，且铝合金光电板面积小，不占用工作台空间，符合现代电子信息产品“轻、薄、短、小”设计原则。因此世界知名的高档光学鼠标均使用铝合金材料制成的光电板。而另一种光电板比之则逊色多了，它是由纸印刷而成，较前者则有反射点密度低、分辨率低、反射效果差、易毁损等缺点。其唯一优点是成本低，因此常被低档的光学鼠标所采用。

3.4 音 箱

音箱是将音频信号还原成声音信号的一种装置，音箱包括箱体、喇叭单元、分频器、吸音材料四个部分。

3.4.1 箱体材质

现在市面上常见的电脑音箱主要有塑料和木质两类。

其中两种不同的材质都有自己的优点，塑料的优点是加工容易，外形可以做得比较好看，可以以很低的成本大批量生产。但也不意味着塑料就是低档的代名词，像一些国外知名的品牌，在高档产品中也使用塑料材质，也能制作出不错的音色。不过国内的厂家在塑料材质的密度和加工工艺等指标还不够理想，一般都是把塑料箱体用在中低档产品。

现在的木质音箱中低价位的大多是采用中密板作为箱体材质，而高价位才大多采用真正的纯木板作为箱体材料的，要避免箱体谐振和密封性，保证箱体木板的厚度，木板之间结合紧密程度都是影响音质的关键因素。

3.4.2 音箱性能指标

在计算机的外部设备——音箱中，主要包含了以下性能指标。

（1）频率响应

我们知道，人耳的听力范围是 25Hz～20kHz。因此，音箱的频率响应至少要达到 45Hz～20kHz，只有这样才能保证基本覆盖人耳的有效听力范围。该指标范围越宽，音箱的性能越好，难度也越大，成本自然就越高。虽说高于 20Hz 的声音对音乐家同样会产生影响，但由于实现起来成本较高，对大多数电脑用户来说，没有这个必要，能达到 40Hz～20kHz 的频响已能满足要求。

（2）灵敏度

灵敏度是衡量音箱性能的一项技术指标。该指标越高，音箱的性能就越好，造价就越昂贵。普通音箱的灵敏度一般也就在 70～80dB，高档音箱通常可达到 80～90dB，而专业级音箱可高达 95dB 以上。而多媒体电脑使用者中真正用于音乐创作的人毕竟不多，因而建议选择 85dB 左右即可。值得注意的是，并不是售价越昂贵的音箱，灵敏度值就越高。

（3）谐波失真

谐波失真是指由于音箱所产生的谐振(在原始声波中包含有两次，甚至多次谐波)现象而导致了声音重放失真。对于普通音箱，虽然允许谐波成分存在，但必须是以对声音基频信号输出不产生大的影响为前提。严格来讲，谐波失真又细分为二次谐波失真和三次谐波失真。显然，该指标是越小越好。

（4）输出功率可以说是音箱最重要，也是最值得关注的技术指标。

输出功率可以说是音箱最重要，也是最值得关注的技术指标。其计算单位是瓦特。输出功率这种叫法可以说不够严谨，因为输出功率又有标称（连续）功率和最大（峰值）功率之分。

标称功率的解释是音箱谐波失真在标准范围内变化时，音箱长时间工作输出功率的最大值；最大功率的解释是在不损坏（不超负荷工作）音箱前提下瞬时功率的最大值，也可以理解为音箱所能承受最大负荷的能力。

用户在购买音箱时，最应注意的就是输出功率问题，而最值得留神的应该是标称功率而非峰值功率。按照流行的计算方法，峰值功率一般是标称功率的 8 倍左右。值得注意的是，一些商家（特别是个体柜台）在出售音箱时常喜欢玩数字“游戏”。比如，一对标称功率只有 5W 的音箱，他们标出 50W 的功率。明明是峰值功率却把“峰值”二字去掉，这对用户显然是一种误导。

（5）信噪比

即放大器的输出信号电压与同时输出的噪声电压的比。一般来说，信噪比越大，说明混在信号里的噪声越小，声音回放的质量越高，否则相反。信噪比一般不应该低于 70dB，高保真音箱的信噪比应达到 110dB 以上。

3.5 光 驱

光驱是计算机中比较常见的一个配件。随着多媒体的应用越来越广泛，使得光驱在计算机诸多配件中已经成标准配置。

3.5.1 光驱的种类

目前，光驱可分为 CD-ROM 光驱、DVD 光驱（DVD-ROM）、COMBO 光驱和刻录机（CD/DVD-RW）等。

• CD-ROM 光驱

CD-ROM 光驱又称为致密盘只读存储器，是一种只读的光存储介质。它是利用原本用于音频 CD 的 CD-DA（Digital Audio）格式发展起来的。

· DVD 光驱

DVD 光驱是一种可以读取 DVD 碟片的光驱，除了兼容 DVD-ROM、DVD-VIDEO、DVD-R、CD-ROM 等常见的格式外，对于 CD-R/RW、CD-I、VIDEO-CD、CD-G 等都能很好地支持。

· COMBO 光驱

"康宝"光驱是人们对 COMBO 光驱的俗称。而 COMBO 光驱是一种集合了 CD 刻录、CD-ROM 和 DVD-ROM 为一体的多功能光存储产品。

· 刻录光驱

刻录光驱包括了 CD-R、CD-RW 和 DVD 刻录机等，其中 DVD 刻录机又分 DVD+R、DVD-R、DVD+RW、DVD-RW（W 代表可反复擦写）和 DVD-RAM。刻录机的外观和普通光驱差不多，只是其前置面板上通常都清楚地标识着写入、复写和读取三种速度。

3.5.2 光驱的性能指标

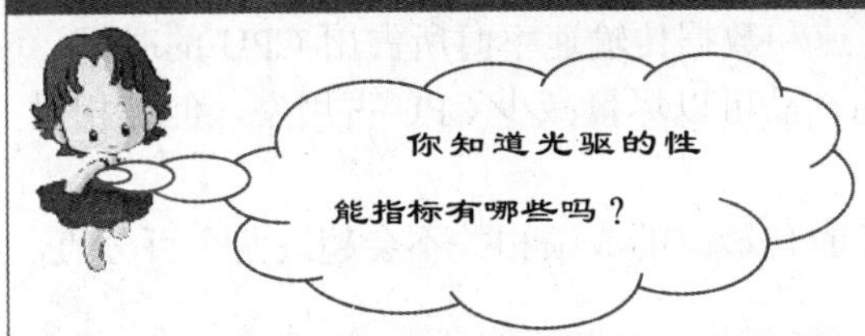

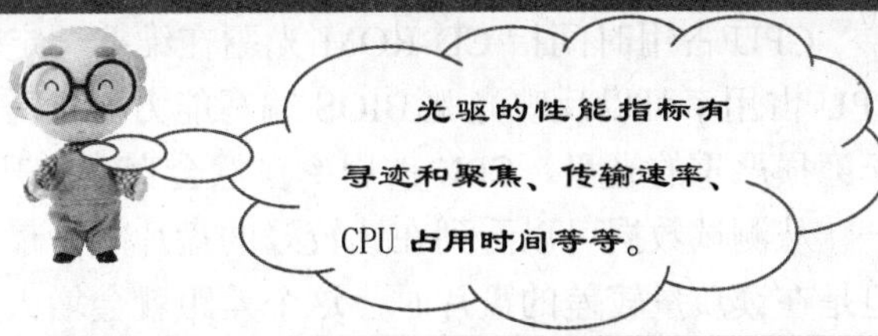

• 寻迹和聚焦

光驱质量的好坏关键在于纠错性能和稳定性的好坏。在技术上，保证这两个指标的主要有两项技术：寻迹和聚焦。

光盘的数据存储方式与硬盘的同心圆磁道方式区别在于，光盘是以连续的螺旋形轨道来存放数据的。其轨道的各个区域的尺寸和密度都是一样的，这样可以保证数据的存储空间分配更加合理，使得激光头不能用与硬盘磁头一样的方式来寻道。为了保证激光头能够准确的寻道，就产生了“寻迹”技术，它使得光头能够始终对准螺旋形轨道的轨迹。如果激光束与光盘轨迹正好重合的时候，那么这时的偏差就是“0”。但是大多数情况下，都不可能达到这样理想的状态，寻迹时总会产生一些偏差，这时光驱就需要进行调整。如果寻迹范围不够大的话，那么数据盘就可能不能读取，CD 可能不能发声，即通常所说的纠错性能不好。

聚焦就是激光束能够精确射在光盘轨道上并得到最强的信号。当激光束从光盘上返回的时候，需要经过四个光电二极管，每个光电二极管所发出的信号需要经过叠加，形成聚焦误差信号。只有当这个误差信号输出为零时，聚焦才准确。如果聚焦不准确，显然就不能顺利地读取光盘。

• 传输速率

数据传输速率是 CD-ROM 光驱最基本的性能指标，该指标直接决定了光驱的数据传输速度，通常以 KB/s 来计算。以 150KB/s 为单速，而随后出现的光驱与单速为倍数关系，比如 2 倍速、4 倍速、8 倍速到现在的 56 倍速等，它就是相对于单倍速光驱的传输速率。

现在的光驱到 50X 或 52X 时后面往往加了 MAX，说明其为光驱的最大倍速，整盘的平均速度要小于这个值。

对于 CD-ROM 而言，其速度一般为 48～54 倍速，已有 70 速以上的光驱出现，但意义不大。对 DVD 光驱而言，虽然如今主流 DVD 光驱只有 16 倍速左右，但从理论上来讲 DVD-ROM 1 倍速是 1 358KB/sec，CDROM 是 150KB/sec，所以 DVDROM 1 倍速就等于 CD-ROM 的 9 倍。而对于刻录机而言更应关心其刻录速度。例如两款 52 速刻录机，一款刻录速度为 16 倍速一款为 24 倍速，则 24 倍速的刻录速度要快。

· CPU 占用时间

CPU 占用时间指 CD-ROM 光驱在维持一定转速和数据传输速率时所占用 CPU 的时间。CPU 占用率可以反映光驱 BIOS 编写能力。优秀的产品可以尽量减少 CPU 占用率，但是相对于磨损严重的光盘，CPU 占用率自然会直线上升。

从测试数据可以看到在读较好的盘片时，最好的与最差的成绩相关不会超过两个百分点，但是在读质量较差的盘片时，这个差距就会增大。

· 高速缓存

与硬盘一样，在光驱的电路板上也有缓存 Cache，有时也叫做 Buffer Memory。无论是对于 CD-ROM、CDR/RW 还是 DVD-ROM，需注意缓存是非常重要的，因为光驱的数据缓存容量的大小也直接影响其整体性能，缓存容量越大，它的 Cache 的命中率就越高。特别是对于 CD-R/RW 而言，大缓存是保证刻录机刻录稳定性的一个十分重要的因素，大容量的缓存可以使刻录机在刻录时在较长时间内数据的正常供应，以免数据意外中断，造成废盘。目前一般 CD-ROM 的缓存容量是 128K，DVD-ROM 的缓存容量则多在 512K，而主流刻录机缓存大多在 2M 左右，也有少数刻录机采用了 8M 缓存，一般来说上述几个缓存容量已是能在各种光驱缓存中确保光驱稳定使用的最佳值。

· 容错能力

任何光驱的性能指标中都没有标出容错能力的参数，但这却是一个实在的光驱评判标准。在高倍速光驱设计中，高速旋转的马达使激光头在读取数据的准确定位性上相对于低倍速光驱要逊色许多，同时劣质的光碟更加剧对光驱容错能力的需求，因而许多厂家都加强对容错能力的设计。其中中国台湾光驱产品相对而言读取能力要好于日本、韩国的产品，但在性能上却是良莠不齐。一些小厂家只是单纯加大激光头的发射功率，初期使用时读盘容错能力非常好，但在两三个月之后，其容错性能明显下降。而名牌大厂通常以提高光驱的整体性能为出发点，采用先进的机芯电路设计，改善数据读取过程中的准确性和稳定性，或者根据光碟数据类型自动调整读取速度，以达到容错纠错的目的。因此在选择光驱时除了要有较好的容错能力外，还要注意其整体性能的优良性。必须注意的是，为了保证数据读取的严密性，光驱产品不可能具有同 VCD 影碟机一样的超强纠错能力，两者设计的出发点和使用目的都不相同。

3.6 打印机

打印机是计算机的外部输出设备之一，可以将计算机中经过编辑和校对后的文件、数据、图片、信息等以黑色或彩色打印到各种载体（纸张、胶片、塑料薄膜等）上，以供保存和交流。

3.6.1 打印机常见术语

通常情况下，打印机主要包含以下术语。

- **分辨率**

分辨率用 DPI（Dot Per Inch 每英寸多少点）表示。一般来说，分辨率越高输出效果越好，但是打印机的价格会随分辨率的升高而增加很多。对针式打印机和激光打印机来说，DPI 较好地反映出它的输出质量。但此指标就喷墨打印机而言，当 DPI 达到一定值时，每英寸即 25.4mm 或单位面积再增加更多的点数不一定能使打印机质量得到显著的改善。打印质量有一主观评价问题，即像彩色照片和黑白照片的对比。就分辨率指标而言，在黑白方式下：针式打印机约为 180DPI；喷墨打印机和激光打印机约为 300DPI。

- **打印速度**

打印速度一般用 PPM（Page Per Minutes 每分钟打印页数）表示。这是喷墨、激光等非击打多打印机常用的衡量打印速度的指标。需要说明的是，打印速度与打印质量有关：彩色打印速度要比单色慢；灰度打印要比黑白两色打印慢。对针式打印机常以不换行状态下每秒打印字符数表示。通常针式打印机的平均打印速度为 50～200 个汉字/秒（约为 2～5PPM）；喷墨打印机为 2～4PPM；激光打印机为 3～6PPM。

- **连续色调打印**

连续色调打印是指该打印机在彩色打印时可打印出中间色（不饱和色）。在黑白两色打印时称为灰度输出（打印模式）。针式打印机没有灰度打印功能。

- **打印介质**

打印介质严重影响主观效果。特别是对喷墨打印机——若介质洇水，其效果可想而知。喷墨打印机一般要使用专用纸才有好的效果。此外，除针式打印机外都不能打印多层介质，如银行的多联报表。

- **耗 材**

除打印机本身不易损耗之外的开销。如：针式打印机的色带、打印用纸；喷墨打印机墨盒、喷头及打印用纸；激光打印机的硒鼓、打印用纸等。针式打印机的色带每米打印 10 万次后就得更换；喷墨打印机每印 600～700 张纸后墨水就要耗尽，需更换墨盒（有的要连喷头一起更换）；激光打印机每印 2 000～5 000 张纸后就要更换墨粉（采用鼓粉分离技术时），硒鼓的寿命要长一些（约在万页以上）。

3.6.2 打印机分类

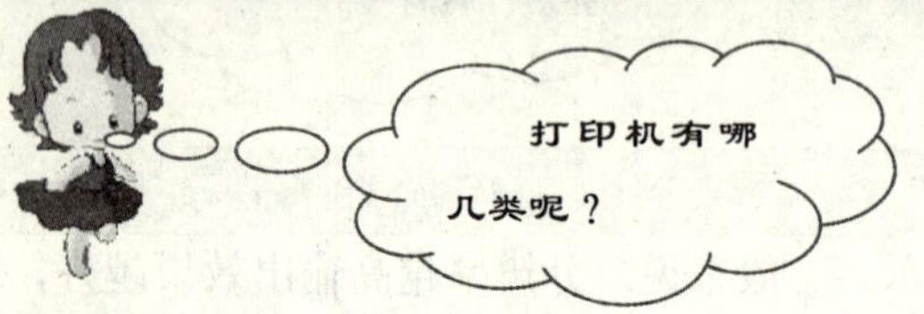

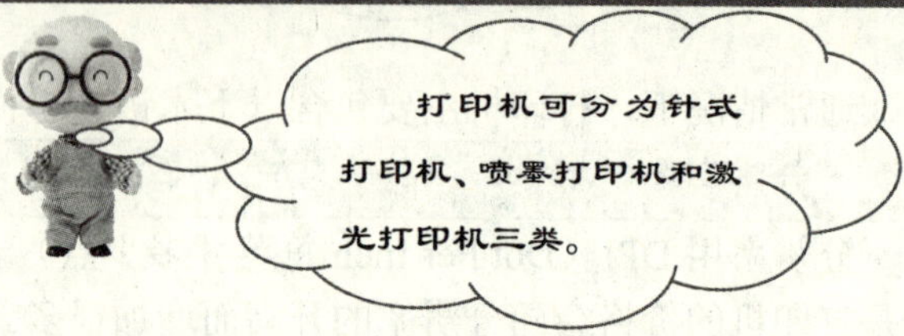

目前市场上销售的打印机大体上分三类：激光打印机、喷墨打印机、针式（色带）打印机。它们的性能和特点各有不同。

• 针式打印机

针式打印机是通过打印针击打色带来进行工作的。其优点主要是结构简单、耗材省、维护费用低、可打印多层介质（如银行等需打印多联单据）；缺点是噪声大、分辨率低、体积较大、打印针易折断。针式打印机的结构主要包括四部分：打印头单元、小车单元、送纸单元和控制单元。

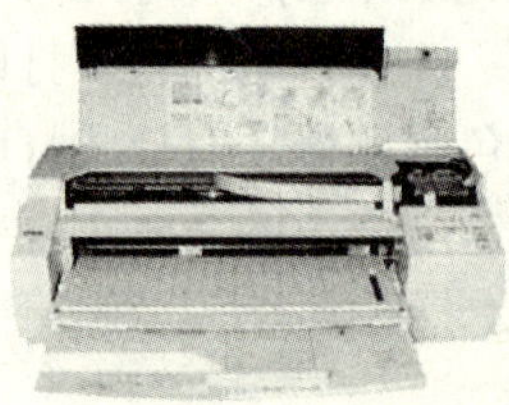

（1）打印头单元

当打印单元接到打印命令时，打印针向外撞击色带，将色带的墨迹打印到纸上，从而在打印介质上形成字符或图像。

（2）小车单元

小车单元的任务是将打印头送到指定位置，以使打印头的打印针击打到正确位置。此外，小车上的调节杆（对针式打印机为轻重调节柄）可调节打印头与打印纸间的间隙，以保持最好的打印效果。

（3）送纸单元

送纸单元是在打印过程中提供纸张输送或退出的装置。在打印机内部控制信号的作用下，它与小车移动、打印针击打等动作同步，以完成打印过程。各种打印机送纸单元结构大体相同，一般有装纸托架、送/退纸引导板及牵引/摩擦送纸机构等。送纸单元在输送纸张时，既可采用自动方式又可采用手动方式。

（4）控制单元

控制单元是打印机的控制中心，打印机在它的控制下协调工作。送纸单元将打印介质送到指定位置，小车单元将打印头移到要打印部位，之后打印头的各打印针按主机的信号决定该打印针是否应击打，从而在打印介质上打出需要的字符和图像。控制单元还要检测打印机的状况，也要接受面板送来的命令。

针式打印机按针数可分为9针和24针两种。24针打印机是将24根打印针分成两列，两列的针交错排列，使得在同样尺寸上比9针式打印机有较多的打印点，从而有较高的打印质量。

彩色针式打印机是最便宜同时也是最早实现彩色需要的普及型产品。其优点是价格低、操作方便、使用成本低、大多配备汉字字库、对纸张的要求较低。在只要求有文字彩色输出的方面基本上满足了要求。在打印彩色图像时并不好，没有连续色调。针式打印机的另一缺点是滚筒式送纸机构较易卡纸。目前有的针式打印机以平推方式送退纸张，较好地避免了卡纸和纸张变曲现象。平推式送退纸也便于在硬介质上打印。

针式打印机在易用性、打印综合成本等方面具有优势。在我国使用的针式打印机分带汉字字库和不带汉字字库两种。带字库的打印机当打印字库中的字符时速度较快，但打印非字库中的字符速度并不快。此外，字库也增加了成本。

• 喷墨打印机

喷墨打印机是最常用的彩色打印机。喷墨打印机的基本原理是利用电阻加热喷墨打印机的喷头，使墨水汽化而产生气泡，气泡膨胀后将墨水喷出喷嘴，并印在纸上。

喷墨打印机的结构主要包括四部分：喷头、墨盒及清洁单元、小车单元、送纸单元和控制单元。其中小车、送纸、控制三个单元与针式打印机大同小异。喷头单元与针式打印机打印头的作用相同。

喷头和墨盒的结构可分为两类。一类是喷头和墨水盒是一体化的——称为一体化墨盒。由于一体化墨盒中既可包括喷头又包括墨水，其本身就是消耗品。采用一体化结构的墨盒，打印的整体结构比较简单，利于减小体积，但打印机消耗品的成本提高（更换墨盒的同时也更换了喷头，虽然更换喷头有助于提高打印质量）。另一类的喷头和墨水盒为分体结构——可单独更换墨水盒（也称为墨盒）或喷头。虽然喷头和墨水盒均为消耗器，但喷头比墨水盒使用时间长，因此墨水用尽时，仅更换墨水盒即可，这样可降低消耗器的支出。

清洁部分是喷墨打印机中特有的功能，它可实现对喷头的维护——喷头盖帽和喷嘴的清洗等。清洗过程可将喷嘴中的墨水抽到废弃墨水吸收器内，并使喷头代之以新鲜墨水，去除旧墨水中的气泡、杂质、灰尘等，确保喷嘴内墨水流动通畅，进而保证高的打印质量。

• 激光打印机

打印机的高端产品无疑是激光打印机，其技术原型来自复印机，由于过程复杂，因此价格也很高。但是在重要的几个方面，激光打印机仍然比喷墨打印机优越。即使在同样分辨率下，激光打印机的打印质量也高于喷墨打印机——起码主观感觉是这样。

激光打印机是利用类似复印机的电子转印成像技术进行打印的，只不过成像到硒鼓上的技术不同。复印机利用光学原理使被复印件的图解（字符和图像）成像在硒鼓上，而激光打印机是接受主机中图像信息调制的激光束直接在硒鼓成像。当被调制的激光束在硒鼓上沿轴向方向进行扫描时，按点阵组成组图的原理，使鼓面感光，构成负电荷阴影。当鼓面经过带正电的墨粉时，感光部分就吸附上墨粉，然后将墨粉转印到纸上，纸上的墨粉经加热熔化形成永久性的字符和图像。其主要优点是印字质量高、分辨率高、噪声低、速度快、色彩艳丽；缺点是打印成本较高、不能打印多层介质、体积较大。

彩色激光打印机对实现高质量打印所需要的介质不太挑剔。喷墨打印机产生最好的打印效果时，要使用有涂层的专用纸，对彩色打印更是如此。彩色激光打印机能在普通纸上产生高质量的单色或彩色输出。此外，激光打印机可以用普通纸，且每页其他消耗品的费用也较少。相对而言，彩色激光打印机的耗材每页费用要低得多。激光打印机可在高负荷下工作，适合共享的需求。

3.6.3 打印机的安装与设置

在硬件接口方面，安装好打印机后，就需要对打印机的驱动程序进行安装以及各项设置等操作，下面将对其进行简单介绍。

·驱动程序的安装

在安装好打印机后，其安装驱动程序的具体操作步骤如下：

1 执行“开始 / 设置 / 打印机和传真”菜单命令，弹出“打印机和传真”对话框。

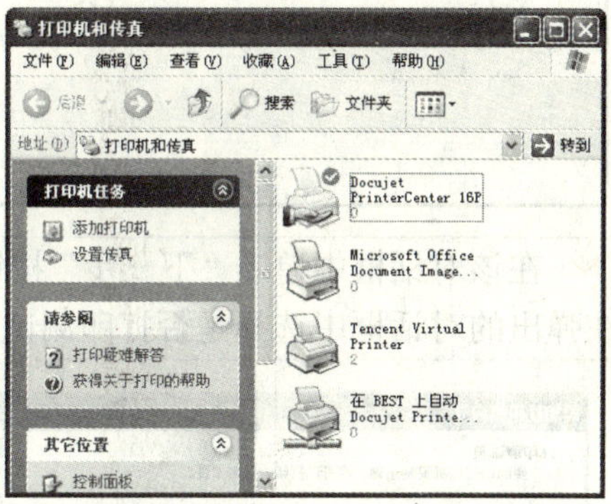

2 在该对话框中，单击“打印机任务”中的“添加打印机”，弹出“添加打印机向导”对话框。

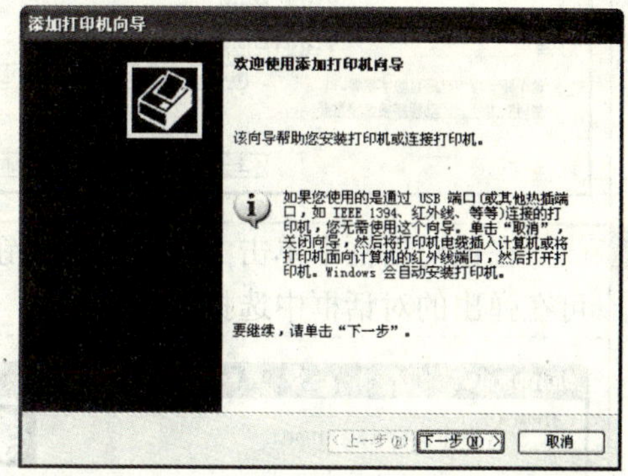

3 在该对话框中单击“下一步”按钮，并在弹出的对话框中勾选“连接到计算机的本地打印机”单选项。

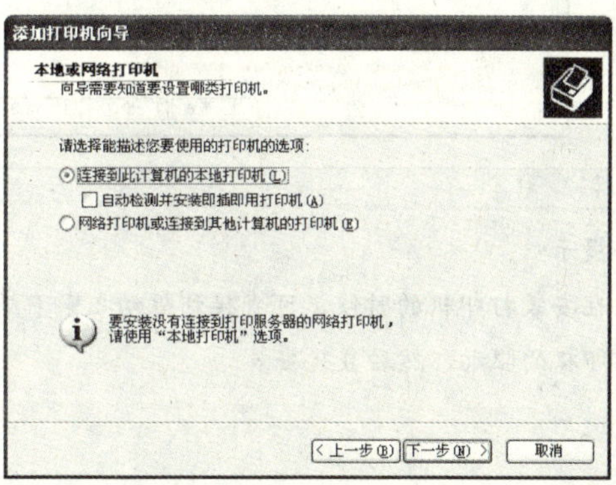

4 单击“下一步”按钮，并在“选择打印机端口”对话框中选择“LTP1 打印机端口”。

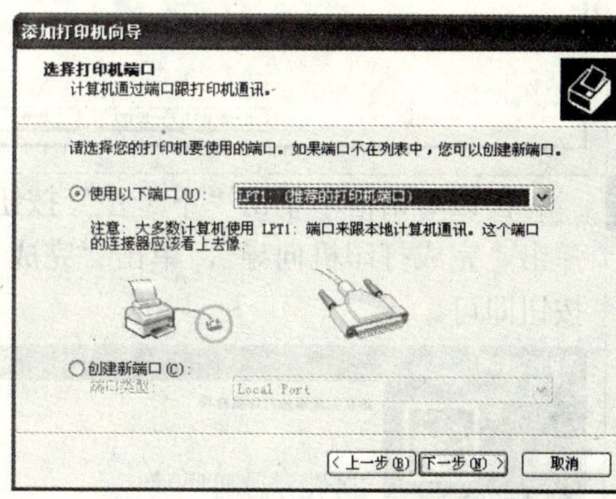

5 单击“下一步”按钮，在“安装打印机软件”对话框中，分别选择与打印机相对应的厂商和打印机型号，如果选项中没有所要安装的打印机，则选择“从磁盘安装”，并将打印机厂商提供的驱动盘放入光驱内。

6 在该对话框中选择相应的厂商和型号后，单击“下一步”按钮，弹出“命名打印机”对话框，在该对话框中给打印机命名并选择是否将此打印机设为默认打印机。

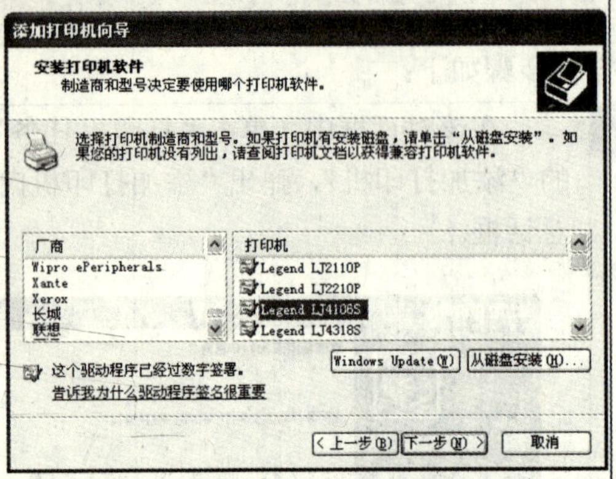

在该对话框中单击“下一步”按钮，可在弹出的对话框中选择是否共享。

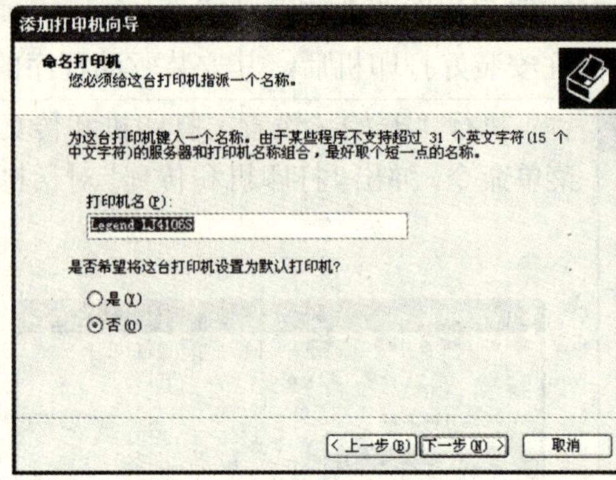

在该对话框中单击“下一步”按钮，可在弹出的对话框中选择是否打印测试页。

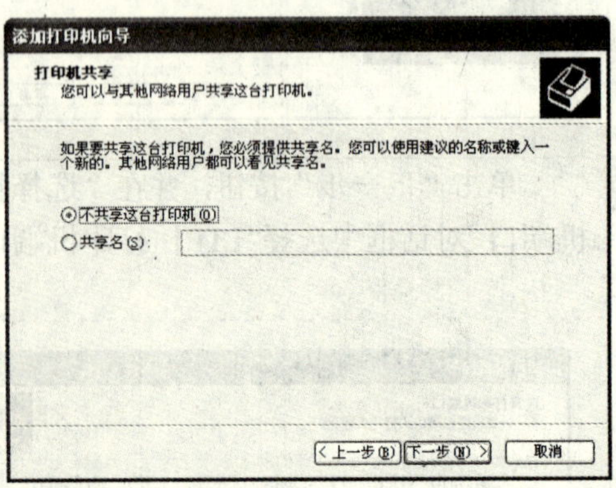

在该对话框中单击“下一步”按钮，弹出“完成打印机向导”，单击“完成”按钮即可。

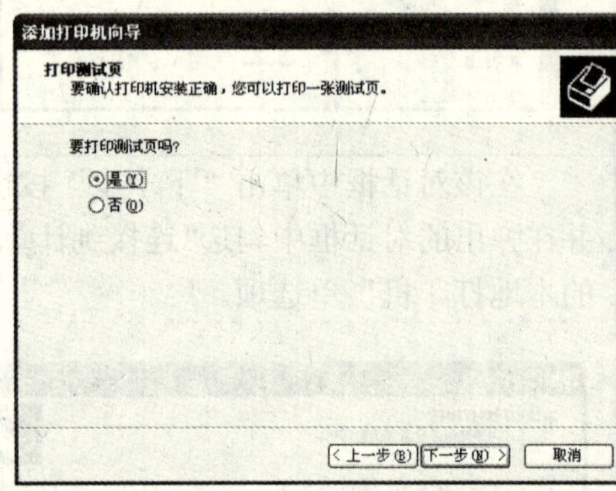

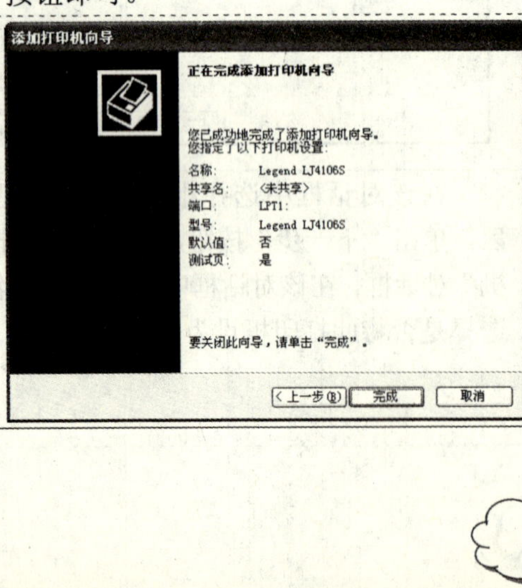

提示：

在安装打印机的时候，可直接到驱动之家下载该型号打印机的驱动，然后直接安装。

• 属性的设置

为更好地使用打印机，需要设置打印机的属性，如其进纸方式、端口配置、打印精度等。可按下述步骤设置其属性：

在打印机文件夹的窗口中，用鼠标右键单击要设置的打印机的图标，在弹出的快捷菜单中选属性项，系统会弹出“打印机属性”对话框。

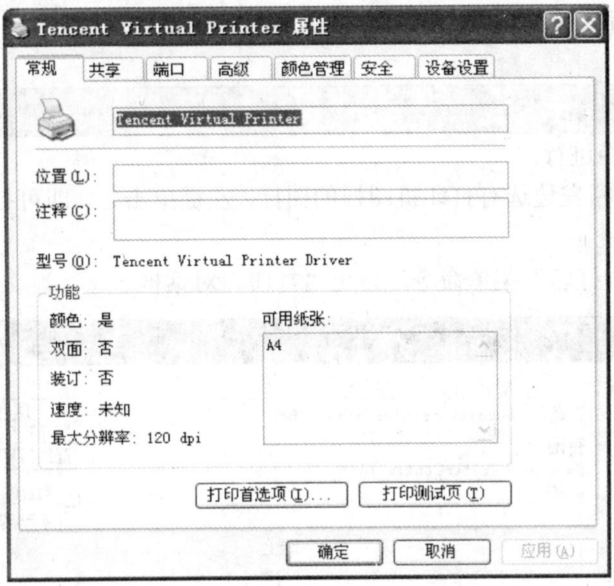

提示：不同类型的打印机，其对话框的内容不同，可根据其中不同标签内的内容结合自己的要求进行设置。

• 删除打印机

删除打印机有两种方法。一是打开“打印机”文件夹，单击打印机的图标，然后在“文件”菜单中单击“删除”命令。另一种是在要删除的打印机的图标上，单击右键，在弹出的快捷菜单中左键单击“删除”命令。

3.6.4 打印机操作

在利用打印机打印纸张的过程中，必须对打印机进行相应的操作，下面将对其进行简单介绍。

·准备工作

先将打印机的电源插上，再打开打印机上的开关按钮，稍等片刻，待打印机试运行停止后，即可开始打印作业。

在打印前，最好先执行“文件/打印预览”菜单命令，弹出预览窗口，其中会出现单页或多页的页面情况。此窗口可将页面放大或缩小，也可选定看一页还是看多页，均可用其中的有关图标和按键来设置与命令。在预览无误后，再执行打印命令。

·打印命令

可从下列两种途经进行：

（1）从常用工具栏左边选有打印机图样的图标，左键单击之，即可打印经过编辑校对无误后的文档、资料、图表。

（2）执行“文件/打印”菜单命令，弹出“打印”对话框。

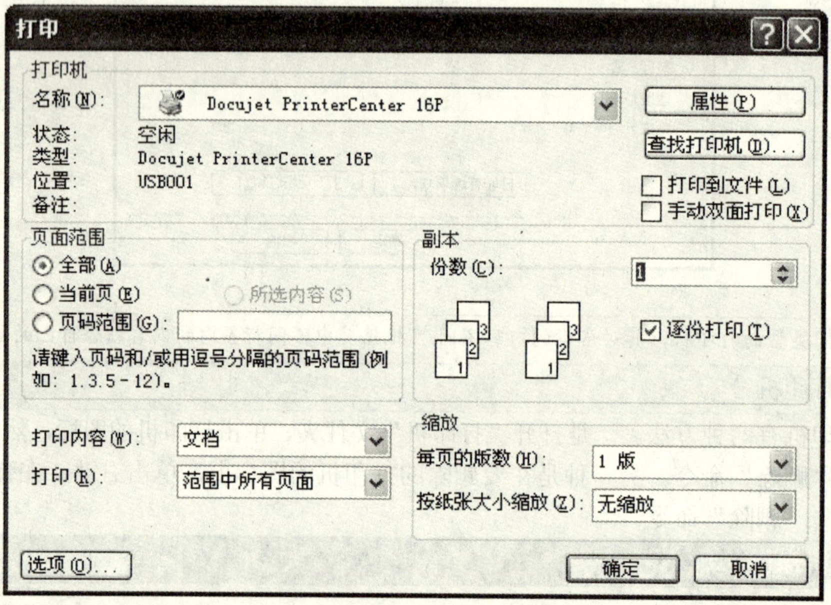

在“副本”选项区中可以对打印份数进行设定（可直接输入数字，也可点击此栏右面的小三角形，向上为增加页数，向下为减少页数）。

在“页面范围”选项区中可以选择“全部”（从第一页到最末页）、“当前页”（当前在窗口显示的那一页）、“页码范围”（需要打印的页码）按确定后，打印机便开始作业。

电脑即学即用

教你学电脑

第4章 CMOS设置与操作系统的安装

本 章 要 点：

- 认识 BIOS 与 CMOS
- BIOS 设置
- 硬盘分区与格式化
- 操作系统安装与维护
- 驱动程序的安装

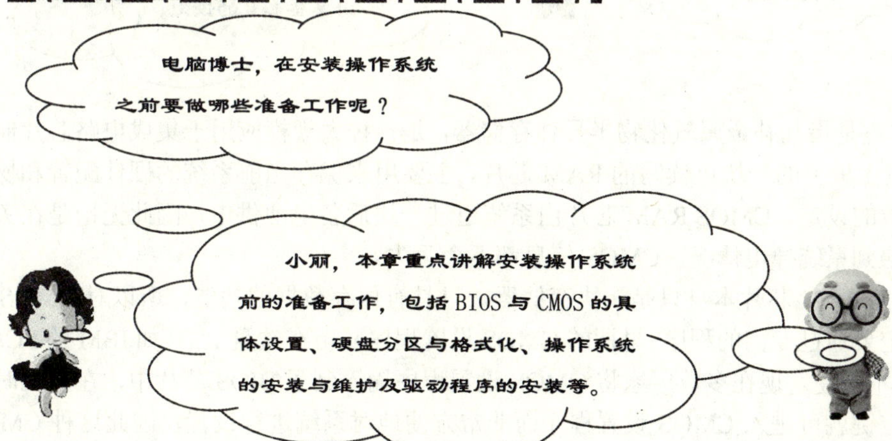

4.1 BIOS 与 CMOS

BIOS（Basic Input Output System 即基本输入/输出系统）设置程序是被固化到计算机主板上的 ROM 芯片中的一组程序，其主要功能是为计算机提供最底层的、最直接的硬件设置和控制。BIOS 设置程序储存在 BIOS 芯片中，只有在开机时才可以进行设置。CMOS 主要用于存储 BIOS 设置程序所设置的参数与数据，而 BIOS 设置程序主要对技巧的基本输入输出系统进行管理和设置，使系统运行在最佳状态下，使用 BIOS 设置程序还可以排除系统故障或者诊断系统问题。

4.1.1 认识 BIOS

BIOS（Basic Input Output System 即基本输入/输出系统）实际上是被固化到计算机中的一组程序，为计算机提供最低级的、最直接的硬件控制。准确地说，BIOS 是硬件与软件程序之间的“转换器”，主要负责解决硬件的即时需求，并按软件对硬件的操作要求具体执行。

4.1.2 认识 CMOS

CMOS（本意是指互补金属氧化物半导体存储器，是一种大规模应用于集成电路芯片制造的原料）是微机主板上的一块可读写的 RAM 芯片，主要用来保存当前系统的硬件配置和操作人员对某些参数的设定。CMOS RAM 芯片由系统通过一块后备电池供电，因此无论是在关机状态中，还是遇到系统掉电情况，CMOS 信息都不会丢失。

由于 CMOS RAM 芯片本身只是一块存储器，只具有保存数据的功能，所以对 CMOS 中各项参数的设定要通过专门的程序。早期的 CMOS 设置程序驻留在软盘上的（如 IBM 的 PC/AT 机型），使用很不方便。现在多数厂家将 CMOS 设置程序输入到了 BIOS 芯片中，在开机时通过按下某个特定键就可进入 CMOS 设置程序而非常方便地对系统进行设置，因此这种 CMOS 设置又通常被叫做 BIOS 设置。

4.1.3 BIOS设置和CMOS设置的区别与联系

BIOS是主板上的一块EPROM或EEPROM芯片，里面装有系统的重要信息和设置系统参数的设置程序（BIOS Setup程序）；CMOS是主板上的一块可读写的RAM芯片，里面装的是关于系统配置的具体参数，其内容可通过设置程序进行读写。CMOS RAM芯片靠后备电池供电，即使系统掉电后信息也不会丢失。BIOS与CMOS既有相关又有不同：BIOS中的系统设置程序是完成CMOS参数设置的手段；CMOS RAM既是BIOS设定系统参数的存放场所，又是BIOS设定系统参数的结果。因此，完整的说法应该是“通过BIOS设置程序对CMOS参数进行设置”。由于BIOS和CMOS都跟系统设置密切相关，所以在实际使用过程中造成了BIOS设置和CMOS设置的说法，其实指的都是同一回事，但BIOS与CMOS却是两个完全不同的概念，千万不可混淆。

4.1.4 BIOS的管理功能

BIOS ROM芯片不但可以在主板上看到，而且BIOS管理功能如何在很大程度上决定了主板性能是否优越。BIOS管理功能主要包括以下功能。

· BIOS中断服务程序

BIOS中断服务程序实质上是微机系统中软件与硬件之间的一个可编程接口，主要用于程序软件功能与微机硬件之间实现衔接。例如，DOS和Windows操作系统中对软盘、硬盘、光驱、键盘、显示器等外围设备的管理，都是直接建立在BIOS系统中断服务程序的基础上，而且操作人员也可以通过访问INT 5、INT 13等中断点而直接调用BIOS中断服务程序。

· BIOS系统设置程序

微机部件配置记录是放在一块可读写的CMOS RAM芯片中的，主要保存着系统基本情况、CPU特性、软硬盘驱动器、显示器、键盘等部件的信息。在BIOS ROM芯片中装有“系统设置程序”，主要用来设置CMOS RAM中的各项参数。这个程序在开机时按下某个特定键即可进入设置状态，并提供了良好的界面以便操作人员使用。事实上，这个设置 CMOS 参数的过程，习惯上也称为“BIOS 设置”。一旦 CMOS RAM 芯片中关于微机的配置信息不正确时，轻者会使得系统整体运行性能降低、软硬盘驱动器等部件不能识别，严重时就会由此引发一系统的软硬件故障。

·POST 上电自检

当主机接通电源后，系统首先由 POST（Power On Self Test,上电自检）程序来对内部各个设备进行检查。通常完整的 POST 自检程序包括对 CPU、640K 基本内存、1M 以上的扩展内存、ROM、主板、CMOS 存储器、串并口、显示卡、软硬盘子系统及键盘进行测试，一旦在自检中发现问题，系统将给出提示信息或鸣笛警告。

·BIOS 系统启动自举程序

系统在完成 POST 自检后，ROM BIOS 就会首先按照系统 CMOS 设置中保存的启动顺序搜寻软、硬盘驱动器及 CD-ROM、网络服务器等有效地启动驱动器，读入操作系统引导记录，然后将系统控制权交给引导记录，最后由引导记录来完成系统的顺利启动。

4.1.5 BIOS 设置时机

众所周知，进行 BIOS 或 CMOS 设置是由操作人员根据计算机实际情况而由操作员完成的一项十分重要的系统初始化工作。在以下情况下，必须对 BIOS 或 CMOS 进行设置。

·新购微机

即使带 PnP 功能的系统也只能识别一部分计算机外围设备，而对软硬盘参数、当前日期、时钟等基本资料必须由操作人员进行设置，因此新购买的微机必须通过进行 CMOS 参数设置来告诉系统整个微机的基本配置情况。

·新增设备

由于系统不一定能认识新增的设备，所以必须通过 CMOS 设置来告诉它。另外，一旦新增设备与原有设备之间发生了 IRQ、DMA 冲突，也往往需要通过 BIOS 设置来进行排除。

·CMOS 数据意外丢失

在系统后备电池失效、病毒破坏了 CMOS 数据程序、意外清除了 CMOS 参数等情况下，常常会造成 CMOS 数据意外丢失。此时只能重新进入 BIOS 设置程序完成新的 CMOS 参数设置。

·系统优化

对于内存读写等待时间、硬盘数据传输模式、内 / 外 Cache 的使用、节能保护、电源管理、开机启动顺序等参数，BIOS 中预定的设置对系统而言并不一定就是最优的，此时往往需要经过多次试验才能找到系统优化的最佳组合。

4.2 BIOS 设置

目前主板 BIOS 有三大类型，即 AWARD、AMI 和 PHOENIX 三种。不过，PHOENIX 已经合并了 AWARD，因此在台式机主板方面，其虽然标有 AWARD-PHOENIX，其实际还是 AWARD 的 BIOS。下面介绍 AWARD 和 AMI 两种常见主板的 BIOS 设置。

4.2.1 AWARD BIOS 设置

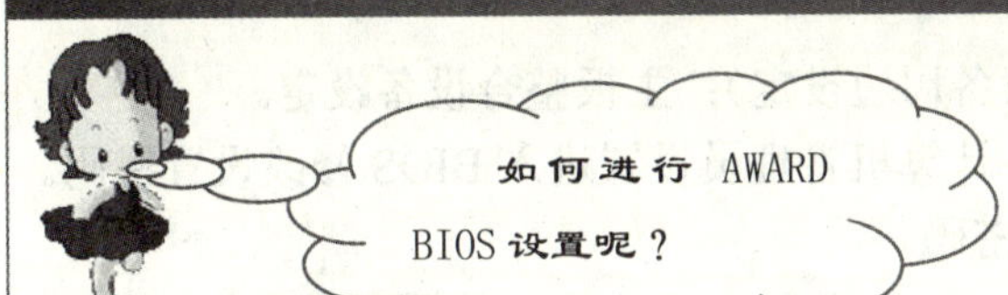

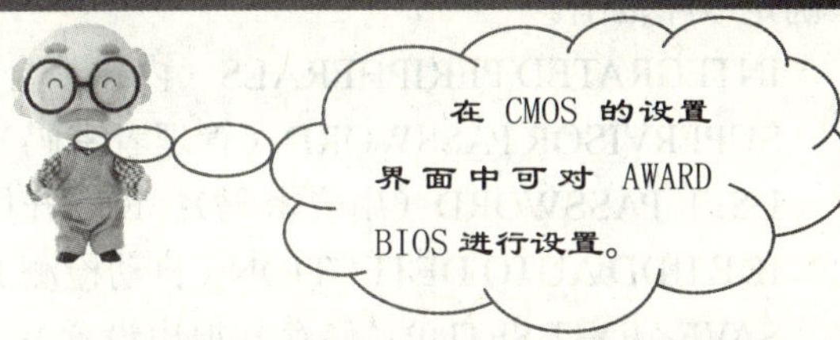

开启计算机或重新启动计算机后，在屏幕显示“Waiting…”时，按下“Del”键就可以进入 CMOS 的设置界面。

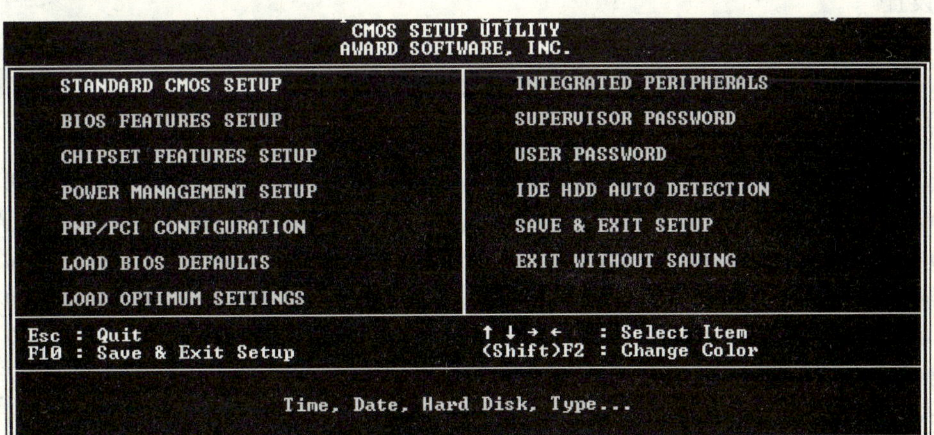

要注意的是，如果按得太迟，计算机将会启动系统，这时只有重新启动计算机了。大家可在开机后立刻按住“Delete”键直到进入 CMOS。进入后，可以用方向键移动光标选择 CMOS 设置界面上的选项，然后按“Enter”键进入子菜单，用“ESC”键来返回上一级菜单，用“Page Up”和“Page Down”键来选择具体选项，“F10”键保留并退出 BIOS 设置。

各主菜单功能简介如下：

STANDARD CMOS SETUP（标准 CMOS 设定）：用来设定日期、时间、软硬盘规格、工作类型以及显示器类型。

BIOS FEATURES SETUP（BIOS 功能设定）：用来设定 BIOS 的特殊功能例如病毒警告、开机磁盘优先程序等等。

CHIPSET FEATURES SETUP（芯片组特性设定）：用来设定 CPU 工作相关参数。

POWER MANAGEMENT SETUP（省电功能设定）：用来设定 CPU、硬盘、显示器等设备的省电功能。

PNP/PCI CONFIGURATION（即插即用设备与 PCI 组态设定）：用来设置 ISA 以及其他即插即用设备的中断以及其他参数。

LOAD BIOS DEFAULTS（载入 BIOS 预设值）：此选项用来载入 BIOS 初始设置值。

LOAD OPRIMUM SETTINGS（载入主板 BIOS 出厂设置）：这是 BIOS 的最基本设置，用来确定故障范围。

INTEGRATED PERIPHERALS（内建整合设备周边设定）：主板整合设备设定。

SUPERVISOR PASSWORD（管理者密码）：计算机管理员设置进入 BIOS 修改设置密码。

USER PASSWORD（用户密码）：设置开机密码。

IDE HDD AUTO DETECTION（自动检测 IDE 硬盘类型）：用来自动检测硬盘容量、类型。

SAVE&EXIT SETUP（储存并退出设置）：保存已经更改的设置并退出 BIOS 设置。

EXIT WITHOUT SAVE（沿用原有设置并退出 BIOS 设置）：不保存已经修改的设置，并退出设置。

·STANDARD CMOS SETUP（标准 CMOS 设定）

如下图所示为进入标准 CMOS 设定的界面。

在标准 CMOS 设定中，包括了 DATE 和 TIME 设定，可以设定计算机上的时间和日期。

硬盘设置，列表中存在 PRIMARY MASTER 第一组 IDE 主设备；PRIMARY SLAVE 第一组 IDE 从设备；SECONDARY MASTER 第二组 IDE 主设备；SECONDARY SLAVE 第二组 IDE 从设备。这里的 IDE 设备包括了 IDE 硬盘和 IDE 光驱，第一组、第二组设备是指主板上的第一根、第二根 IDE 数据线，一般来说靠近芯片的是第一组 IDE 设备，而主设备、从设备是指在一条 IDE 数据线上接的两个设备，每根数据线上可以接两个不同的设备，主、从设备可以通过硬盘或者光驱的后部跳线来调整。

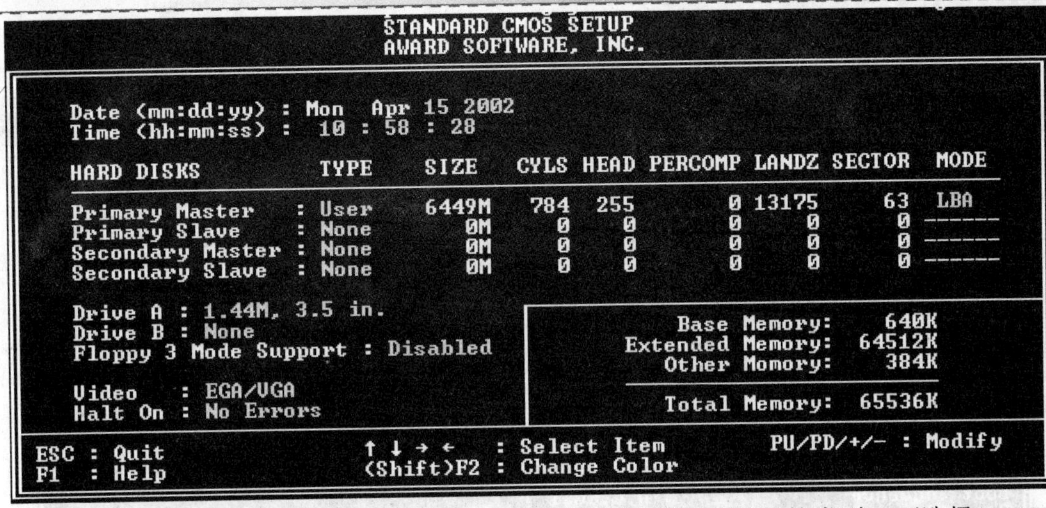

后面是 IDE 设备的类型和硬件参数，TYPE 用来说明硬盘设备的类型，可选择 AUTO、USER、NONE 的工作模式，AUTO 是由系统自动检测硬盘类型，在系统中存储了 1～45 类硬盘参数，在使用该设置值时不必再设置其他参数；如果使用的硬盘是预定义以外的，那么就应该设置硬盘类型为 USER，然后输入硬盘的实际参数（这些参数一般在硬盘的表面标签上）；如果没有安装 IDE 设备，我们可以选择 NONE 参数，这样可以加快系统的启动速度，在一些特殊操作中，可通过以下操作来屏蔽系统对某些硬盘的自动检查。

SIZE 表示硬盘的容量；CYLS 表示硬盘的柱面数；HEAD 表示硬盘的磁头数；PRECOMP 表示写预补偿值；LANDZ 表示着陆区，即磁头起停扇区。最后的 MODE 是硬件的工作模式，可选择的工作模式有：NORMAL 普通模式、LBA 逻辑块地址模式、LARGE 大硬盘模式、AUTO 自动选择模式。NORMAL 模式是原有的 IDE 方式，在此方式下访问硬盘 BIOS 和 IDE 控制器对参数不作任何转换，支持的最大容量为 528MB。LBA 模式所管理的最大硬盘容量为 8.4GB，LARGE 模式支持的最大容量为 1GB。AUTO 模式是由系统自动选择硬盘的工作模式。

上图中的其他部分是 DRIVE A 和 DRIVE B 软驱设置，如果没有 B 驱动器，那么就没有 NONE 驱动器 B 设置。这里选择的是软驱类型，大部分情况不必修改这个设置。

VIDEO 设置是用来设置显示器工作模式的，也就是 EGA/VGA 工作模式。

HALT ON：错误停止设定；ALL ERRORS BIOS：检测到任何错误时将停机；NO ERRORS：当 BIOS 检测到任何非严重错误时，系统都不停机；ALL BUT KEYBOARD：除了键盘以外的错误，系统检测到任何错误都将停机；ALL BUT DISKETTE：除了磁盘驱动器的错误，系统检测到任何错误都将停机；ALL BUT DISK/KEY：除了磁盘驱动器和键盘外的错误，系统检测到任何错误都将停机。这里是用来设置系统自检遇到错误的停机模式，如果发生以上错误，那么系统将会停止启动，并给出错误提示。

上图中的右下方还有系统内存的参数是：BASE MEMORY，基本内存；extended，扩展内存；other，其他内存；total MEMORY，全部内存。

· BIOS FEATURES SETUP（BIOS 功能设定）

如下图所示为进入 BIOS 功能设定的界面。

```
                          BIOS FEATURES SETUP
                          AWARD SOFTWARE, INC.

CPU Internal Core Speed     : 350MHz      OS Select For DRAM > 64MB : Non-OS2
                                          HDD S.M.A.R.T. capability : Disabled
CPU Core Voltage            : Default     Report No FDD For WIN 95  : No
CPU clock failed reset      : Disabled
Auti-Virus Protection       : Disabled    Video  BIOS Shadow   : Enabled
CPU Internal Cache          : Enabled     C8000-CBFFF Shadow   : Disabled
External Cache              : Enabled     CC000-CFFFF Shadow   : Disabled
CPU L2 Cache ECC Checking   : Enabled     D0000-D3FFF Shadow   : Disabled
Processor Number Feature    : Enabled     D4000-D7FFF Shadow   : Disabled
Quick Power On Self Test    : Disabled    D8000-DBFFF Shadow   : Disabled
Boot From LAN First         : Disabled    DC000-DFFFF Shadow   : Disabled
Boot Sequence               : A,C,SCSI
Swap Floppy Drive           : Disabled
Boot Up NumLock Status      : On
Gate A20 Prtion             : Normal      ESC : Quit          ↑↓→← : Select Item
Security Option             : Setup       F1  : Help          PU/PD/+/- : Modify
PCI/VGA Palette Snoop       : Disabled    F5  : Old Values    (Shift)F2 : Color
                                          F6  : Load BIOS      Defaults
                                          F7  : Load Optimum Settings
```

BIOS 功能设定简介如下：

ENABLED 是开启，DISABLED 是禁用，使用 PAGE UP 和 PAGE DOWN 可以在这两者之间切换。

CPU INTERNAL CORE SPEED：CPU 当前的运行速度；

VIRUS WARNING：病毒警告；

CPU INTERNAL CACHE/EXTERNAL CACHE（CPU 内、外快速存取）；

CPU L2 GACHE ECC CHECKING （CPU L2（第二级缓存）：快速存取记忆体错误检查修正）；

QUICK POWER ON SELF TEST（快速开机自我检测）：此选项可以调整某些计算机自检时检测内存容量三次的自检步骤；

CPU UPDATE DATA（CPU 更新资料功能）；

BOOT FROM LAN FIRST（网络开机功能）：此选项可以远程唤醒计算机；

BOOT SEQUENCE（开机优先顺序）：这是我们常常调整的功能，通常我们使用的顺序是：A、C、SCSI，CDROM，如果您需要从光盘启动，那么可以调整为 ONLY CDROM，正常运行最好调整为由 C 盘启动；

BIOS FALSH PROTECTION（BIOS 写入保护）；

PROCESSOR SERIAL NUMBER（系统自动检测奔腾 3 处理器）；

SWAP FLOPPY DRIVE（交换软驱盘符）；

VGA BOOT FROM（开机显示选择）；

BOOT UP FLOPPY SEEK（开机时是否自动检测软驱）；

BOOT UP NUMLOCK STATUS（开机时小键盘区情况设定）；

TYPEMATIC RATE SETTING（键盘重复速率设定）；

TYPEMATIC RATE（CHARS/SEC，字节/秒）；

TYPEMATIC DELAY（设定首次延迟时间）；

SECURITY OPTION（检测密码方式）：如设定为 SETUP，则每次打开机器时屏幕均会提示输入口令（普通用户口令或超级用户口令，普通用户无权修改 BIOS 设置），不知道口令则无法使用机器；如设定为 SYSTEM 则只有在用户想进入 BIOS 设置时才提示用户输入超级用户口令；

Memory Parity Check：如果机器上配置的内存条不带奇偶校验功能，则该项一定要设为 Disable，目前除了服务器外大部分微机(包括品牌机)的内存均不带奇偶校验；

PCI/VGA PALETTE SNOOP（颜色校正）；

ASSIGN IRQ FOR VGA（分配 IRQ 给 VGA）：IRQ 即系统中断地址；

OS SELECT FOR DRAM>64MB（设定 OS2 使用内存容量）：如果正在使用 OS/2 系统并且系统内存大于 64MB，该项应为 Enable，否则高于 64MB 的内存无法使用，一般情况下为 Disable；

HDD S.M.A.R.T. capability（硬盘自我检测）：此选项可以用来自动检测硬盘的工作性能，如果硬盘即将损坏，那么硬盘自我检测程序会发出警报；

REPORT NO FDD FOR WIN95（分配 IRQ6 给 FDD）：FDD 就是软驱；

VIDEO BIOS SHADOW（使用 VGA BIOS SHADOW）：用来提升系统显示速度，一般都选择开启；

C8000-CBFFFF Shadow：该块区域主要来映射扩展卡（网卡、解压卡等）上的 ROM 内容，将其放在主机 RAM 中运行，以提高速度；

AWARD BIOS 的其他设置与上面介绍的相似，这里将不再多述。

4.2.2 AMI BIOS 设置

在开启计算机或重新启动计算机后，按下“Del”键就可以进入 BIOS 的设置界面。

进入后，可以用方向键移动光标选择 BIOS 设置界面上的选项，然后按“Enter”键进入子菜单，用“ESC”键来返回主菜单，用“PAGE UP”和“PAGE DOWN”键或上下（↑↓）方向键来选择具体选项回车键确认选择，“F10”键保留并退出 BIOS 设置。

• Main（标准设定）

在 Main 菜单中，可对基本的系统配置进行设定，如时间、日期等。

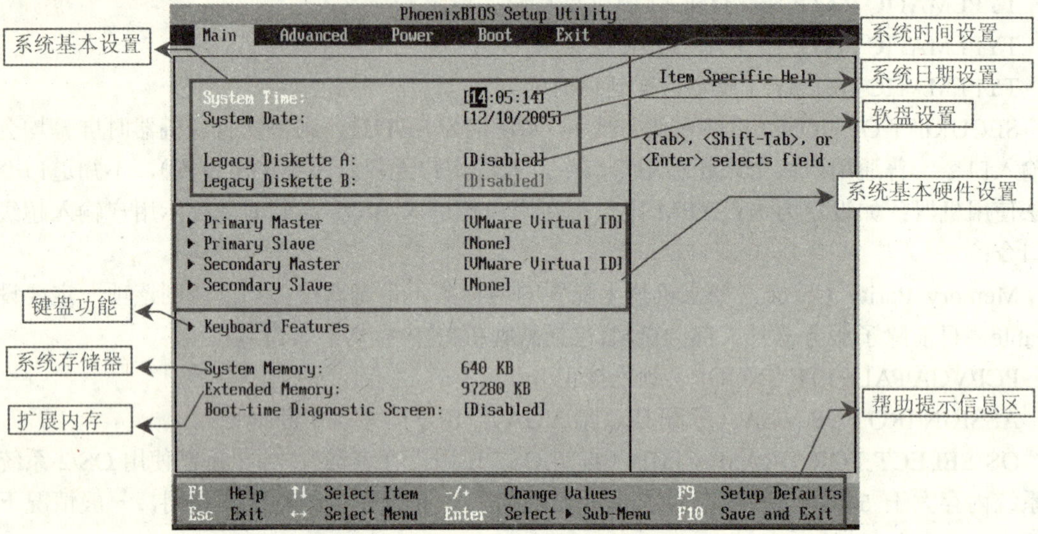

其中 Primary/Secondary IDE Master/Slave 是从主 IDE 装置。

如果主板支持 SATA 接口就会有 Third/Fourth IDE Mastert 或者更多，分别管理各个 IDE 驱动装置的，如硬盘、光驱等。因为各个主板的设置不同，所以在此就不再详细解说，但是这些一般不用用户自己去设置，一般用默认就可，如果有特殊要求，建议用户自己对照说明书的说明进行设置。

System Memory 是显示键盘特点信息的。

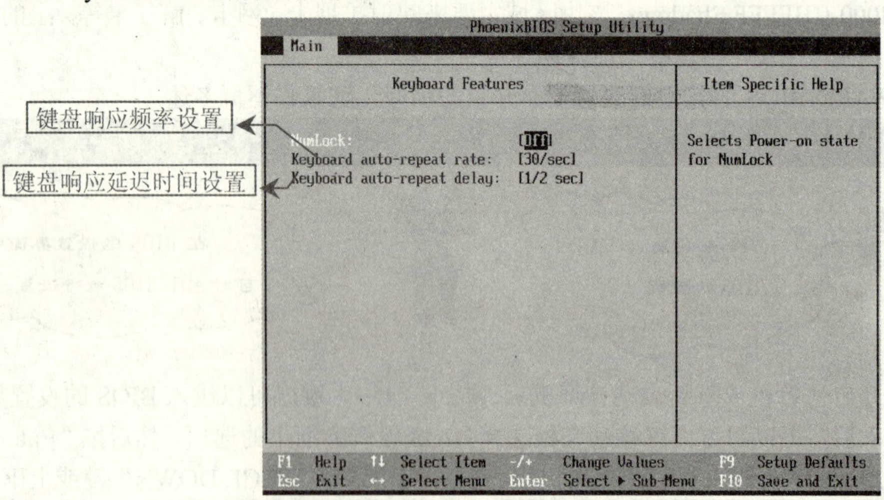

- **Advanced（进阶设置）**

如下图所示为设置 Advanced（进阶设置）界面。

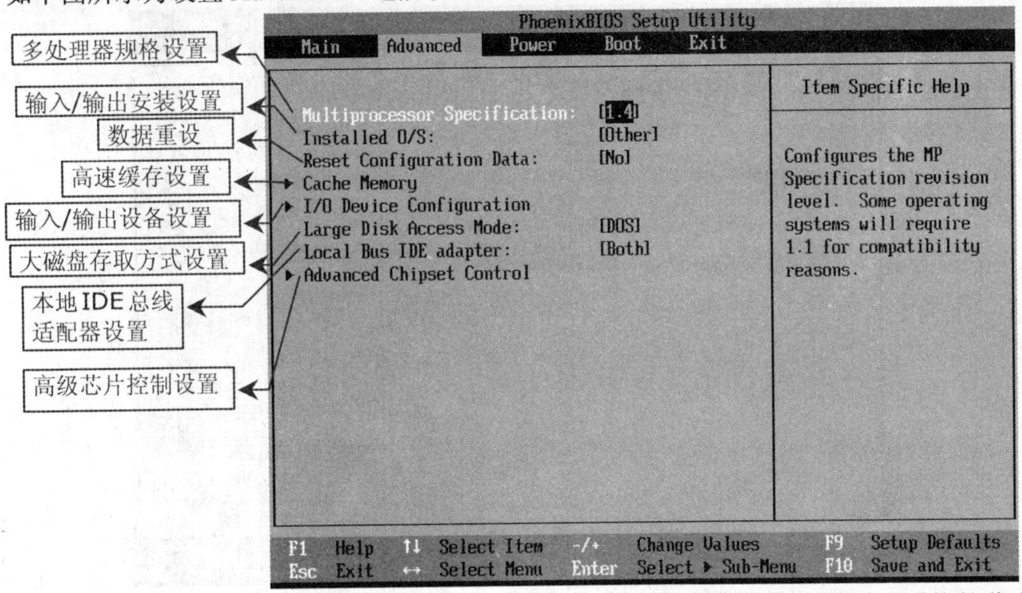

这里就是 BIOS 的核心设置了，初学者一定应注意设置，因为其直接关系到系统的稳定和硬件的安全，千万不可以盲目乱设置。

首先看到的是“Cache Memory”（不同品牌的主板有可能不同，也可能没有）在这里可以设置内存的一些参数，对于不同区域的随机存储器的设置分配。

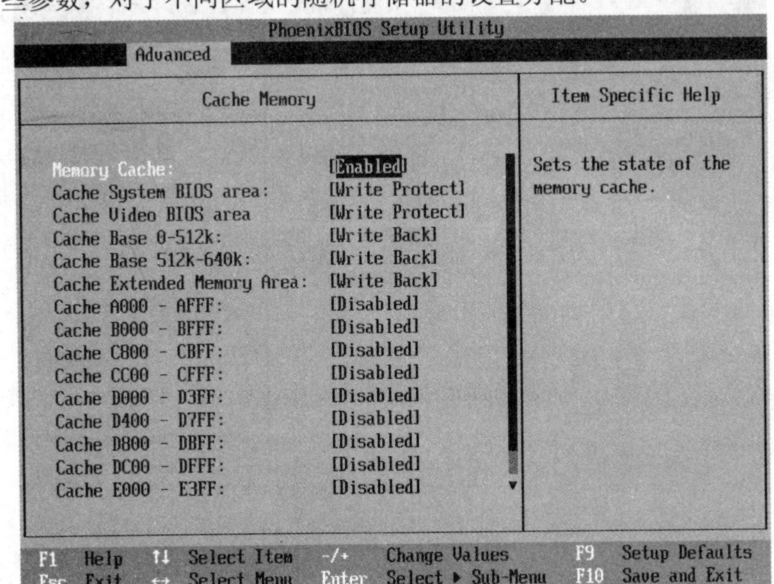

在设置 Advanced（进阶设置）界面中，还有一个“I/O Devrice Configuration”的选项，其中有一些选项，选择后会看到如下图所示。

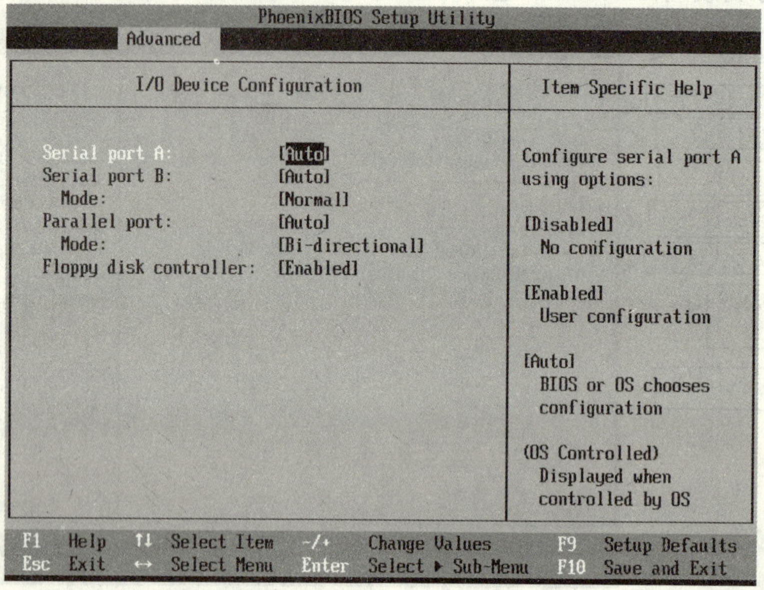

使用 Advanced（进阶设置）界面中的 Advanced Chipset Control（高级芯片控制设置）菜单，可以修改芯片组寄存器的值，优化系统的性能表现。

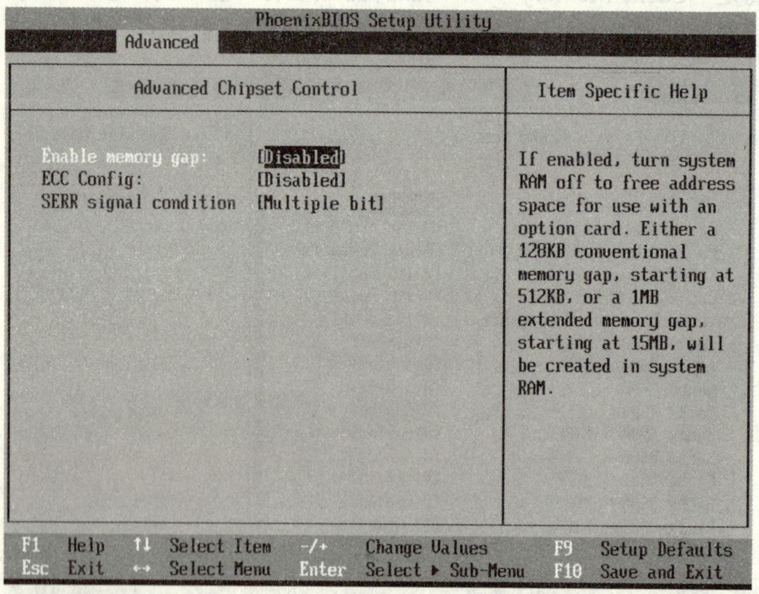

• Power（电源管理设置）

下图为电源管理设置的主界面，因为主板品牌不同，所以可能有些用户有上面的选项，主要有 APM Configuration（高级电源设置）和 Hardware Monitor（系统监控）两个选项。

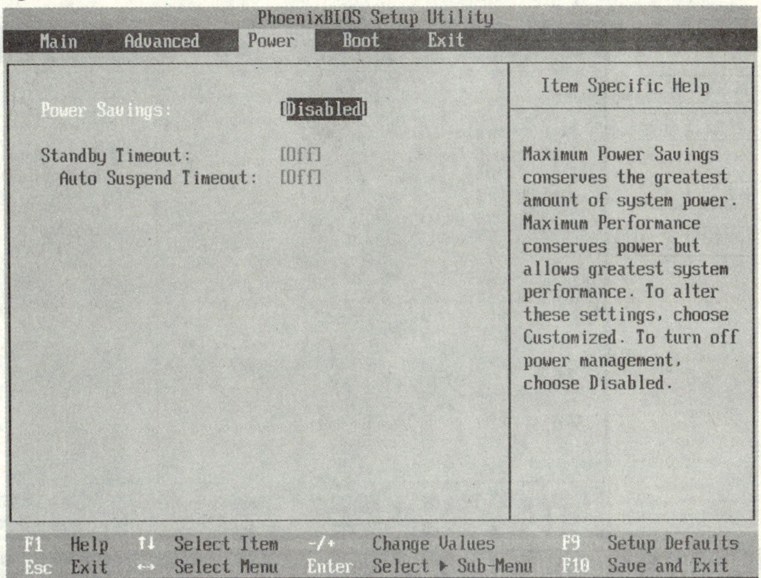

• Boot（启动设备设置）

Boot（启动设备设置）是更改系统启动装置和相关设置的，在 BIOS 中较为重要，所有设置如下图所示。

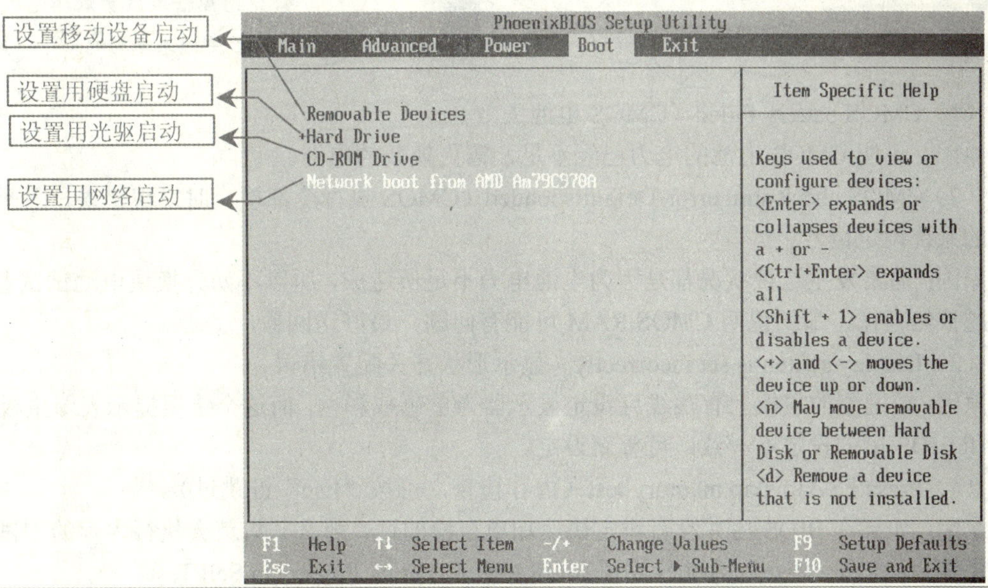

• EXIT（退出 BIOS 程序设置）

如下图所示，给出了 EXIT（退出 BIOS 程序设置）主界面。退出有一个更快捷的方法就是不管在那个设置里面都可以随时按“F10”键保存退出。

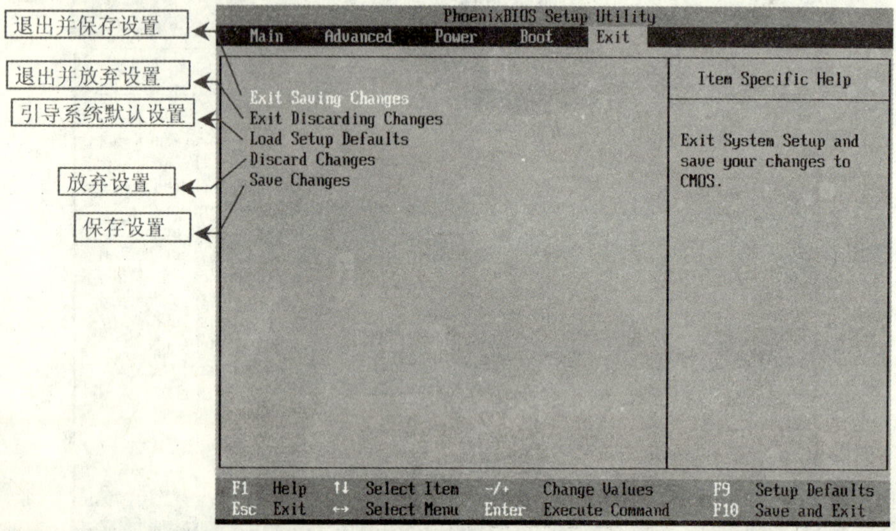

4.2.3 BIOS 常见错误信息和解决方法

（1）CMOS battery failed（CMOS 电池失效）

原因：说明 CMOS 电池的电力已经不足，需更换新的电池。

（2）CMOS check sum error-Defaults loaded（CMOS 执行全部检查时发现错误，因此载入预设的系统设定值）

原因：通常发生这种状况都是因为电池电力不足所造成，所以不妨先换块电池试试看。如果问题依然存在，那就说明 CMOS RAM 可能有问题，最好送回原厂处理。

（3）Display switch is set incorrectly（显示形状开关配置错误）

原因：较旧型的主板上有跳线可设定显示器为单色或彩色，而这个错误提示表示主板上的设定和 BIOS 里的设定不一致，可重新设定。

（4）Press ESC to skip memory test（内存检查，可按“Esc”键跳过）

原因：如果在 BIOS 内并没有设定快速加电自检的话，那么开机就会执行内存的测试，如果不想等待，可按“Esc”键跳过或到 BIOS 内开启 Quick Power On Self Test。

（5）Secondary Slave hard fail（检测从盘失败）

原因：1. CMOS 设置不当（如没有从盘但在 CMOS 里设有从盘）；2. 硬盘的线、数据线可能未接好或者硬盘跳线设置不当。

（6）Override enable-Defaults loaded（当前 CMOS 设定无法启动系统，载入 BIOS 预设值以启动系统）

原因：可能是在 BIOS 内的设定并不适合你的电脑（如像内存只能跑 100MHz 但让它跑了 133MH）这时进入 BIOS 设定重新调整即可。

（7）Press TAB to show POST screen（按“TAB”键可以切换屏幕显示）

原因：有一些 OEM 厂商会以自己设计的显示画面来取代 BIOS 预设的开机显示画面，而此提示就是要告诉使用者可以按“TAB”键来把厂商的自定义画面和 BIOS 预设的开机画面进行切换。

（8）Resuming from disk，Press TAB to show POST screen（从硬盘恢复开机，按“TAB”键显示开机自检画面）

原因：某些主板的 BIOS 提供了 Suspend to disk（挂起到硬盘）的功能，当使用者以 Suspend to disk 的方式来关机时，那么在下次开机时就会显示此提示消息。

4.3 硬盘分区与格式化

在安装操作系统之前，必须对新硬盘进行分区和格式化。但是对硬盘的规划和分区的大小并没有一条固定的规则，因而可以根据自己的需要自行划分。硬盘分区后还不能够存储数据，必须经过格式化（确切地说应该是高级格式化）后才能够存储数据。

4.3.1 硬盘分区概述

硬盘分区总的来说可以分为基本分区和扩展分区。

基本分区也叫主分区，它在物理磁盘中可以被标为激活，并且被系统用于引导计算机的磁盘分区。在 Windows NT 下，每个物理硬盘最多只能存在四个基本分区，多个基本分区的目的是为分隔不同的操作系统，基本分区不能再划分子分区，所以基本分区只能有一个盘符，没有逻辑盘的概念。

硬盘中引入扩展分区的目的就是为突破一个硬盘上只能有四个分区的限制，通过扩展分区，可以给硬盘划分出多于四个逻辑分区。扩展分区必须在自由空间中建立，一个硬盘上只能有一个扩展分区，所以对硬盘分区时，如果没有建立非 DOS 分区的需要（例如安装 Linux，需要建立 Ext2 分区），一般来说是将基本分区之外的自由空间全部分配给扩展分区，然后再在扩展分区中创建逻辑分区。硬盘主分区、扩展分区和逻辑分区的关系如下图所示。

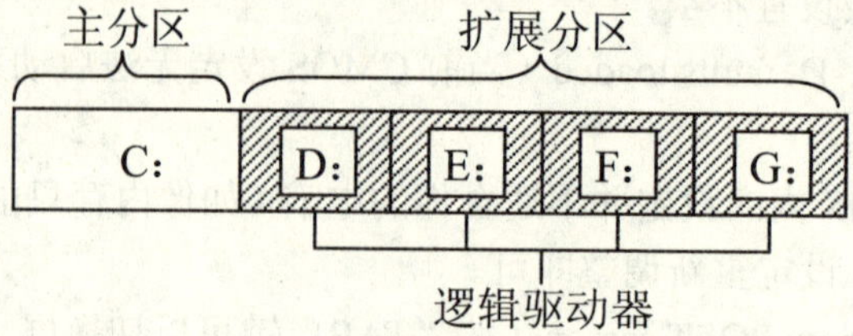

在对硬盘进行分区时，有一个很重要的概念，就是选择合适的文件系统。电脑发展至今，出现许多文件系统格式。就 Windows 系统而言，它就经历从 FAT16→FAT32→NTFS 的演变。

FAT16 是一种早期出现的文件系统，几乎所有的操作系统都支持这一格式。但它最大的缺点是不支持大容量硬盘。FAT32 是 FAT16 文件系统的增强版本，支持 32 位体系结构，允许单个分区的容量高达 2MM（2T）字节。至于 NTFS，它是 Windows NT 系统推荐使用的一种文件系统，在安全性方面，NTFS 要比 FAT16 和 FAT32 高许多。此外，Linux 还有自己的文件系统，它支持的分区格式有 Ext2、Ext3 等，而 OS/2 也自有一套文件系统，它支持的分区格式为 HPFS……正因为有这么多文件系统，所以在硬盘分区时一定要选择一个合适的文件系统格式。

计算机存储单位

在计算机中，单位 KB、MB、GB、TB 都是用来表示数量单位的，它们的关系如下：

1KB＝1 024B

1MB＝1 024KB

1GB＝1 024MB

1TB＝1 024GB

4.3.2 硬盘分区格式

在对计算机硬盘进行分区时，可选择多种分区格式，下面将对其进行简单介绍。

·FAT12 格式

FAT12 格式是一种非常“古老”的磁盘分区方式（与 DOS 同时问世），它采用 12 位的文件分区表，能够管理的磁盘容量极为有限，目前除软盘驱动器还在采用 FAT12 之外，它基本上已经没有什么用武之地。

• FAT16 格式

MS-DOS 及旧版本的 Windows 95 大多是 FAT16 格式，它采用 16 位的磁盘分区表，所能管理的磁盘容量较 FAT12 有较大提高，最大能支持 2GB 的磁盘分区，磁盘的读取速度也较快，是目前应用非常广泛的一种分区形式。FAT16 有一个非常独特的优点，那就是它的兼容性非常好，几乎所有的操作系统（如 DOS、Windows 95、Windows 98、Windows NT、Linux 等）都支持该分区模式，同时很多使用多种操作系统的用户都是利用它在不同操作系统中进行数据交流和交换的。

FAT16 的缺点也非常明显，就是磁盘利用效率较低——在 DOS 及 Windows 系统中，磁盘文件的分配是以“簇”为单位的，一个“簇”只能分配给一个文件使用（即使该“簇”的容量有 32KB，而某个文件仅仅占用其中的一个字节也不例外），这就不可避免的导致磁盘空间的浪费（“簇”中没有被使用的容量就被浪费）。而从理论上来说，平均每个文件所浪费的磁盘空间为簇容量的一半，即一个“簇”的容量若为 4KB，那么每个文件所浪费的空间就是 2KB，若一个“簇”容量为 32KB，那么每个文件所浪费的空间就是 16KB。由于分区表容量的限制，FAT16 的分区容量越大，则磁盘上每个“簇”的容量就越大，浪费的磁盘空间也就跟着呈几何级的增长。

• FAT32 格式

FAT32 格式正是为了解决 FAT16 所产生的问题，微软公司从 Windows 95 OSR2（Windows 97）起推出一种新的文件分区模式 FAT32。FAT32 采用 32 位的文件分配表，管理硬盘的能力得以极大地提高，轻易地突破 FAT16 对磁盘分区容量的限制，达到创纪录的 2 000GB，从而使得无论使用多大的硬盘都可以将它们定义为一个分区，极大地方便广大用户对磁盘的综合管理。更重要的是，在一个分区不超过 8GB 的前提下 FAT32 分区每个“簇”的容量都固定为 4KB，这就比 FAT16 要小许多，从而使得磁盘的利用率得以极大地提高。如同样是前面那个 2G 的磁盘分区，采用 FAT32 之后，其每个“簇”的大小变为 4K，这就使得每个文件平均所浪费的磁盘空间降为 2K，假设硬盘上保存着 20 480 个文件，则浪费的磁盘空间为 20 480×2/1 024=40M。一个要浪费 320M ，另外一个仅浪费 40M，由此可见 FAT32 的效率之高。

当然，FAT32 也不是十全十美的，其主要有以下缺点：

（1）FAT32 的兼容性不太好，目前只有 Windows 97、98 以及 Windows 2000/XP 支持 FAT32，其他操作系统（如 DOS、Linux 等）都不支持 FAT32，这就影响用户数据的交流。

（2）由于文件分配表的扩大，使得 FAT32 的磁盘运行速度相对来说较 FAT16 要慢一些（在 Windows 图形界面下反映得并不明显，但在安全模式及 MS-DOS 状态下将会显出较大的差距）。

（3）FAT32 能在某些磁盘操作方式上对系统进行修改，从而使得某些常规磁盘操作不能继续进行（如 FAT32 不支持磁盘压缩技术，不能对采用 FAT32 的分区进行压缩、不能在 FAT32 中使用旧磁盘处理程序等）。有特殊要求的用户（如在使用 Windows 98 的同时还需要使用 DOS 的用户）绝对不能轻易地将所有的磁盘分区全部转换为 FAT32 格式。

· **NTFS 格式**

NTFS 格式是 Windows NT 所采用的一种磁盘分区方式，它虽然也存在着兼容性不好的问题（目前仅有 Windows NT 以上的操作系统才支持 NTFS，其他操作系统都不支持），但它的安全性及稳定性却独树一帜——NTFS 分区对用户权限作出非常严格的限制，每个用户都只能按照系统赋予的权限进行操作，任何试图超越权限的操作都将被系统禁止，同时它还提供容错结构日志，可以将用户的操作全部记录下来，从而保护系统的安全。另外，NTFS 还具有文件级修复及热修复功能、分区格式稳定、不易产生文件碎片等优点，这些都是其他分区格式所不能企及的。这些优点进一步增强系统的安全性。

· **HPFS 格式**

HPFS 是一个已经“没落”的操作系统——IBM 的 OS/2 所使用的磁盘分区格式，它在很多方面都与 Windows NT 所使用的 NTFS 格式非常相似，鉴于目前国内很少有人使用 OS/2，这里就不作详细介绍。

· **Linux 格式**

Linux 格式是免费操作系统 Linux 所使用的分区格式，它可细分为 Linux native 主分区和 Linux swap 交换文件分区等两种。与 NTFS 一样，Linux 分区的安全性及稳定性都比较好（它们之间并不兼容），准备安装 Linux 的用户最好采用 Linux 格式。

4.3.3 用 Fdisk 进行分区

Fdisk.exe 程序，是一个 DOS 程序，Windows 系统的启动盘一般都带有该程序。用 Fdisk 创建分区必须按照如下顺序进行：建立主分区→建立扩展分区→在扩展分区中建立逻辑分区→设置活动分区。

· 创建主分区

在对硬盘进行分区时，创建主分区的具体操作步骤如下：

1　将计算机设置为光盘或软盘启动，在 A 盘提示符下输入“Fdisk”命令，按“Enter”键运行该命令，如下图所示。

2　在上图界面中输入字母“Y”，再按“Enter”键确认采用 FAT32 文件系统创建分区，进入如下图所示的分区主菜单界面。

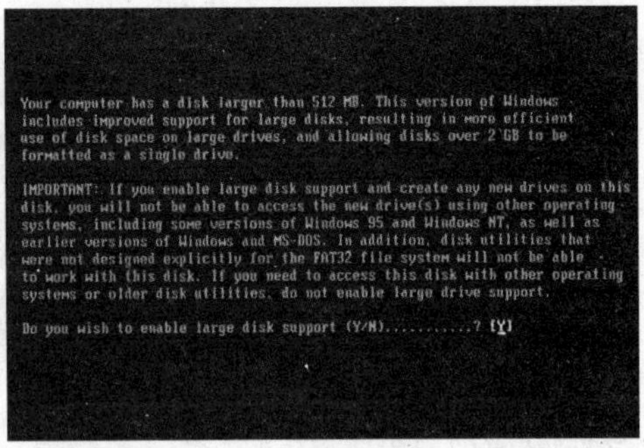

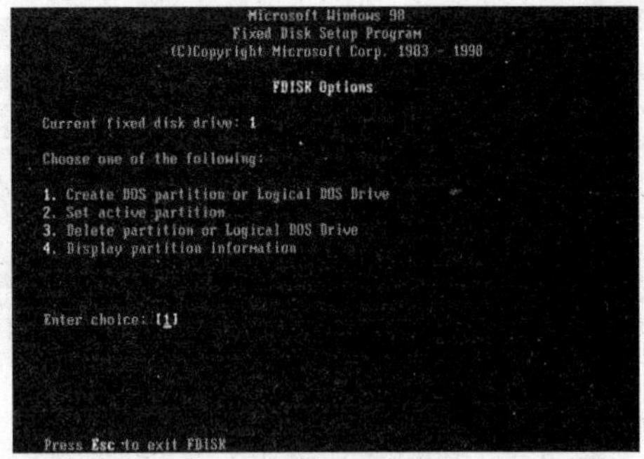

提示：在分区主界面菜单中各选项意义如下。

（1）创建主分区或逻辑分区。（2）设置活动分区。（3）删除分区。（4）显示分区信息。

3 在分区主菜单界面中按数字键“1”，再按“Enter”键进入创建分区菜单界面。

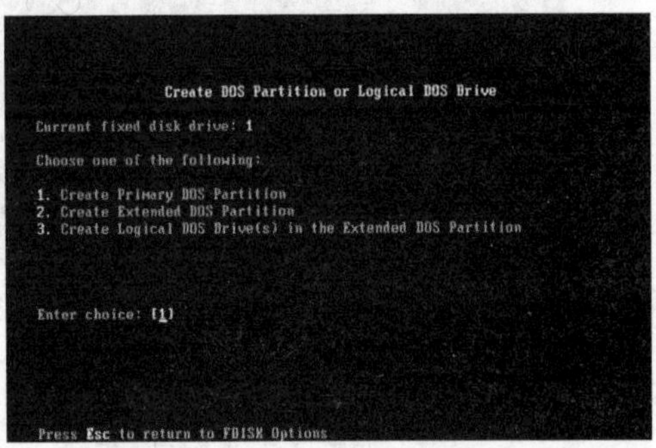

4 在创建分区菜单界面中选择“1”，再按 Enter 键进入磁盘检测阶段，完成后将询问是否将所有的硬盘空间划分为主分区，此时可以输入字母“N”，按 Enter 键确定。

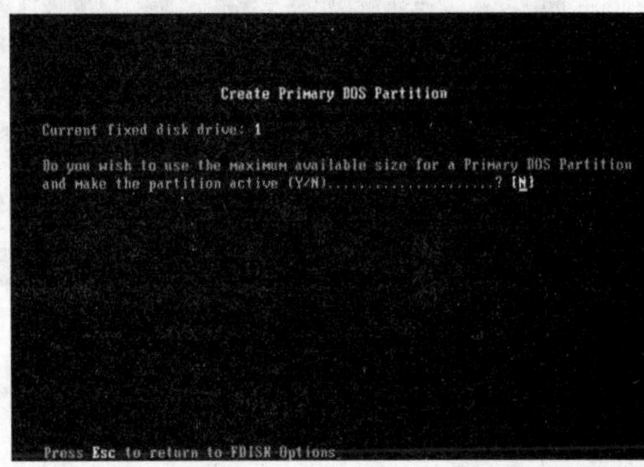

提示：在创建分区界面菜单中各选项意义如下。

（1）创建主分区。（2）创建扩展分区。（3）创建逻辑分区。

5 确认不需要将所有的硬盘空间划给主分区后，将进入设置主分区容量大小界面。

6 输入分区容量后，按“Enter”键确认分区大小，再按“Esc”键返回到分区主界面菜单。在主界面菜单中按数字“2”，然后按“Enter”键进入选择激活分区界面，在该界面中选择活动分区，单击回车键即可。

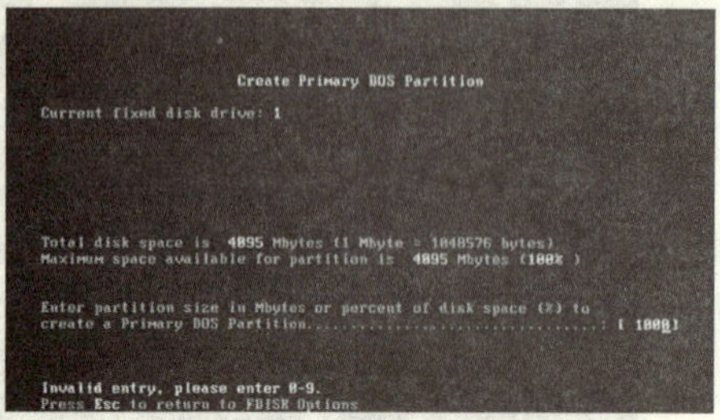

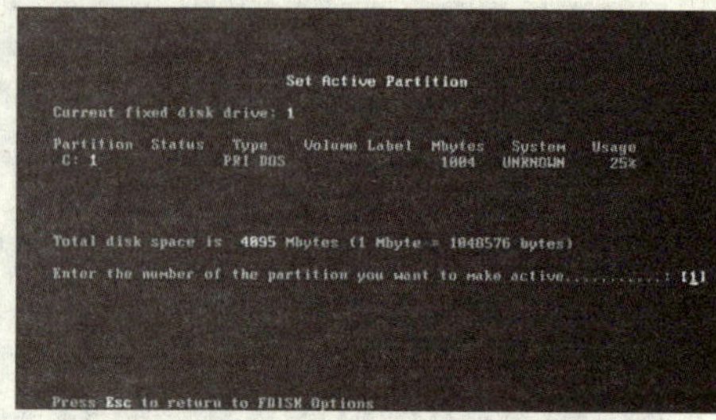

提示：活动分区也就是引导分区，必须是主分区，以后将利用此分区引导操作系统。

·创建扩展分区

在对硬盘进行分区操作过程中，创建扩展分区的具体操作步骤如下：

1 主分区创建完成后，按“Esc”键返回到分区主界面菜单。

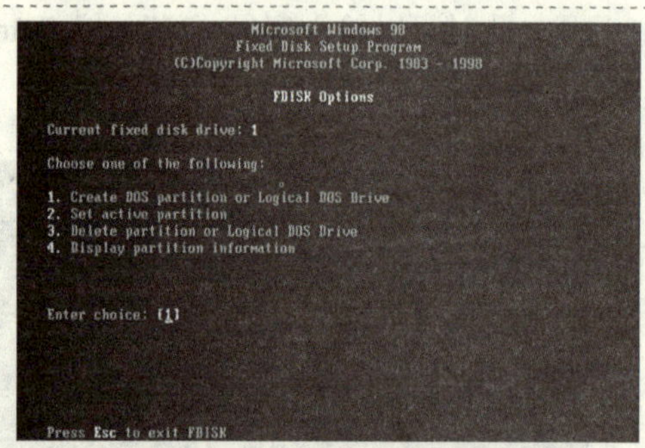

2 在分区主界面菜单中按数字键“1”，在弹出的创建分区菜单界面中按数字“2”。

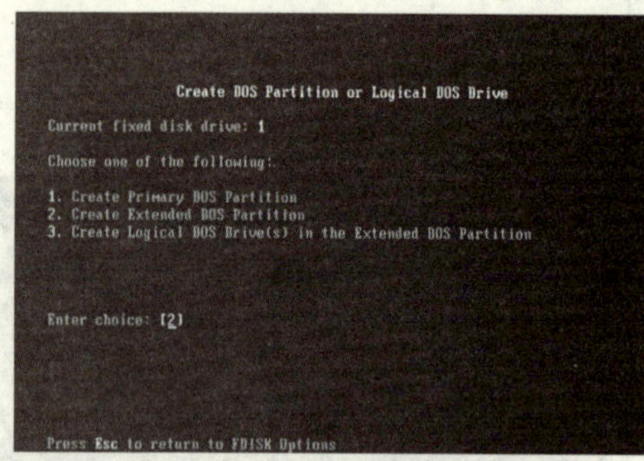

3 选择创建扩展分区项后，按“Enter”键确认选择，将进入设置扩展分区容量界面。

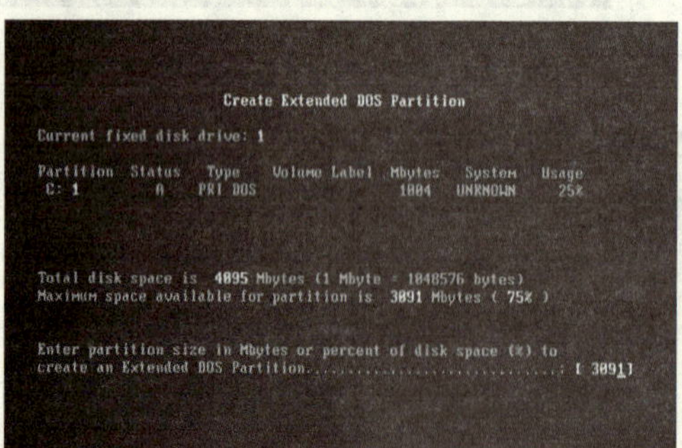

提示：

如果磁盘分区只有主分区和扩展分区两种，并且将剩下的所有空间划分为扩展分区，则直接按“Enter”键即可。

建逻辑分区

在对硬盘进行分区操作过程中，创建逻辑分区的具体操作步骤如下：

1 创建扩展分区完成后，按“Esc”键将自动创建逻辑分区（多个逻辑分区统称为扩展分区），即 D 盘，并设置 D 盘的容量大小。

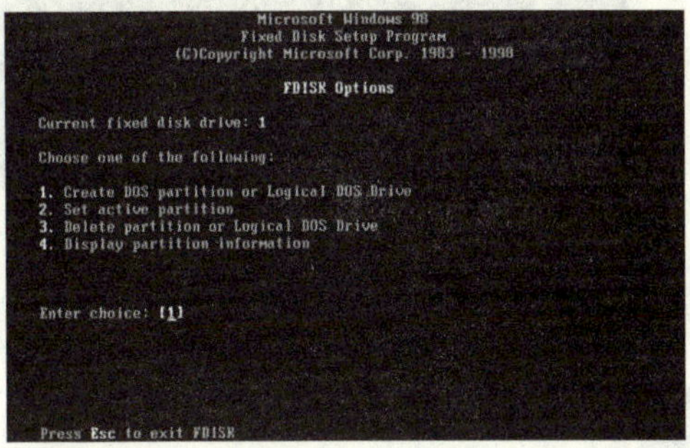

2 输入 D 盘容量后，按“Enter”建确认操作，将自动进入下一逻辑分区（E 盘）容量设置界面。

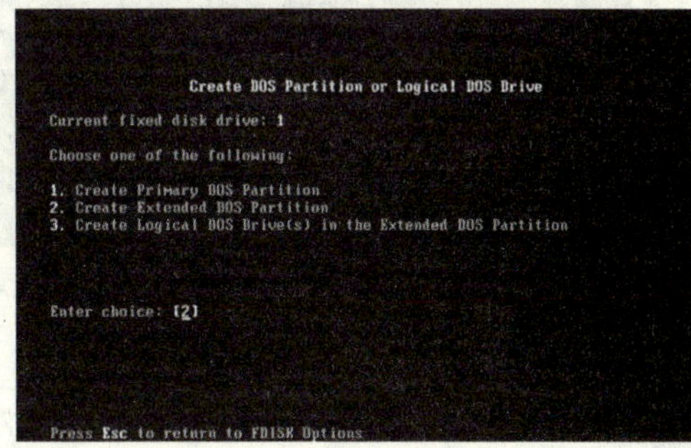

3 创建好扩展分区后，按“Esc”键返回分区主界面菜单，按数字键“4”，再按“Enter”键即可查看已创建的分区，若在分区主界面菜单中按“Esc”键，则会出现“需重启计算机”提示。

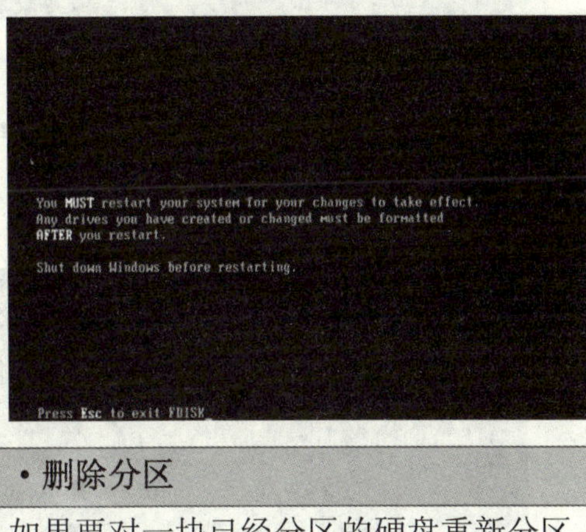

4 按“Esc”键返回到 DOS 提示符下，或直接按“Ctrl+Alt+Delete”组合键重新启动计算机，以上分区操作即将完成。

• 删除分区

如果要对一块已经分区的硬盘重新分区，则必须先删除原有的分区，其顺序如下：删除非 DOS 分区→删除逻辑分区→删除扩展分区→删除主分区（除非安装了非 Windows 的操作系统，否则不会产生非 DOS 分区），删除分区的具体操作步骤如下：

1 在 FDISK 主界面中选“3”，然后按“Enter”键。

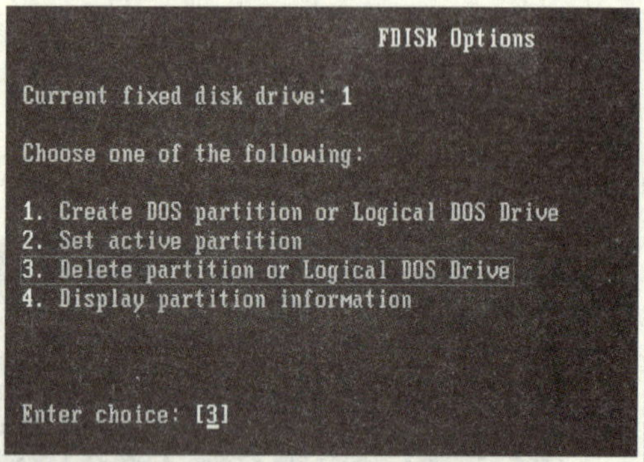

2 在主界面选择“3”后，进入删除分区界面。

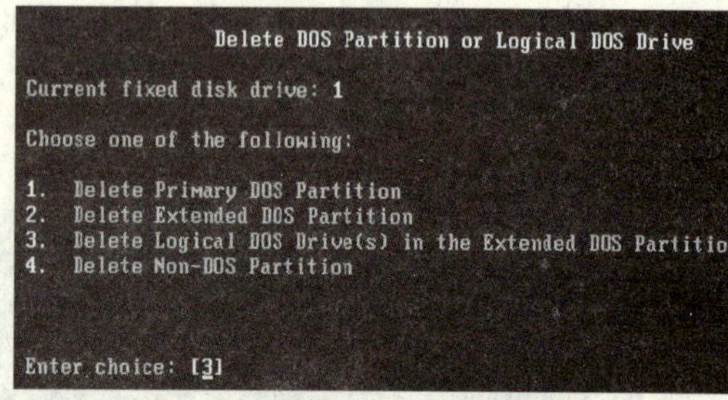

提示：在删除分区界面菜单中各选项意义如下。

（1）删除主分区。（2）删除扩展分区。（3）删除逻辑分区。（4）删除非 DOS 分区。

3 输入将要删除的逻辑分区盘符，然后按“Enter”键。

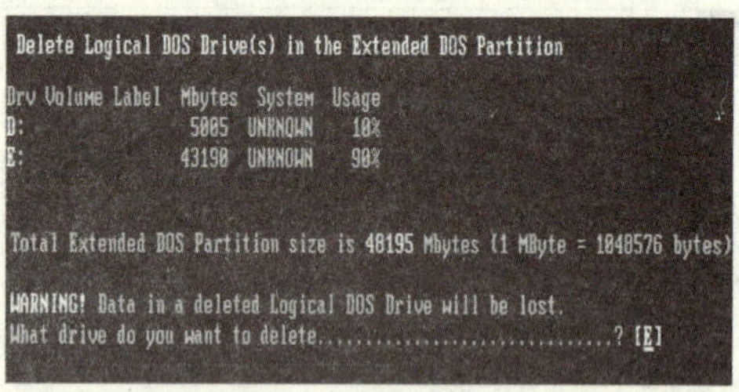

4 敲入该分区的盘符（卷标），无则留空，然后按“Y”确认删除。

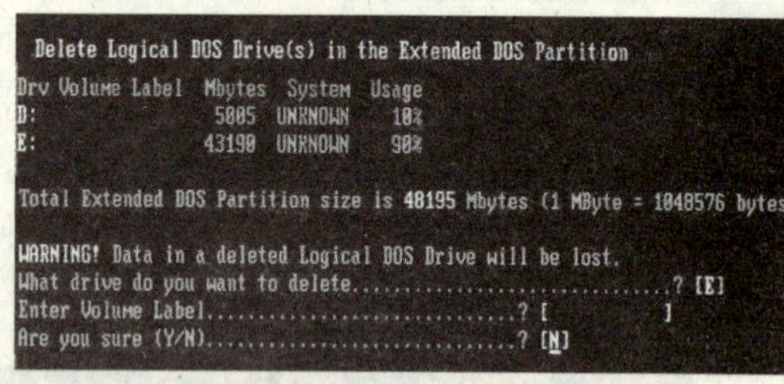

5 重复步骤 2、3、4，可将所有逻辑分区删除。

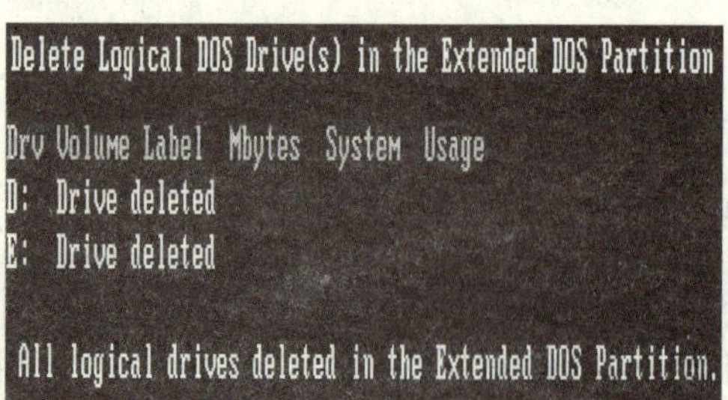

6 返回到主菜单，再次选“3”，预备删除扩展分区。然后选“2”，再按“Enter”键。

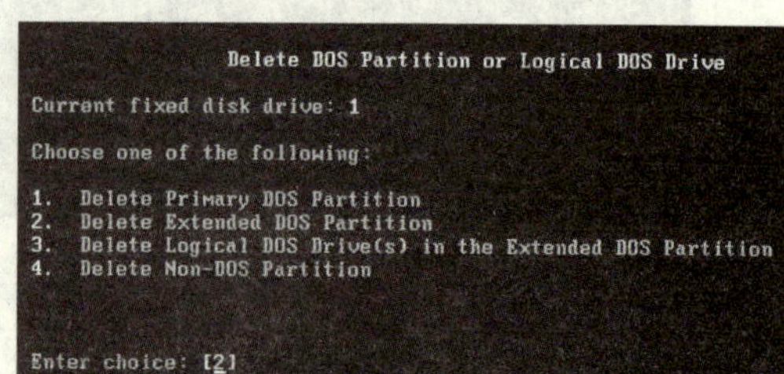

7 在预备删除扩展分区界面中，若要确认删除，则按“Y”键。

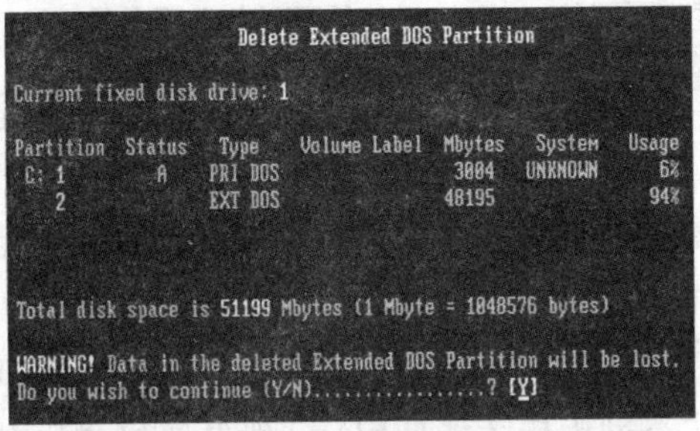

8 在步骤（7）中输入“Y”，并按回车键后，会显示扩展分区已经删除。

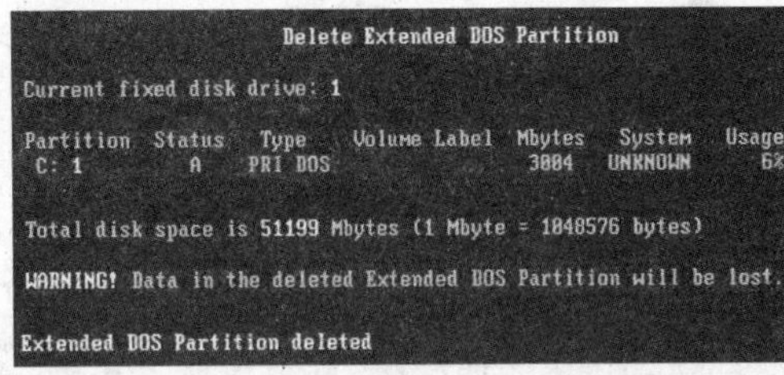

9 返回到主菜单，依旧选“3”，在弹出的界面中选“1”，进行删除主分区操作。

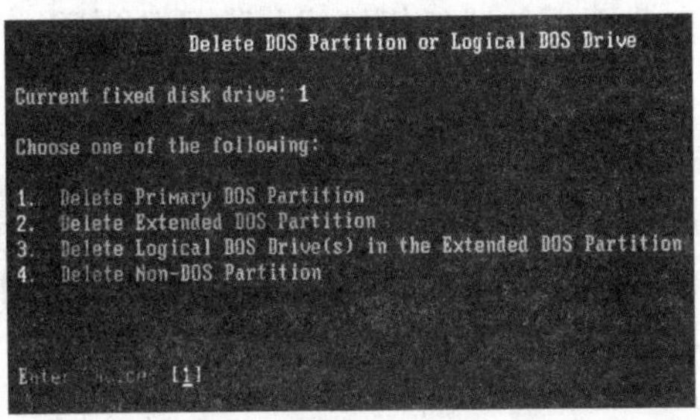

10 在弹出的界面中按“1”，表示删除第一个主分区（当有多个主分区时，需要分别删除）。

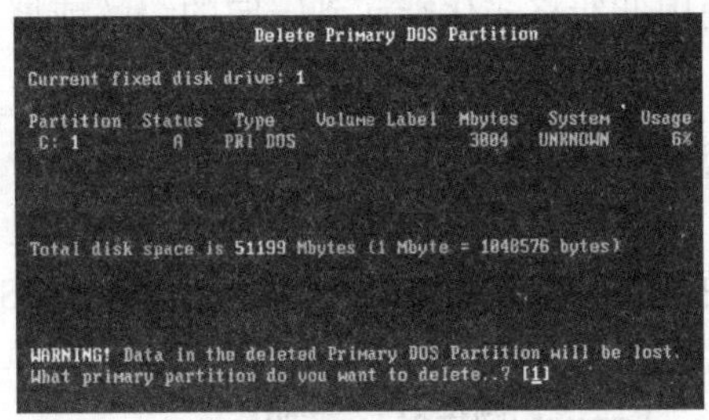

11 在弹出的界面中按“Y”确认删除主分区。

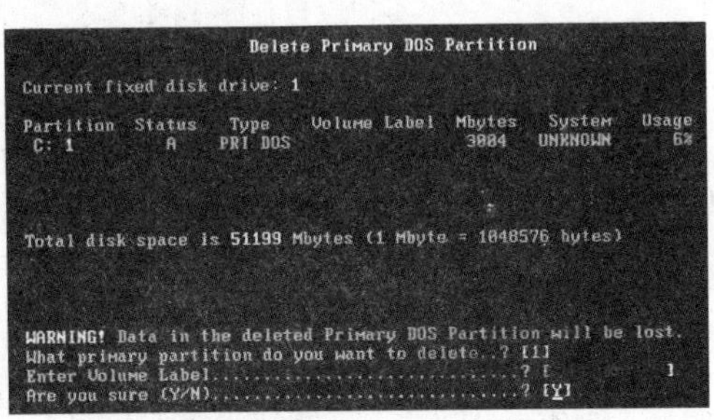

12 执行上述操作后，将弹出“删除主分区界面”，重新启动计算机后，对硬盘的分区操作将生效。

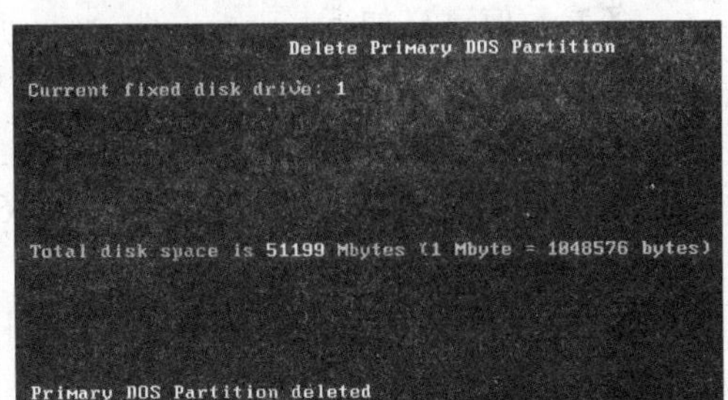

4.3.4 硬盘格式化

硬盘分区后还不能用于存储数据，只有经过高级格式化（通常简称格式化或高格）后才可以。平时重新安装操作系统前经常都会格式化硬盘，然后再安装系统。

·低级格式化

硬盘要经过低级格式化、分区、高级格式化三个过程后才能使用，一般低级格式化在出厂的时候就已经完成，对于一般用户来说，购置新硬盘后，只要进行分区和高级格式化后就可以使用。

硬盘低级格式化是对硬盘最彻底的初始化方式，经过低级格式化后的硬盘，原来保存的数据将全部丢失，所以只有在必要的时候才会低级格式化硬盘。当硬盘出现某种类型的坏道时，使用低级格式化能起到一定的缓解或屏蔽作用。在此不再叙述低级格式化的具体步骤。

·高级格式化

在对硬盘进行格式化时，一般情况下采用 Format 命令。Format 是微软公司推出的格式化硬盘工具，它与 Fdisk 一样，是自 DOS 时代以来一直沿用至今的产品，是平时格式化硬盘最常用的工具之一。Format 以其操作简单、使用方便、功能强大而受到用户的欢迎。

Format 的命名格式如下：

```
FORMAT drive: [/V:[label]] [/Q] [/F:size] [/B | /S]
FORMAT drive: [/V:[label]] [/Q] [/T:tracks /N:sectors] [/B | /S]
FORMAT drive: [/V:[label]] [/Q] [/1] [/4] [/B | /S]
FORMAT drive: [/Q] [/1]] [/4] [/8] [/B | /S]
```

各参数值意义如下：

/V:[label] 指定卷标。

/Q 执行快速格式化。

/F:size 指定要格式化的软盘大小（160、180、320、360、720、1.2、1.44、2.88）。

/B 为系统文件预留空余空间。

/S 复制系统文件到被格式化的磁盘上。

/T:tracks 为磁盘指定每面磁道数。

/N:sectors 指定每条磁道的扇区数。

/1 格式化单面软盘。

/4 在高密度驱动器内格式化 5.25 英寸（133.35mm）360KB 软盘。

/8 每条磁道格式化 8 个扇区。

其具体操作步骤如下：

（1）用软盘（光盘）引导计算机，在 DOS 提示符下键入“Format C:/S”，按回车键，准备格式化 C 盘。Format 程序会显示提示语：“C 盘上所有的数据将丢失！”直接输入“Y”，按回车键。

（2）开始格式化 C 盘。通过不断变化的数字可以知道当前格式化的进度。完成后，Format 程序将把启动计算机必需的文件也传送到 C 盘，然后提示输入 C 盘的卷标。这个卷标就是该盘的别名，在这里可以输入任意字符，但注意长度不要超过个 11 字符，也可以直接按回车键取消卷标。

（3）C 盘格式化完成后，Format 程序还会给出该分区的部分信息，如“磁盘容量”、“系统占用的空间”、“磁盘的剩余空间”、“卷标序列号”等等。

4.4 操作系统安装与维护

一台完整的计算机，除了有相应的硬件设备，还需要对其安装相应的操作系统以及各种驱动程序，在本小节中将具体探讨操作系统、驱动程序的安装以及对操作系统的简单维护。

4.4.1 操作系统的安装

安装 Windows XP 可以选择三种安装类型，为了方便初学者，本节以全新安装为例进行介绍，其具体安装步骤如下：

1 开启电脑电源，进入 BIOS 设置，设置电脑从光驱启动，重新启动后，将 Windows XP 的安装光盘放入光驱中，开始 Windows XP 的安装，首先进入如下图所示的界面。

2 在上一界面中按“F8”功能键，同意 Windows XP 许可协议后，弹出如下图所示的界面，在该界面中显示 Windows 正在加载文件。在界面的底部显示加载的信息。此时需等待一些时间。

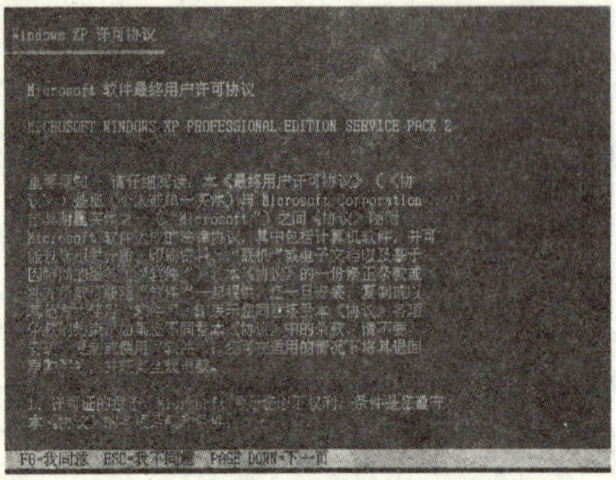

3 设备检测完毕后，系统自动进入“选择 Windows XP 安装的硬盘分区”界面。

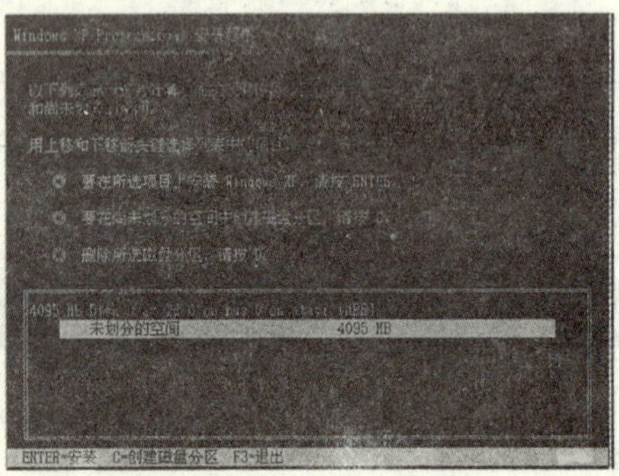

4 按“C”键后，进入“创建磁盘分区”界面，在此界面中可以根据硬盘情况设置系统安装所在盘的大小。

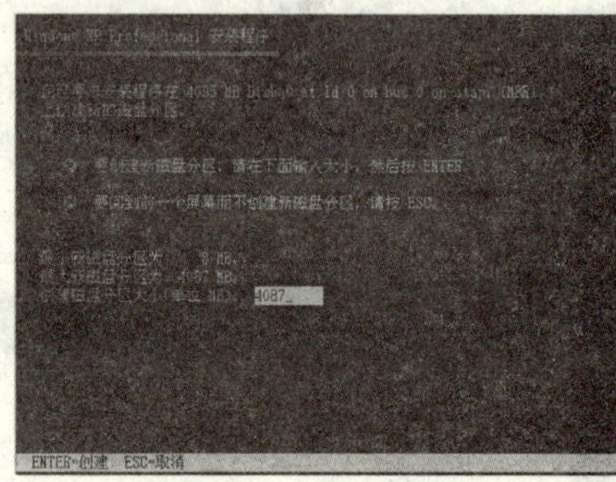

5 设置完大小后，按回车键，返回系统安装磁盘选择界面，在此界面中可以看到新划分的磁盘分区。

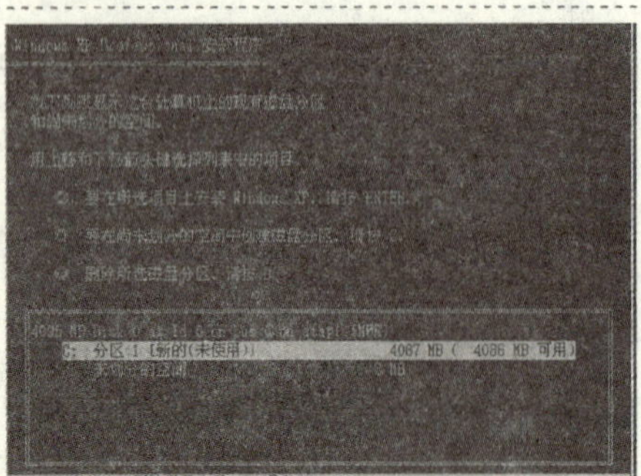

6 在上一步骤中，选择新的分区，然后按回车键，进入“磁盘格式化”界面，在此界面中可以用“↑、↓”键选择格式化方式。

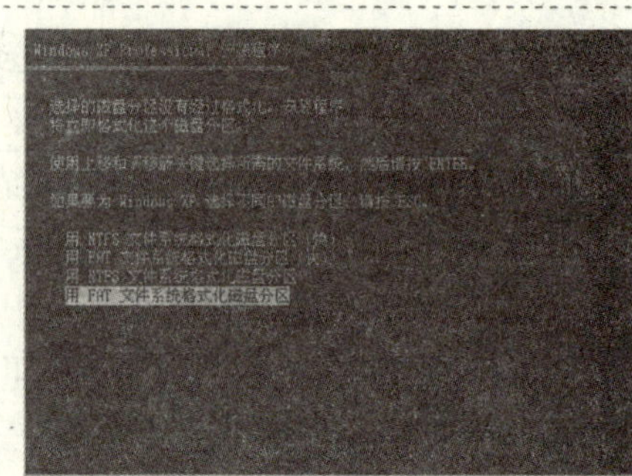

7 在上一步骤中，选定格式化方式后，按回车键，进入如下图所示界面。

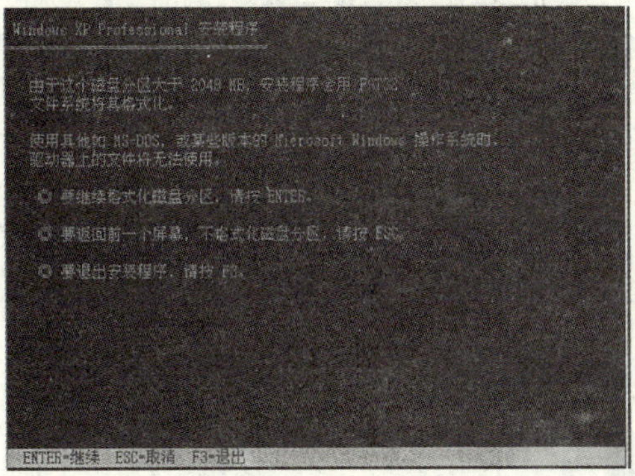

8 在上一界面中，按回车键，系统将开始格式化磁盘。

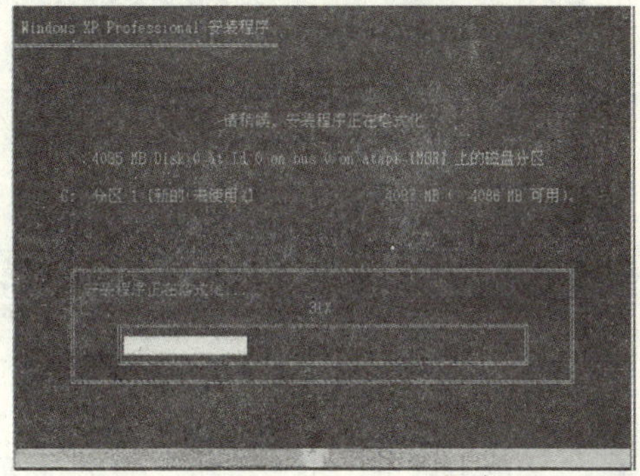

9 格式化完成后，安装程序即开始复制文件。此过程需要较长的一段时间，需耐心等待。

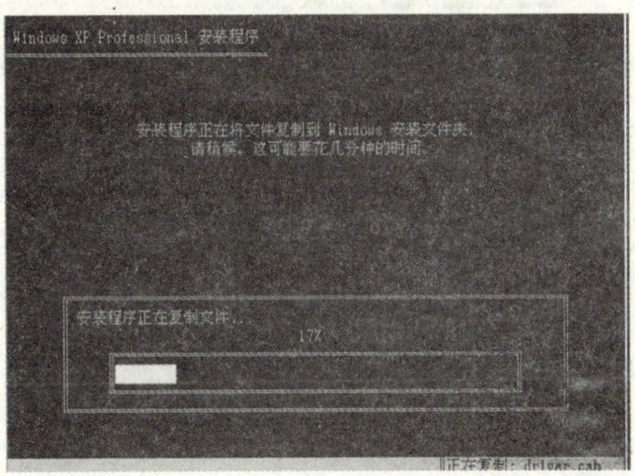

10 文件复制完成后，弹出如下图所示的界面，显示将在 5 秒之内重新启动。

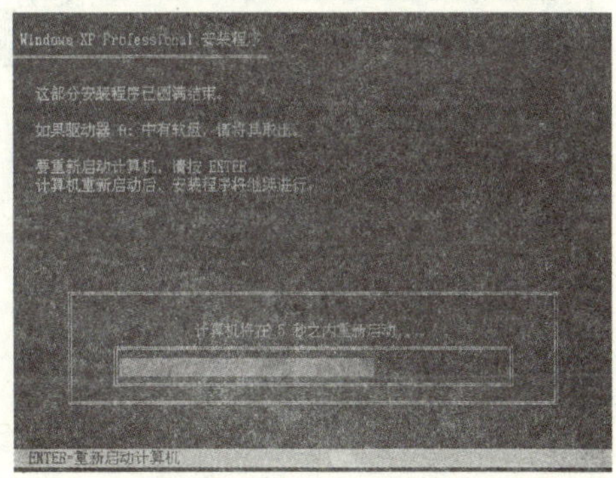

11 系统将重新启动，然后进入 Windows XP 的安装界面，此安装过程大概需要 30 分钟左右。

12 系统在安装过程中，将弹出对话框，在该对话框中可以单击“自定义”按钮，设置“区域和语言选项”；单击“详细信息”按钮，设置“文字输入语言”。通常在此对话框中不进行设置。

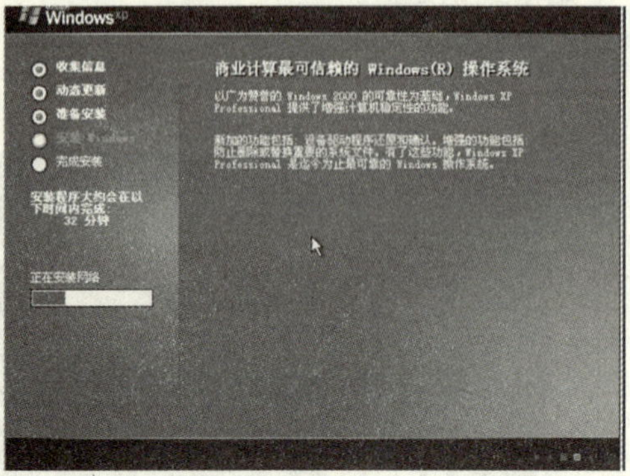

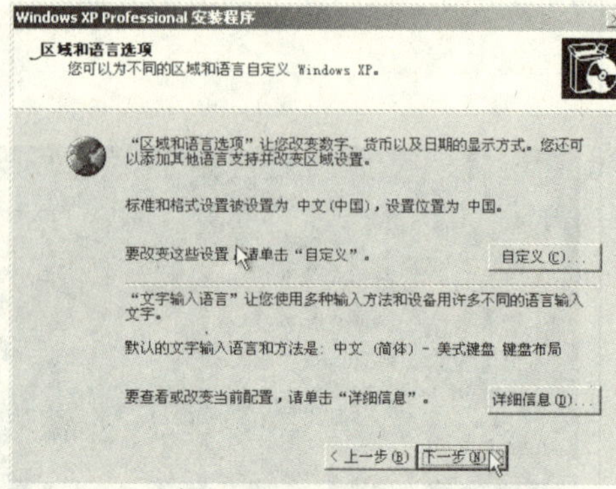

13 单击“下一步”按钮，弹出对话框，输入自己的姓名或单位名称，也可以不输入。

14 单击“下一步”按钮，弹出对话框，输入获得的产品密钥。

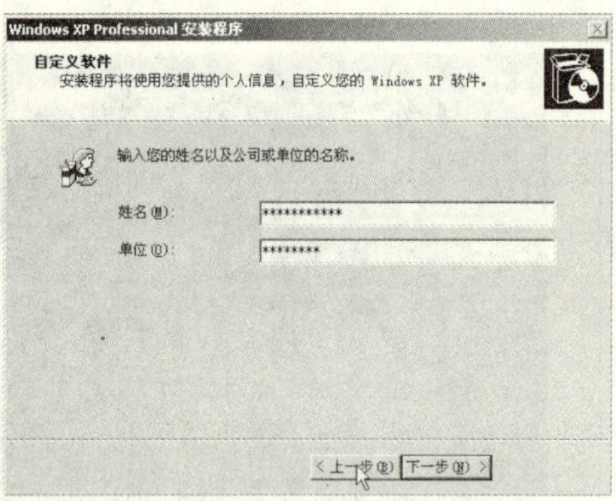

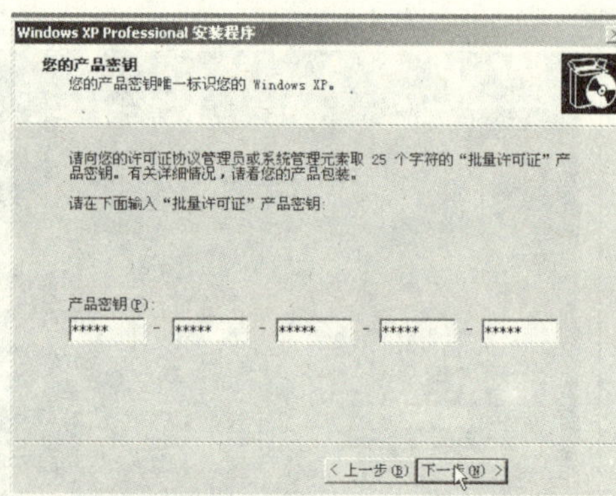

15 单击“下一步”按钮，弹出对话框，在该对话框中可以为计算机重新命名，并设置系统管理员密码。

16 设置完成后，单击“下一步”按钮，弹出如对话框，在该对话框中可以选择“时区”及设置“日期和时间”。

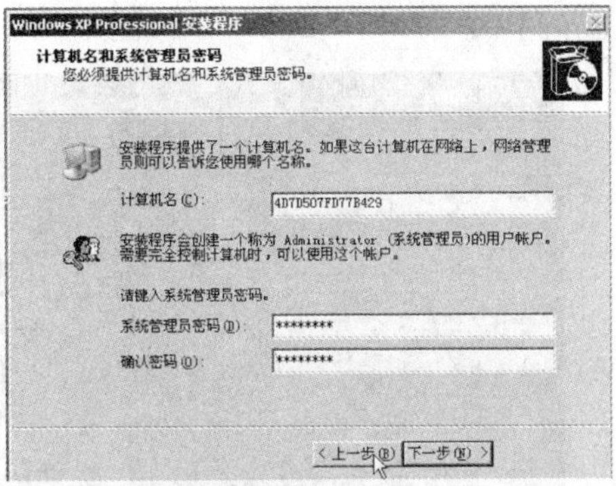

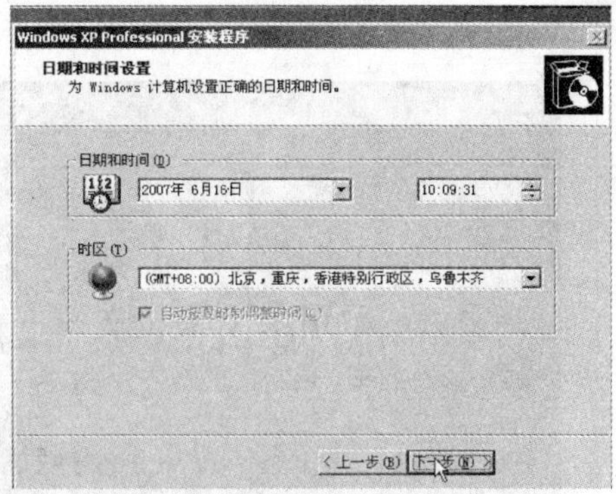

17 在系统安装过程中，Windows XP 开始安装网络时界面如下图所示。

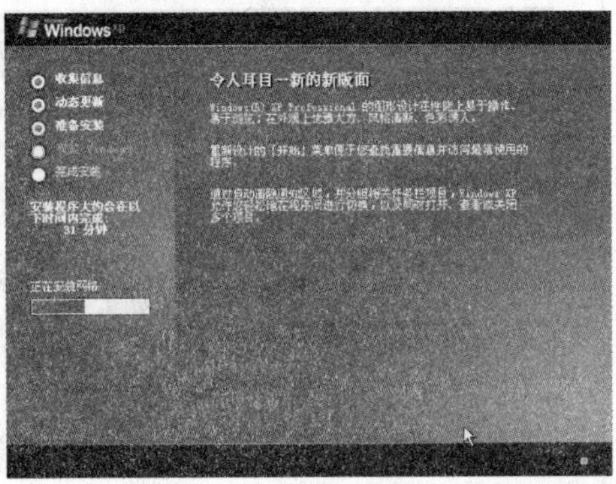

18 在安装网络过程中，将弹出对话框，在该对话框中选择“典型设置”选项。

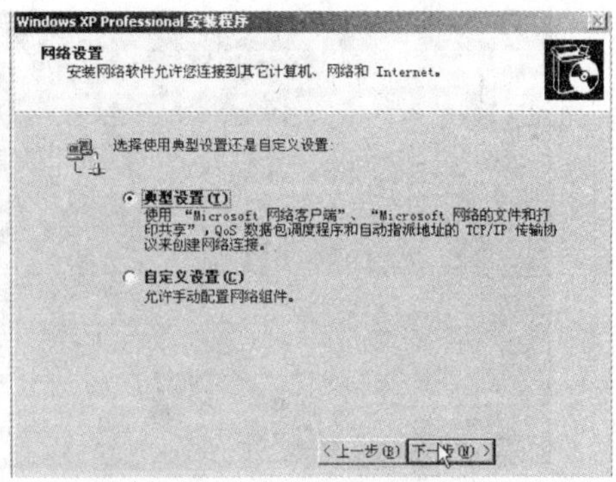

19 单击“下一步”按钮，弹出对话框，为了节省安装时间，选择第一个选项。

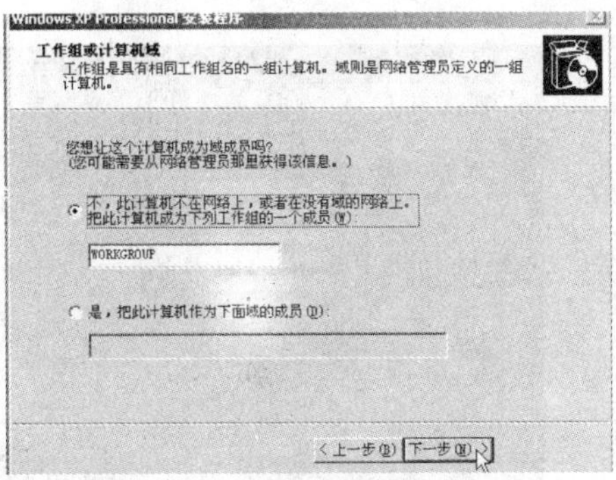

20 Windows XP 跳过网络安装，开始复制文件，进行安装。

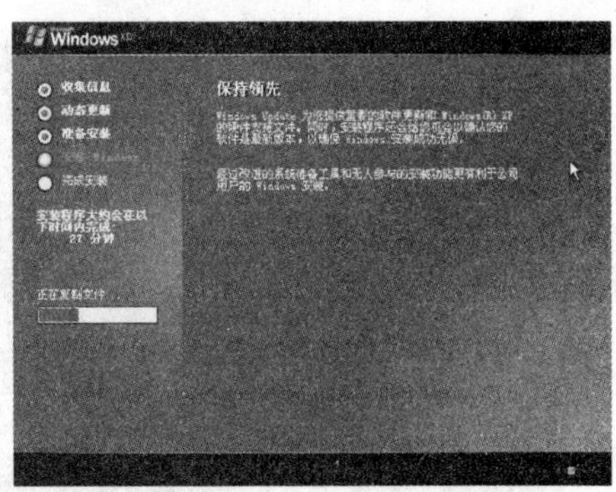

21 安装完成后，将自动重启。进入 Windows XP 系统。

22 系统启动后，进入 Windows XP 的设置界面。

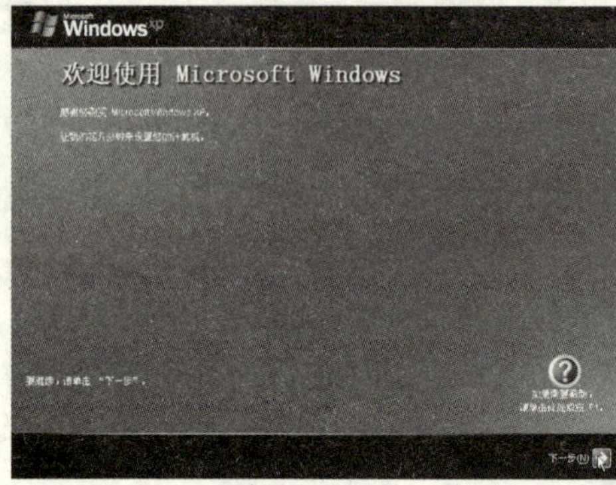

23 单击“下一步”按钮，弹出对话框，选择第二个选项。

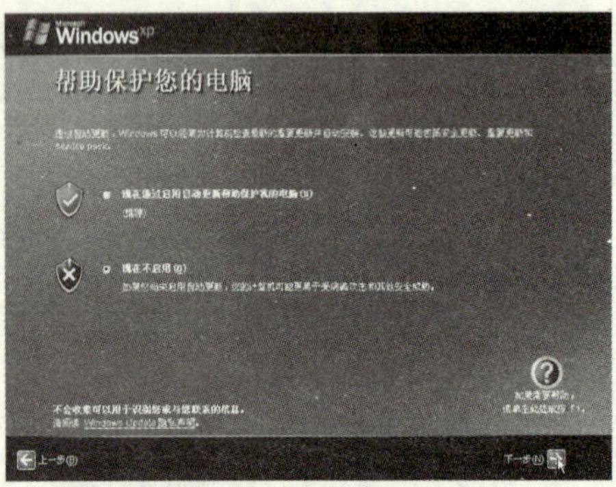

24 单击“下一步”按钮，弹出对话框。

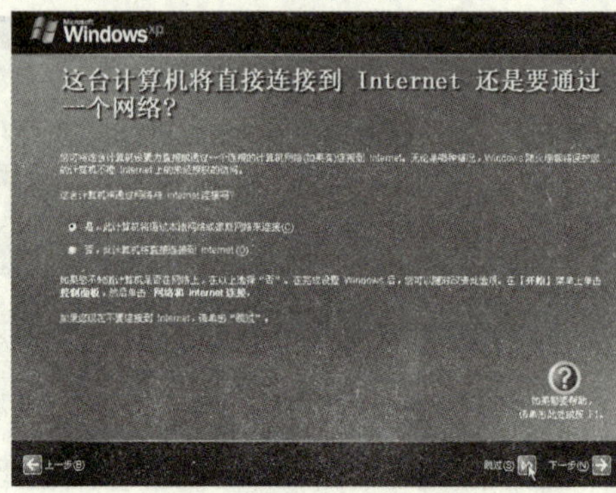

25 单击“跳过”按钮，弹出对话框，选择第二个选项。

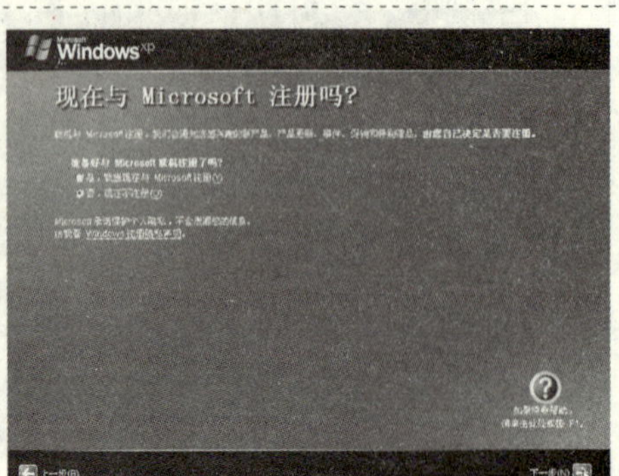

26 单击“下一步”按钮，弹出对话框，输入这台计算机的所有用户名，也可以在以后添加用户。

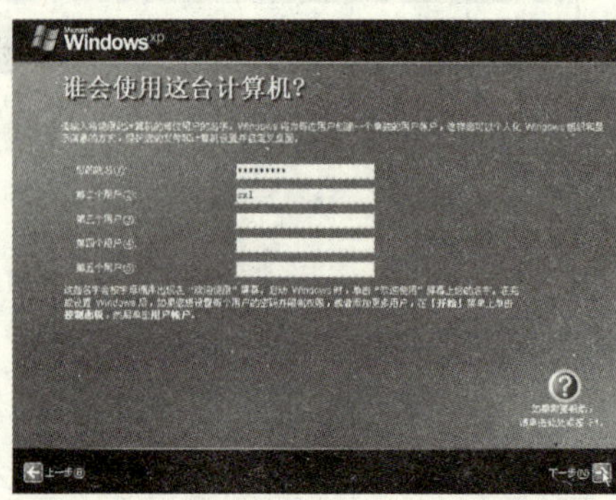

27 单击“下一步”按钮，弹出对话框，单击“完成”按钮，至此，完成 Windows XP 操作系统的安装。

28 单击“完成”按钮，进入 Windows XP 操作界面。

29 执行“开始/所有程序/激活 Windows”命令，弹出“让我们来激活 Windows”对话框，选择“是，我想打电话给服务代表来激活 Windows”单选按钮。

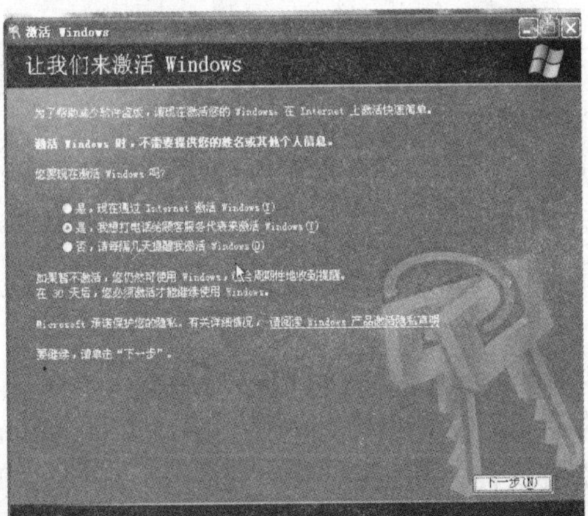

30 单击“下一步”按钮，弹出“使用电话激活 Windows”对话框，在该对话框中选择所在国家，填写服务代表提供的 ID。最后单击“下一步”按钮，然后单击“完成”按钮即可。

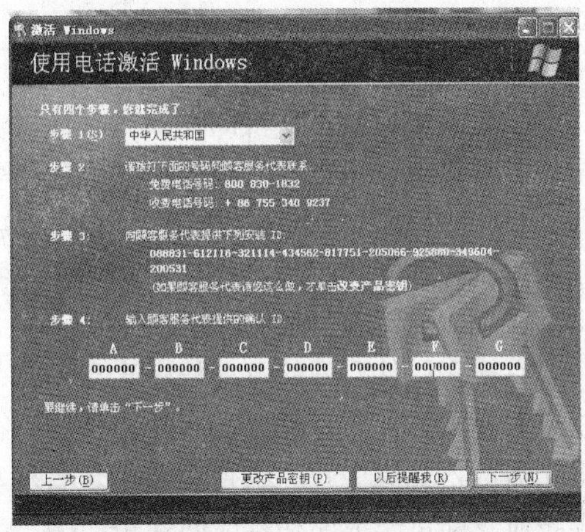

4.4.2 驱动程序的安装

什么是驱动程序呢？

驱动程序是一段能让电脑与各种硬件设备通信的程序代码，通过它，操作系统才能控制电脑上的硬件设备。

驱动程序实际上是一段能让电脑与各种硬件设备通信的程序代码，通过它，操作系统才能控制电脑上的硬件设备。如果硬件只依赖操作系统而没有驱动程序的话，就不能发挥其特有的功效。换言之，驱动程序是硬件和系统之间的一座桥梁，由它把硬件本身的功能告诉给系统，同时也将标准的操作系统指令转化为特殊的外设专用命令，从而保证硬件设备的正常工作。

• 驱动程序安装方法简介

驱动程序的安装主要有以下方法。

（1）让 Windows 自动搜索驱动程序

Windows 自动搜索驱动程序是安装驱动程序中最常用的一种方法。用这种方法安装驱动程序，需要硬件设备支持即插即用功能。可以在安装了新设备后启动电脑，在计算机进入 Windows 操作系统时，若用户安装的硬件设备支持即插即用功能，则在计算机启动的过程中，系统会自动进行检测新设备，当 Windows 检测到新的硬件设备时，会弹出“添加新硬件向导对话框”，并可以按照向导的提示来进行安装（也可以在“系统属性”窗口中单击“添加新设备向导”按钮，或在“设备管理器”窗口单击“刷新”按钮，系统会自动进行检测新设备）。

提示：

安装驱动程序时最好选择“自动搜索”以便由 Windows 自动完成驱动程序的搜索工作；如果知道该设备的型号和驱动程序的位置，可选择驱动程序的位置进行安装。若选择的是“自动搜索”，单击“下一步”按钮后弹出的对话框会询问搜索驱动程序的范围。

（2）通过“设备管理器”进行安装

如果硬件设备不支持即插即用功能（如 ISA 类的网卡），或 Windows 无法自动检测到新安装的硬件设备，可以从“设备管理器”中安装驱动程序。打开“设备管理器”，将标示有“？”和“！”的未知设备删除。单击“刷新”按钮，按照系统提示进行驱动程序的安装。然后在“控制面板”中选中“添加新硬件”选项，选择设备种类从而进行驱动程序的安装。

（3）运行驱动程序安装文件

有很多硬件厂商的驱动程序光盘中都带有一个 setup.exe 文件，此时，只需双击该文件就可以完成驱动的安装。甚至还有些硬件厂商在提供的驱动程序光盘中加入了自启动文件 Autorun，将光盘放入光驱中，光盘便会自动运行驱动程序安装文件，随后在启动界面中单击相应的驱动程序命令即可完成驱动程序的安装。

（4）安装未签名的驱动程序

微软在开发 Windows 操作系统的时候，在其默认状态下对当前市场上的绝大部分硬件都发放了签名驱动程序，而对一些比较旧的设备或未经认证的设备驱动程序系统就不予承认。此时可在“设备管理器”区域单击“签署驱动程序”按钮，打开驱动程序签名选项，共有三种选择：忽略、警告、阻止。

其中，“忽略”表示在安装这类软件时不会弹出任何提醒信息，系统会将这些软件进行自动安装；“警告”表示每次安装这类软件时都会提出，选择是否继续安装；“禁止”表示选择在此项后系统会阻止未签名的驱动程序进行安装。可以根据自己的实际情况来选择不同的选项，建议大家选择“警告”选项，这样安装签名的驱动程序时会弹出一个警告框，选择是否继续，这样可增强系统的安全性。另外为了防止修改，还可以选中“将设置作为系统默认值应用”选项。

·显卡驱动程序的安装

完成任意一个操作系统的安装后，都必须安装一些必备的驱动程序，操作系统才能调动和使用计算机中的硬件设备。通常，需要安装显卡驱动程序、声卡驱动程序和接口驱动程序等。下面以安装显卡驱动程序为例，介绍它们的安装方法如下：

1 将驱动程序 CD 盘放入光驱中，CD 盘自动播放，弹出窗口。

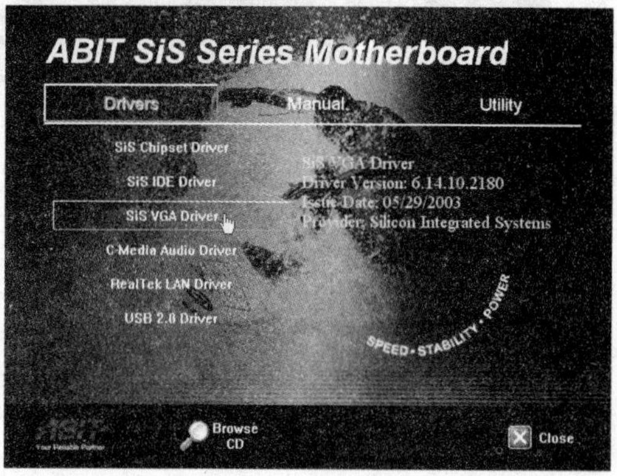

2 单击“SIS VGA Driver”，弹出窗口，单击“下一个”按钮。

3 弹出对话框，根据需要选择一个选项，单击“下一个”按钮。

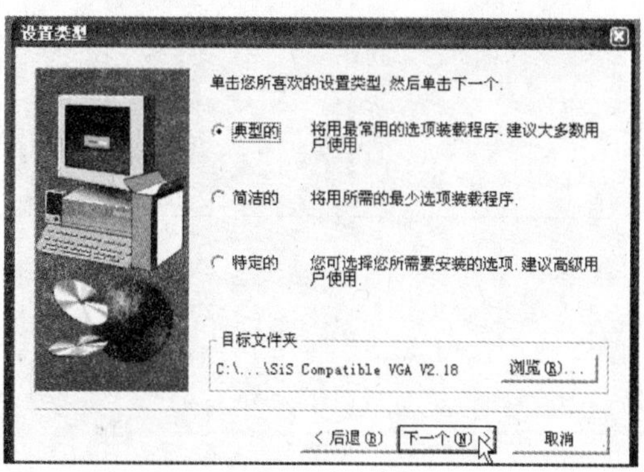

4 弹出对话框，在该对话框中可重新选择程序图标添加的文件夹，此处不做修改，单击“下一个”按钮。

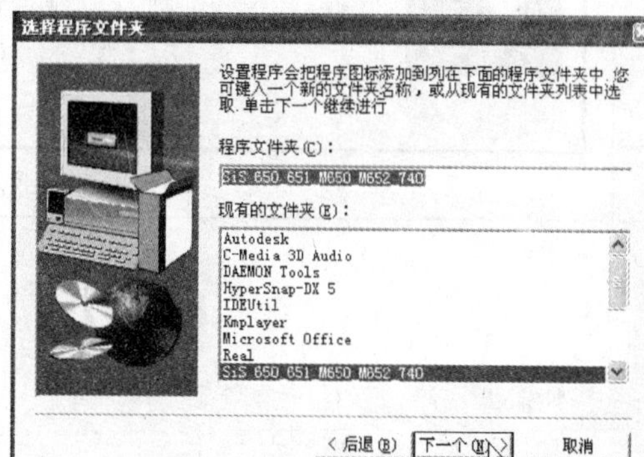

5 弹出对话框，单击“下一个”按钮。

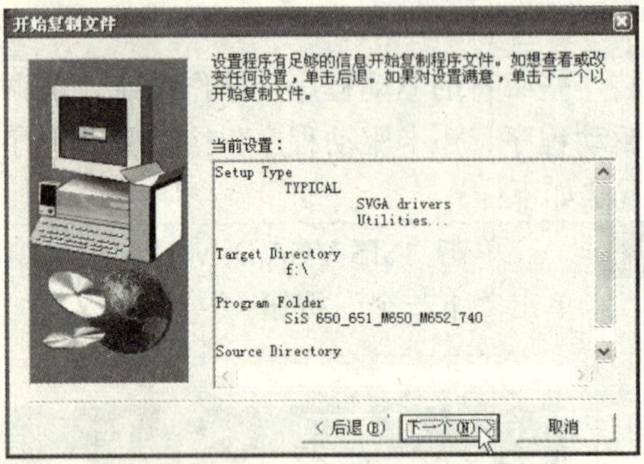

6 系统即开始安装此款显卡驱动程序，弹出窗口，显示安装的进程。

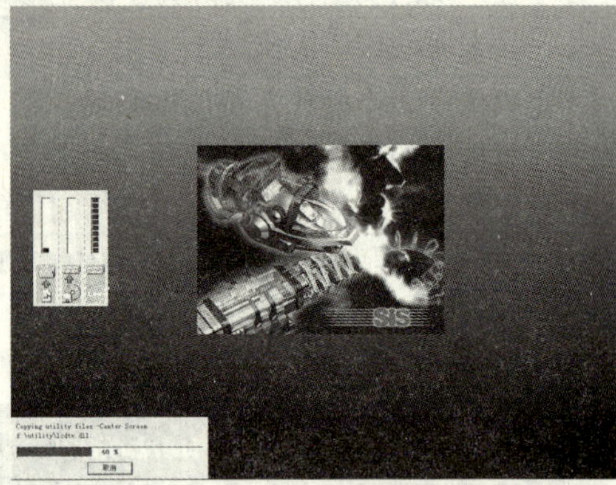

7 安装完成后，弹出对话框，如果还要安装其他驱动程序，此时可选择第二个选项，单击“结束”按钮。再安装其他的驱动程序，安装完所需的全部驱动后，重启计算机，驱动程序即可以工作。

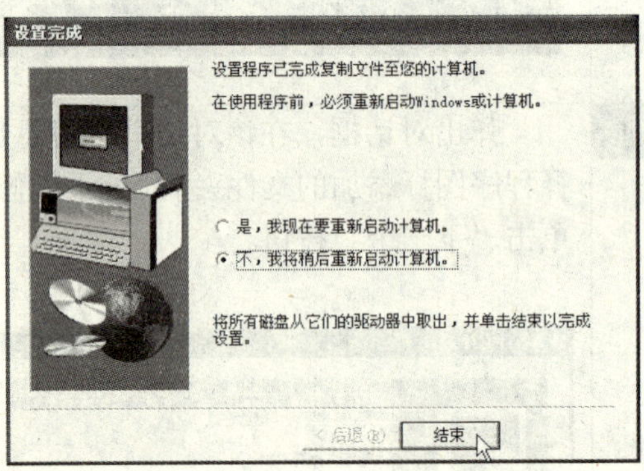

提示：

当操作系统安装完毕后，首先就需要安装硬件设备的驱动程序。通常，并不需要安装所有硬件设备的驱动程序，如硬盘、显示器、光驱、键盘、鼠标等。而显卡、声卡、扫描仪、摄像头、Modem 等就必须安装驱动程序。

电脑即学即用

教你学电脑

第5章 应用软件的安装

本 章 要 点：

- 安装压缩工具软件 WinRAR
- 安装 Office 2003
- 安装 AutoCAD 2006

电脑博士，你知道如何安装应用软件吗？

小丽，本章详细讲解了安装压缩工具软件 WinRAR、安装 Office 2003 的安装步骤，最后还讲解了 AutoCAD 2006 的安装。

5.1 安装压缩工具软件 WinRAR

在 Windows 中常用的压缩管理器主要有 WinZip 和 WinRAR。相对来说 WinRAR 的压缩率更大、速度也更快。它完全兼容 RAR 和 ZIP 格式，能解压 ARJ、CAB、LZH、ACE、TAR、GZ、UUE、BZ2、JAR、ISO 等多种格式的文件。

5.1.1 WinRAR 简介

WinRAR 可算是压缩软件中的极品，性能远远高于功能强大的 WinZip 之类的软件，应该是目前最好的选择。

WinRAR 的特性包括强力压缩、多卷操作、加密技术、自释放模块、备份简易等。

与众多的压缩工具不同的是 WinRAR 沿用了 DOS 下程序的管理方式，压缩文件时不需要创建压缩包，然后向其中添加文件，而是可以直接创建，此外，把一个软件添加到一个已有的压缩包中，也是非常的轻松，给人以非常方便的感觉。

WinRAR 还采用了独特的多媒体压缩算法和紧固式压缩法，这点更是针对性地提高了其压缩率，它默认的压缩格式为 RAR，该格式压缩率要比 ZIP 格式高出 10%～30%，同时它也支持 ZIP、ARJ、CAB、LZH、ACE、TAR、GZ、UUE、BZ2、JAR 类型压缩文件。

5.1.2 安装 WinRAR 软件

在计算机中，安装压缩软件 WinRAR 的具体操作步骤如下：

1 打开 WinRAR 3.70 简体中文版安装文件夹。

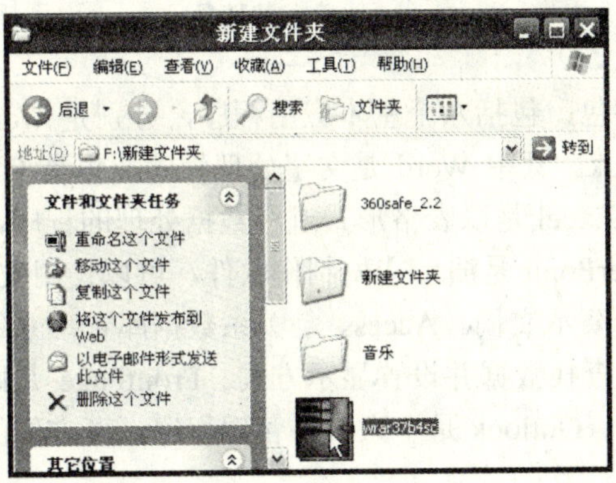

2 双击安装文件，弹出如下图所示的对话框，在该对话框中可指定“目标文件夹”。单击“安装”按钮。

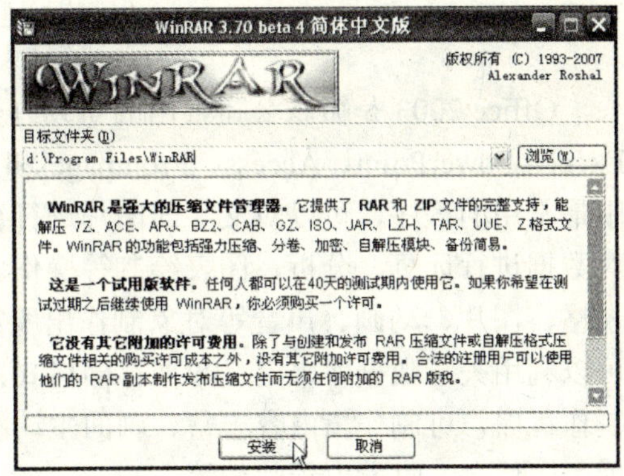

3 单击“安装”按钮，在弹出的对话框中勾选如下图所示的选项。

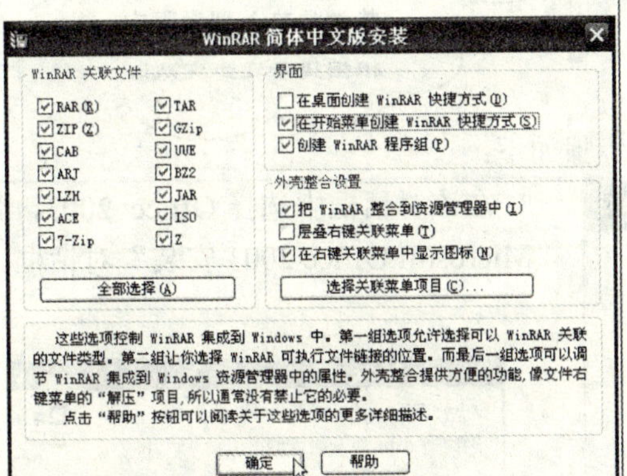

4 单击“确定”按钮，弹出对话框，单击“完成”按钮，即可完成 WinRAR 3.70 简体中文版的安装。

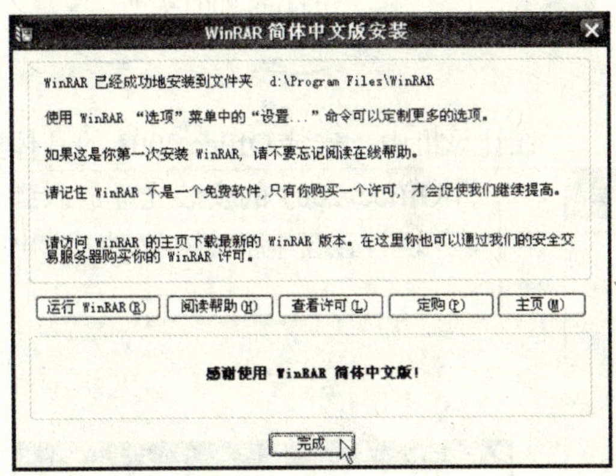

5.2 安装 Office 2003

Office 2003 是微软公司推出的系列办公软件，在本小节中将简单介绍该软件的安装步骤。

5.2.1 Office 2003 简介

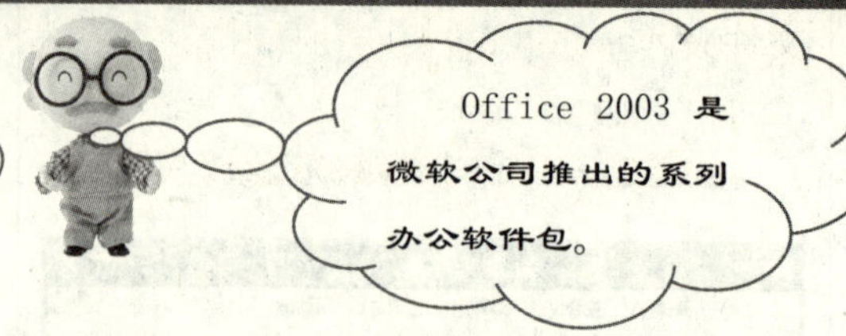

Office 2003 是微软公司推出的系列办公软件包，包括六个基本应用程序，分别是 Word、Excel、PowerPoint、Access、Frontpage 和 Outlook。其中 Word 是文字处理程序，也是 Office 中最常用的程序，可以对文字或图片进行编排。Excel 是以表格形式进行数据处理的程序，可对数据进行计算、分析、图表绘制等操作。PowerPoint 是演示文稿制作软件，可以使用文字、表格、图片、动画、声音等对象制作出所需要的演示文稿。Access 是关系数据库管理系统，可以利用关系数据库来定义数据存储格式，快速查找数据并设置显示方式。FrontPage 是网页制作程序，可制作出内容丰富、画面生动的网页。Outlook 是个人事务管理程序，可方便的管理个人信息、收发电子邮件等。

5.2.2 安装 Office 2003

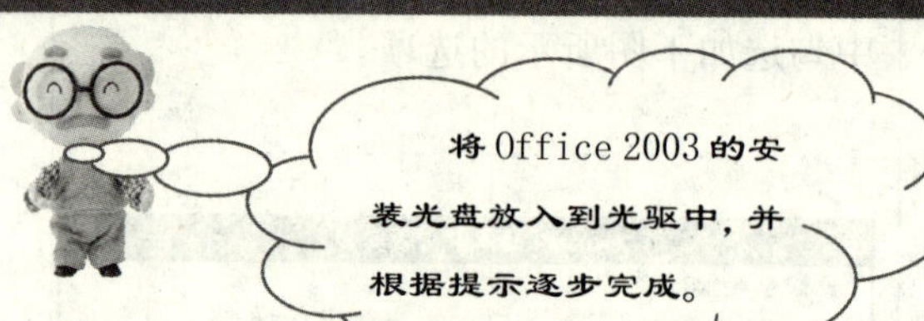

在计算机中，安装 Office 2003 的具体操作步骤如下：

1 将 Office 2003 的安装光盘放入到光驱中，并运行该盘中的安装文件，弹出对话框。

2 在该对话框中选择 Office 2003，弹出"Microsoft Office 2003 安装"对话框。

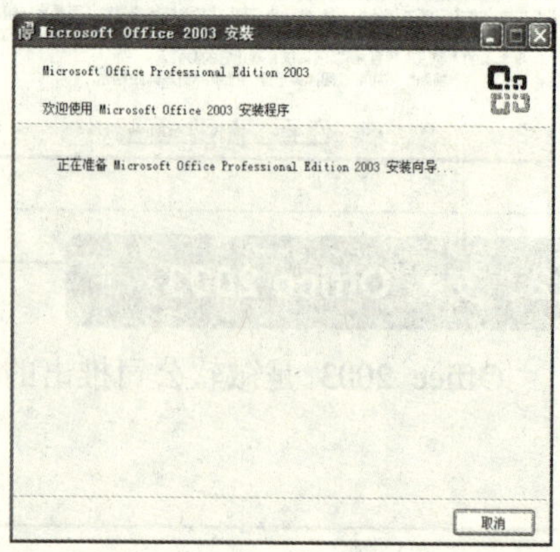

3 “欢迎使用 Microsoft Office 2003 安装程序”对话框运行一段时间后，自动弹出“产品密钥”对话框。

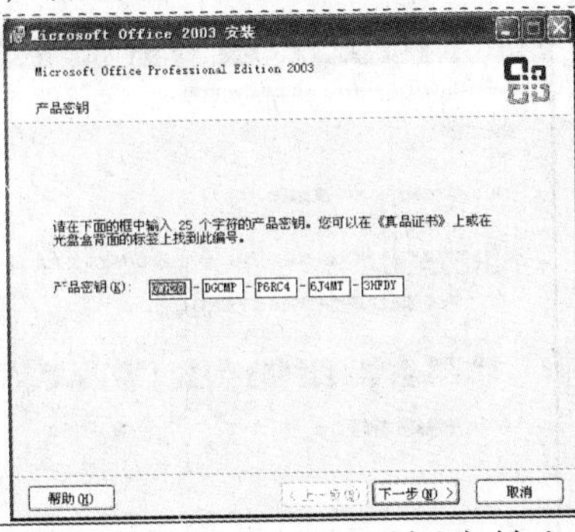

4 在“产品密钥”对话框中输入序列号后，单击“下一步”按钮，弹出“用户信息”对话框。

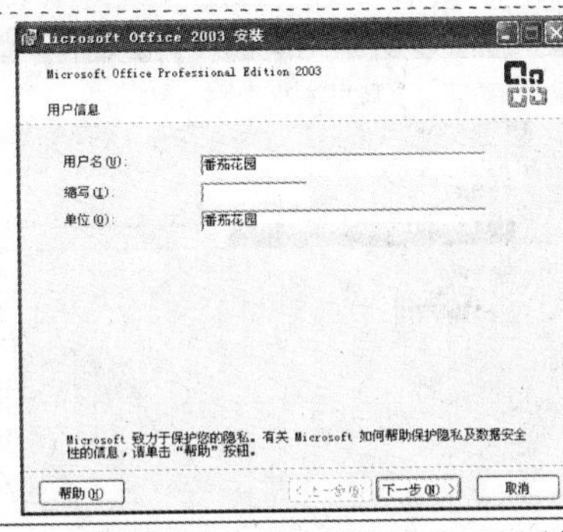

5 在“用户信息”对话框中输入信息后，单击“下一步”按钮，弹出“最终用户许可协议”对话框。

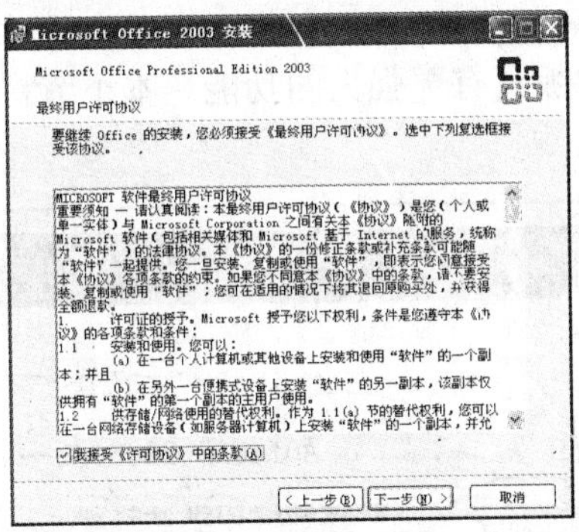

6 在“最终用户许可协议”对话框中接受许可协议，然后单击“下一步”按钮，弹出“安装类型”对话框。

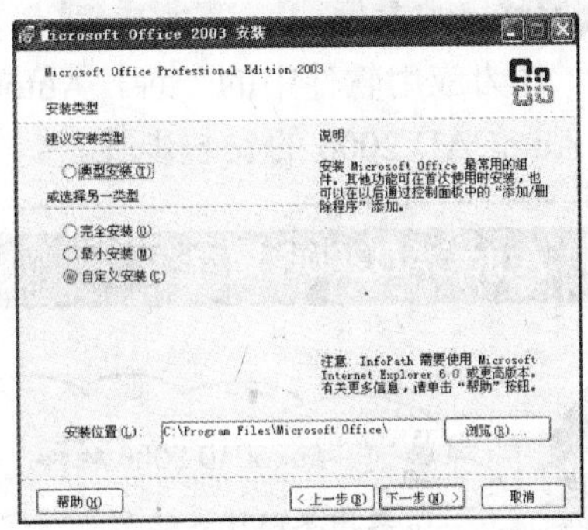

7 在“安装类型”对话框中选择“自定义安装”单选钮，然后单击“下一步”按钮，弹出“自定义安装”对话框。

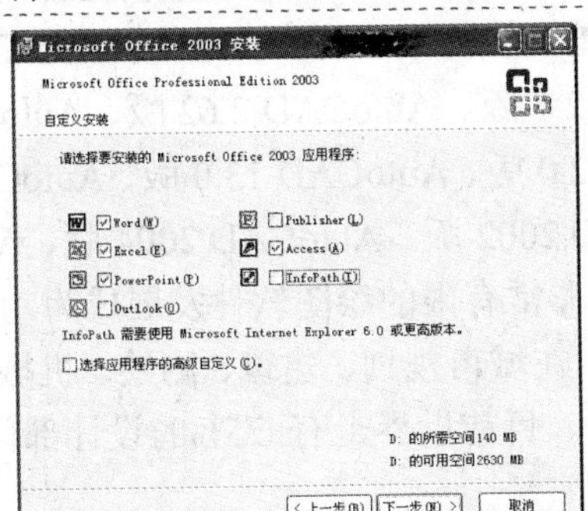

8 在“自定义安装”对话框中选择需要安装的类型，然后单击“下一步”按钮，弹出“摘要”对话框。

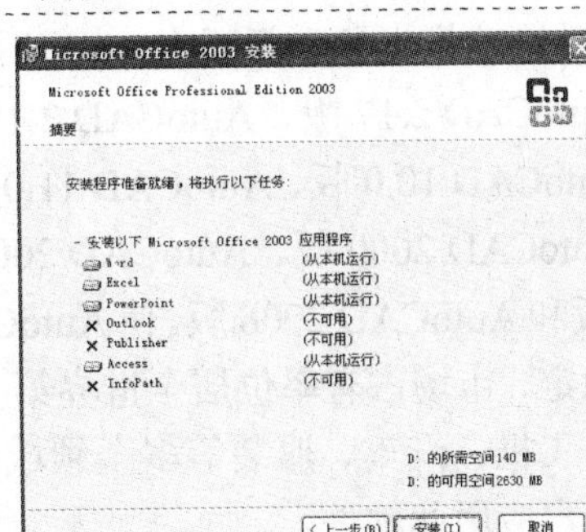

9 在“摘要”对话框中确认安装类型后，单击“安装”按钮，系统将自动安装 Office 2003。

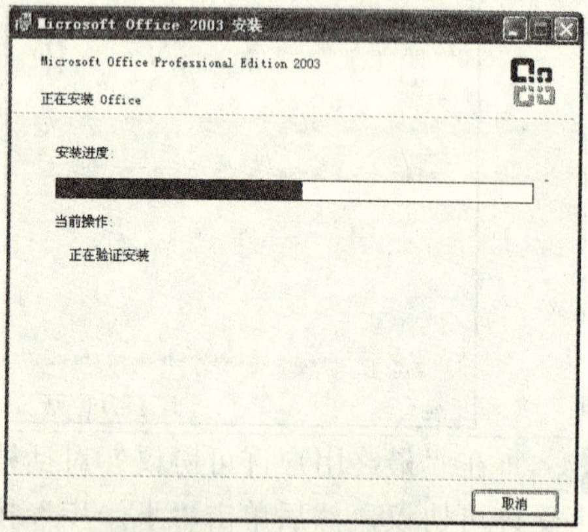

10 Office 2003 安装完成后，系统将自动弹出“安装已完成”对话框，在该对话框中单击“完成”按钮即可。

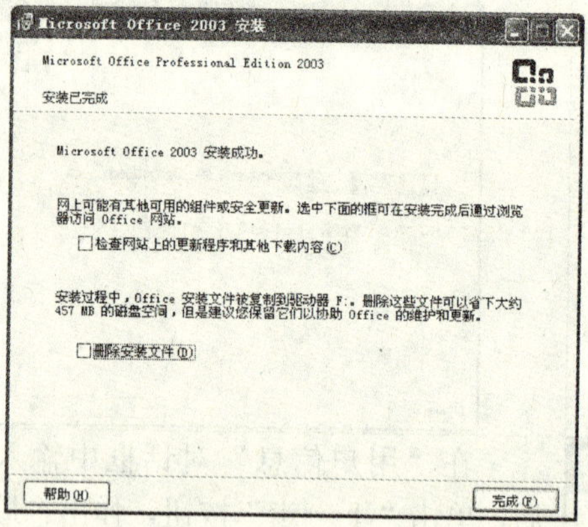

5.3 安装 AutoCAD2006

作为应用软件中的一种，AutoCAD 2006 中文版具有更强大的功能。本小节将简单介绍 AutoCAD 2006 的安装步骤。

5.3.1 AutoCAD2006 简介

Autodesk 企业成立于 1982 年，在二十多年的发展中，该企业不断丰富和完善 AutoCAD 系统，并连续推出各个新版本，其先后推出了 AutoCAD 1.0 版、AutoCAD 1.1 版、AutoCAD 2.01 版、AutoCAD 2.17 版、AutoCAD 2.18 版、AutoCAD 2.5 版、AutoCAD 2.62 版、AutoCAD 9.0 版、AutoCAD 10.0 版、AutoCAD 11.0 版、AutoCAD 12.0 版、AutoCAD 13.0 版、AutoCAD 14.0 版、AutoCAD 2000 版、AutoCAD 2000i 版、AutoCAD 2002 版、AutoCAD 2004 版、AutoCAD 2005 版和 AutoCAD 2006 版。使 AutoCAD 由一个功能非常有限的绘图软件发展成为功能强大、性能稳定、市场占有率位居全世界第一的 CAD 系统。在城市规划、建筑、测绘、机械、电子、造船、飞机、汽车、服装等多个领域得到了广泛应用。目前世界上有 75%的设计部门，数百万的用户应用此软件。

5.3.2 安装 AutoCAD2006

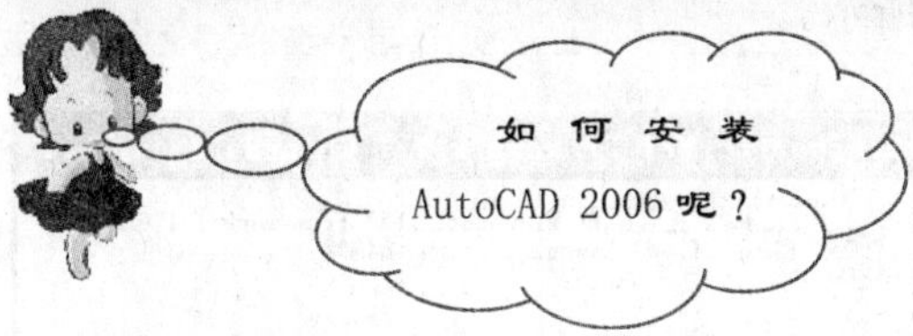

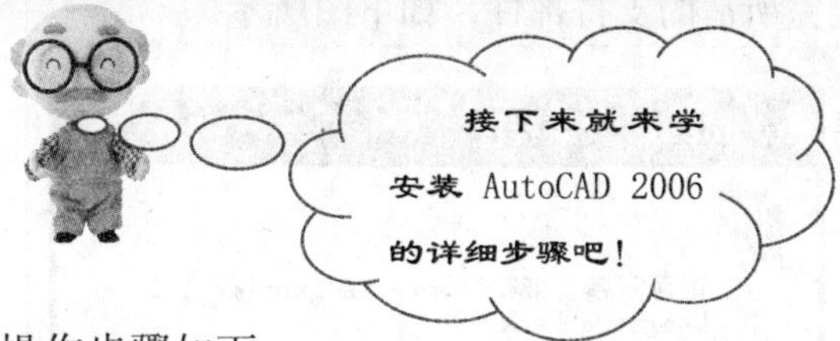

在计算机中，安装 AutoCAD 2006 的具体操作步骤如下：

1 在桌面上双击“我的电脑”图标，在打开的窗口中，找到“AutoCAD 2006 中文版”文件夹，双击“setup.exe”图标。

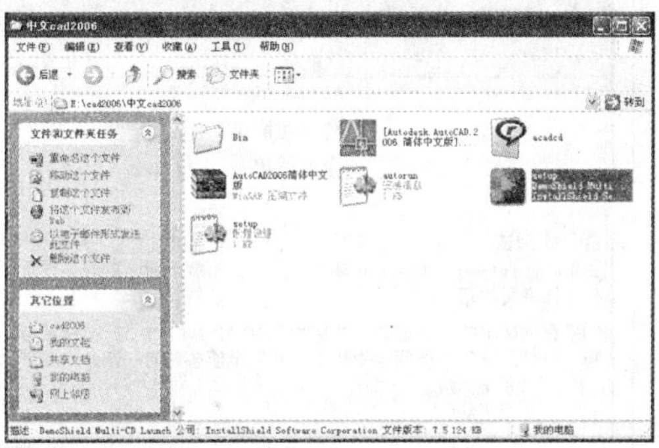

2 启动安装程序后，系统会打开“媒体浏览器”窗口。

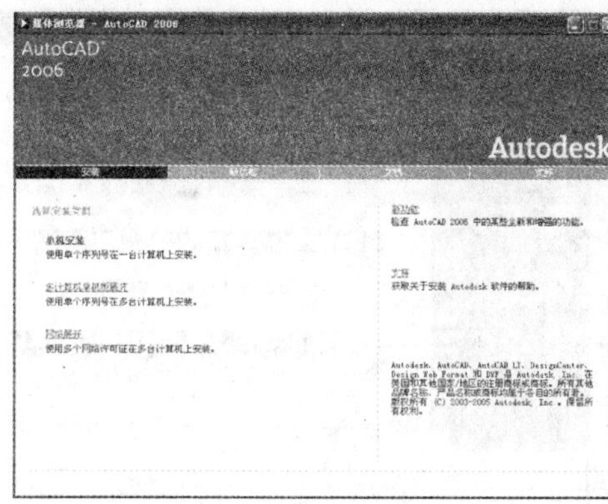

3 单击该窗口上的“单机安装”选项，进入安装选项界面。

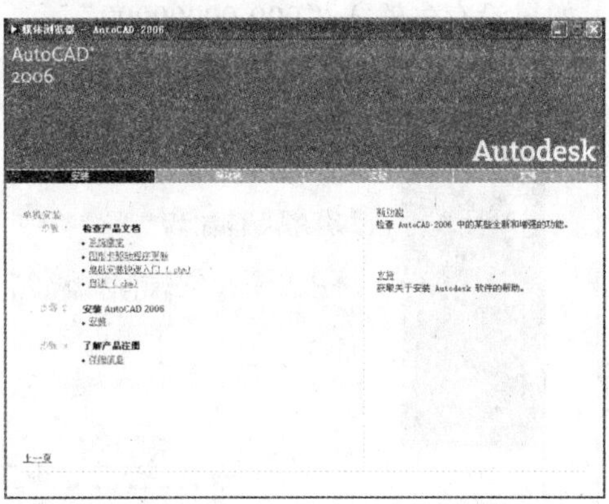

4 单击红色“安装”选项，稍等片刻将会弹出“Autodesk 安装程序”对话框。

5 单击“确定”按钮，系统将自动安装完所需的支持部件，如下图所示。

6 系统接着安装一些其他部件，如下图所示。。

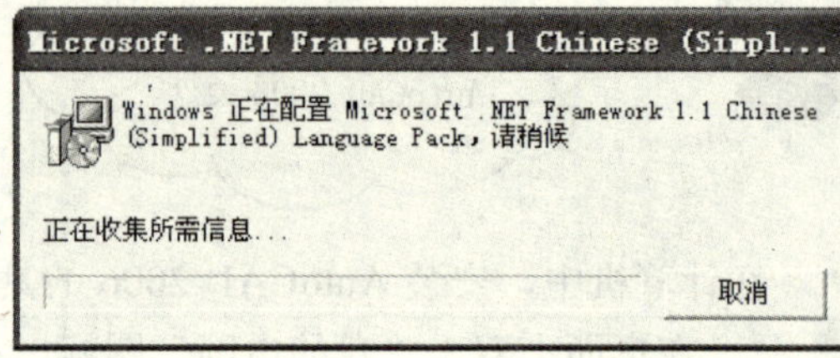

7 前面的部件都安装完成后，打开“AutoCAD 2006 安装程序”对话框。

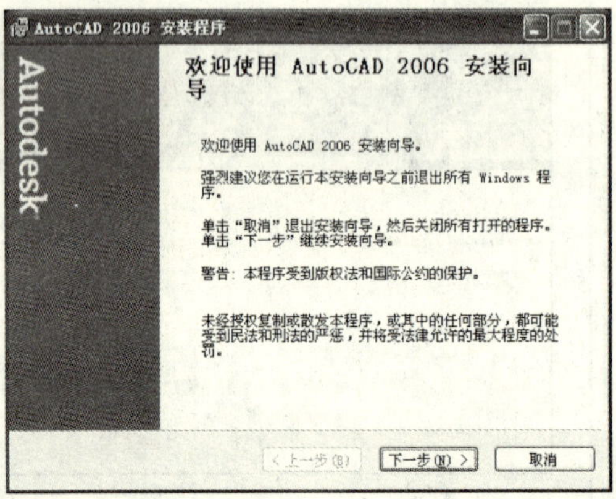

8 阅读完该对话框上的说明后，单击“下一步”按钮，打开下面的对话框。

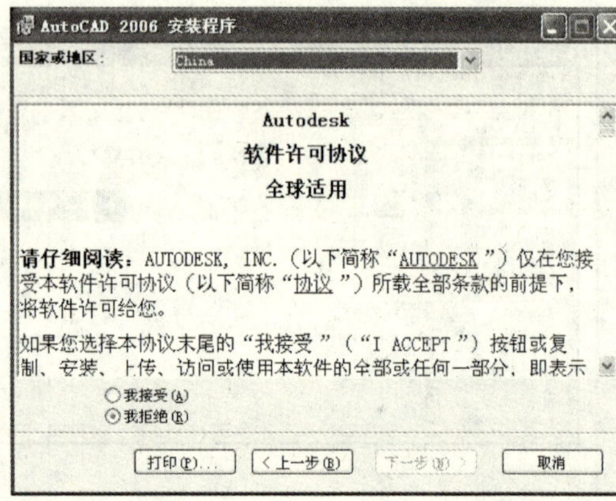

9 在该对话框中，在“国家或地区”下拉列表框中选择“China”，单击“我接受”单选按钮。

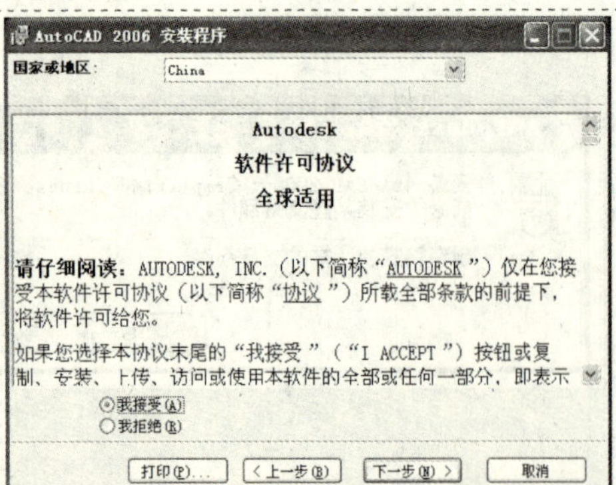

10 单击“下一步”按钮，打开“序列号”对话框。在该对话框中输入已有的序列号，如果没有先输入“000-00000000”。

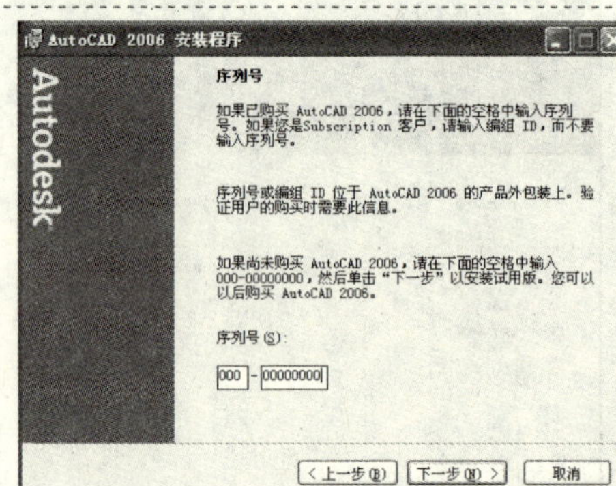

11 单击“下一步”按钮，会出现一个“用户信息”对话框，用户在此可以输入姓名、单位、经销商等信息。

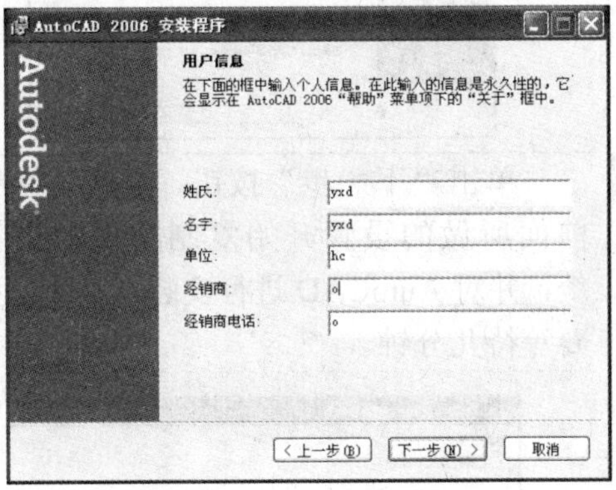

12 单击“下一步”按钮，将会弹出“选择安装类型”对话框。用户可以根据需要在此进行选择，如单击“典型”单选按钮。

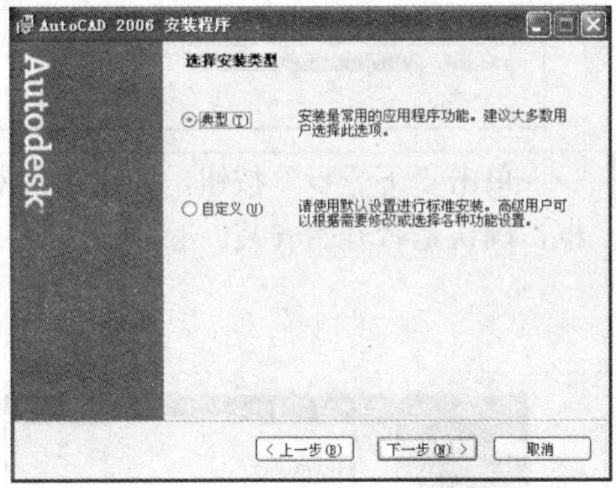

13 单击“下一步”按钮，打开“安装可选工具”的对话框，用户可以根据需要，选择合适的工具。

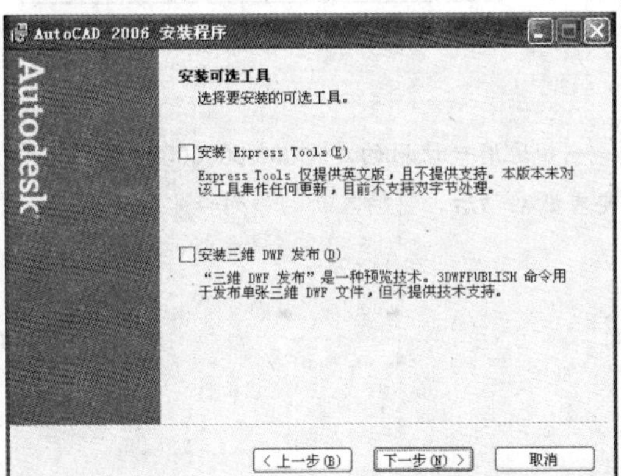

14 选择好合适的工具后，单击“下一步”按钮，将弹出“目标文件夹”对话框，用户可以使用系统默认的盘符和路径。

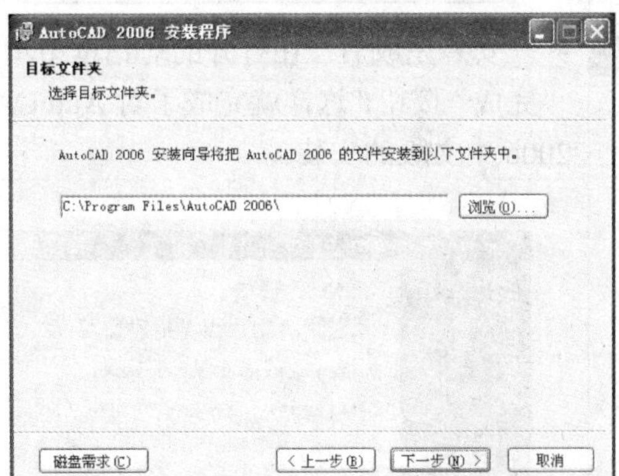

15 如果需要将其设置到指定的目录下，单击“浏览”按钮，在打开的对话框中设置其安装路径。

16 设置好后，单击“确定”按钮回到“目标文件夹”对话框。单击“下一步”按钮，弹出“选择文本编辑器”对话框。

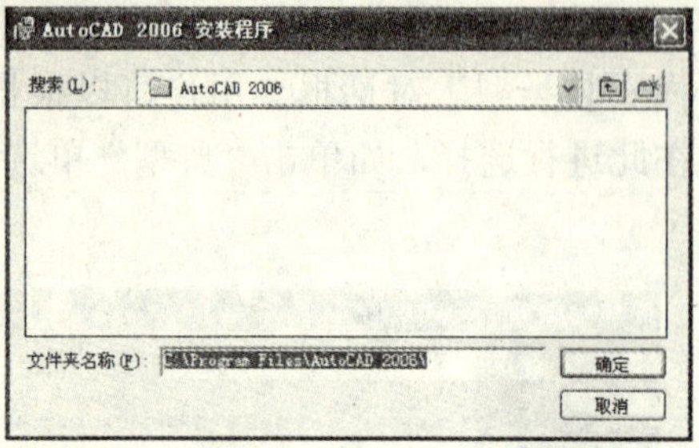

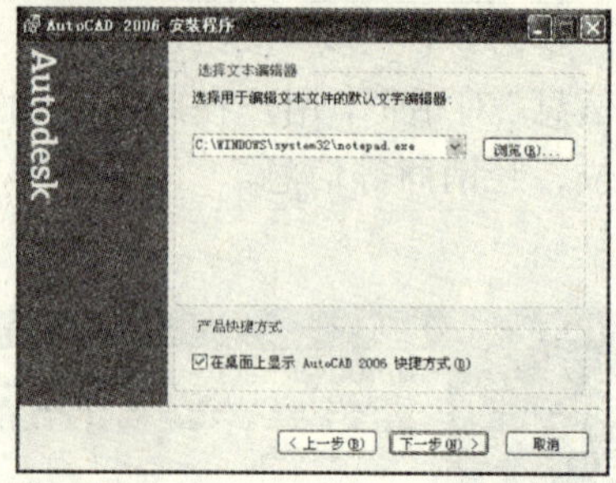

17 单击“下一步”按钮，弹出新的对话框，确认是否开始安装。

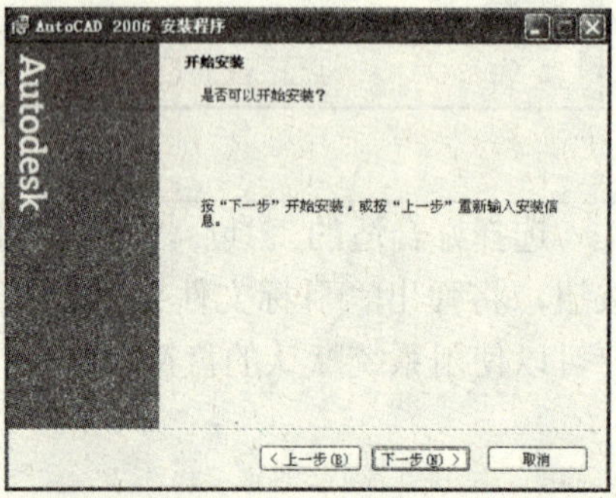

18 单击“下一步”按钮，系统就会根据前面所做的设置开始复制文件和更新系统，并对 AutoCAD 进行安装，这个过程需要等待几分钟。

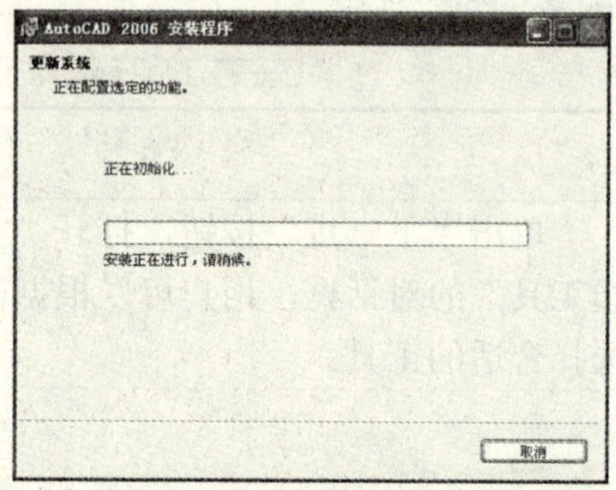

19 安装完成后，在打开的对话框中单击“完成”按钮，这样就完成了对 AutoCAD 2006 中文版的安装。

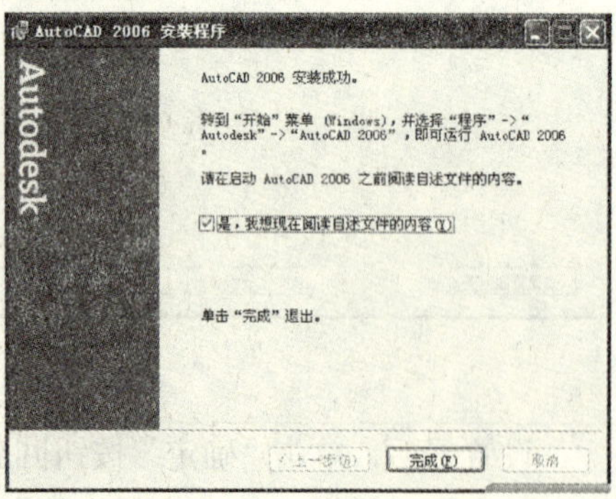

提示：

如果用户使用的是“000-00000000”序列号，需要重新启动后，再输入新的序列号才能使用该软件。

电脑即学即用

教你学电脑

第6章 常用工具软件简介

本 章 要 点：

- 克隆工具 GHOST
- Windows 优化大师
- 超级兔子魔法设置
- 磁盘分区

电脑博士，你知道对计算机维护来说主要有哪些常用的工具软件吗？

小丽，本章将针对计算机维护相关知识来介绍克隆工具 GHOST、Windows 优化大师、超级兔子魔法设置以及磁盘分区软件，以方便读者对计算机进行维护。

6.1 克隆工具 GHOST

GHOST 软件是由 Symantec（赛门铁克）公司开发的一款软件。GHOST 是“General Hardware Oriented Software Transfer”的英文缩写，它的意思是“面向通用型硬件传送软件”。GHOST 被称为硬盘克隆之王，有的也称为克隆精灵或还原精灵等。其使用方法简单，功能强大。当系统崩溃时，重装一个系统及安装一些应用软件至少都要用一个多小时，而利用 GHOST 来恢复操作系统，大约只需要十多分钟，极大地节约了时间，提高了电脑的使用效率。

6.1.1 用 GHOST 制作系统镜像文件

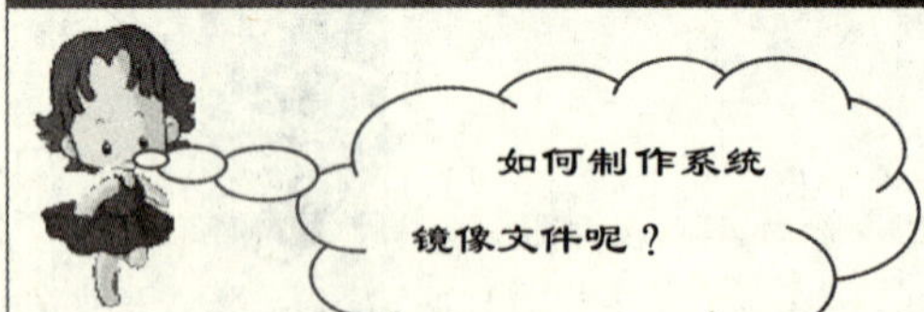

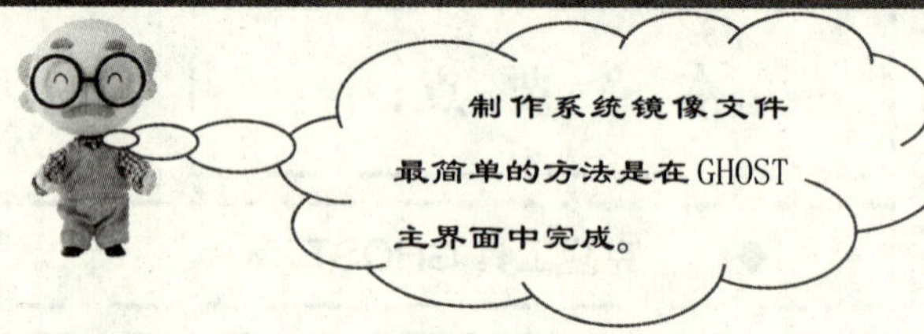

制作镜像文件既可以在 DOS 下，又可以在 Windows 下，其具体操作步骤如下：

1 运行 GHOST，进入 GHOST 主界面。

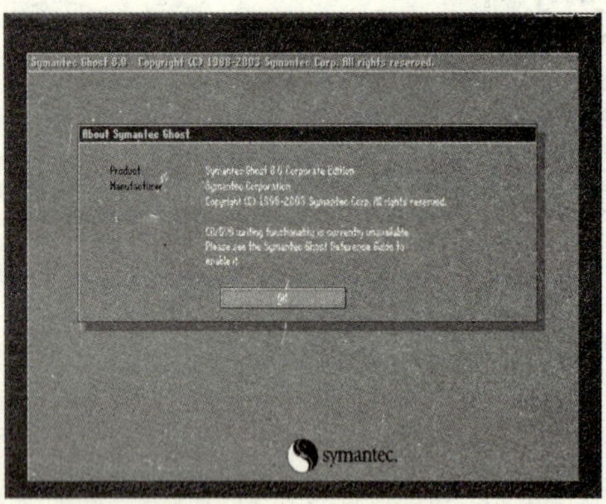

在主界面中，单击“OK”按钮，进入 GHOST 操作界面。

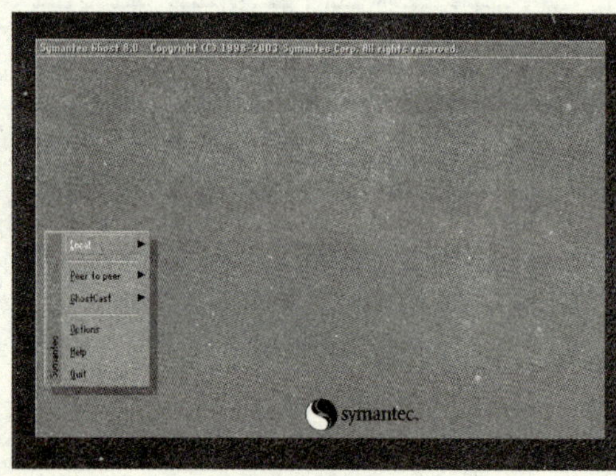

3 在操作界面中执行“Local（本地）→Partition（分区）→To Image （产生镜像）”命令，弹出硬盘选择窗口，开始分区备份操作。单击该窗口中白色的硬盘信息条，选择硬盘。

4 在“选择硬盘”对话框中，选中硬盘，单击“OK”按钮，弹出“选择分区”对话框，在该对话框中选择要操作的分区（若没有鼠标，可用键盘进行操作：按“TAB”键进行切换，按回车键进行确认，按方向键进行选择）。

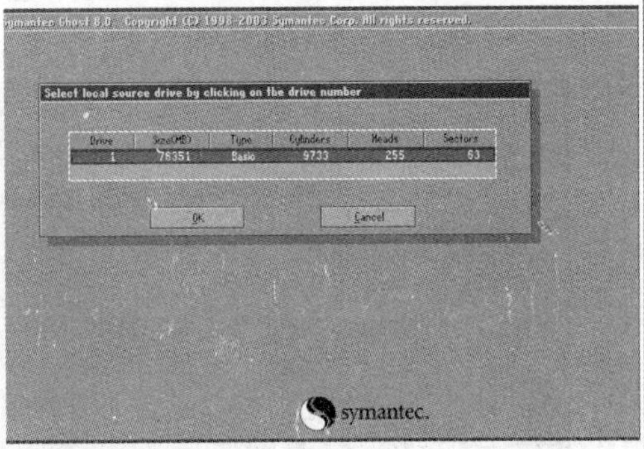

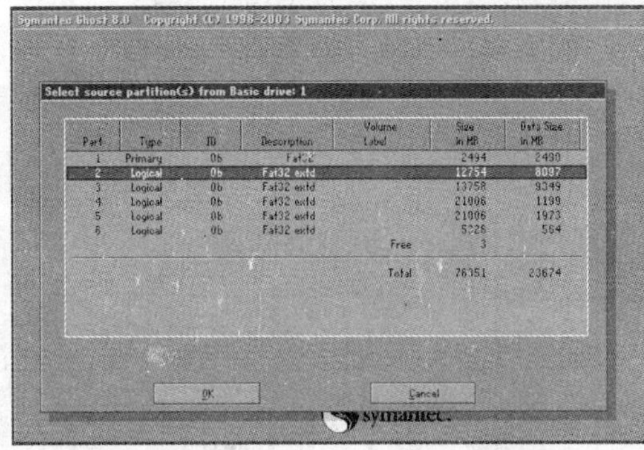

5 在"选择分区"对话框中，单击"OK"按钮，弹出"保存分区文件"对话框。在该对话框中选择备份储存的目录路径并输入备份文件名称。最上边框（Look in）选择分区；第二个为选择目录；第三个（File name）为输入影像文件名称，注意影像文件的名称带有 GHO 的后缀名；第四个（File of type）文件类型，默认为 GHO 不用改。

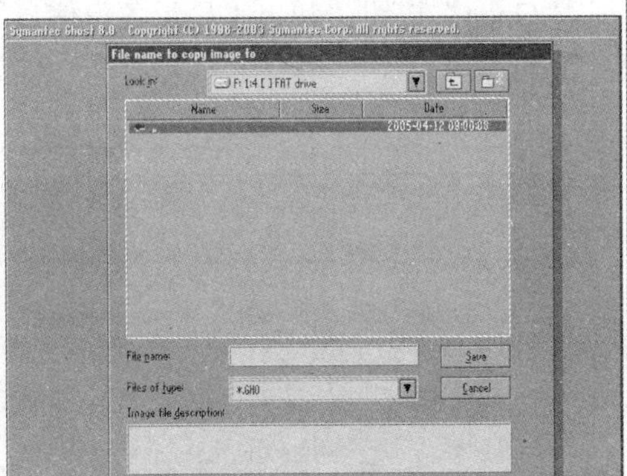

6 在"保存分区文件"对话框中，单击"Save"按钮，程序会询问是否压缩备份数据，并给出 3 个选择，（"No"表示不压缩，"Fast"表示压缩比例小而执行备份速度较快，"High"表示压缩比例高但执行备份速度相当慢）。

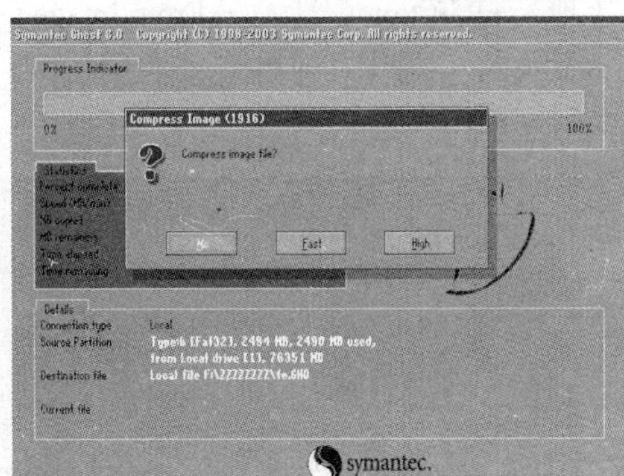

7　在“是否压缩备份数据”对话框中，选择“No”，然后单击“Yes”按钮即开始进行分区硬盘的备份。

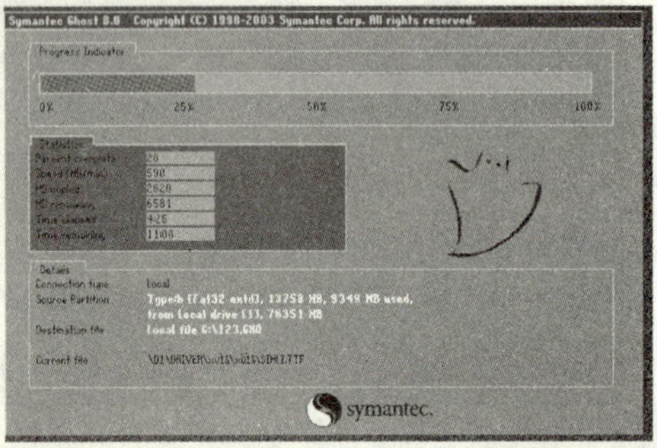

8　整个备份过程一般需要五至十几分钟（时间长短与 C 盘数据多少、硬件速度等因素有关），完成后显示。

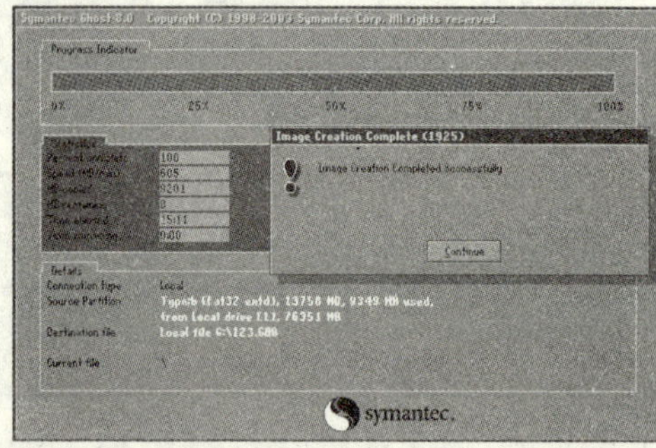

6.1.2　用 GHOST 还原系统

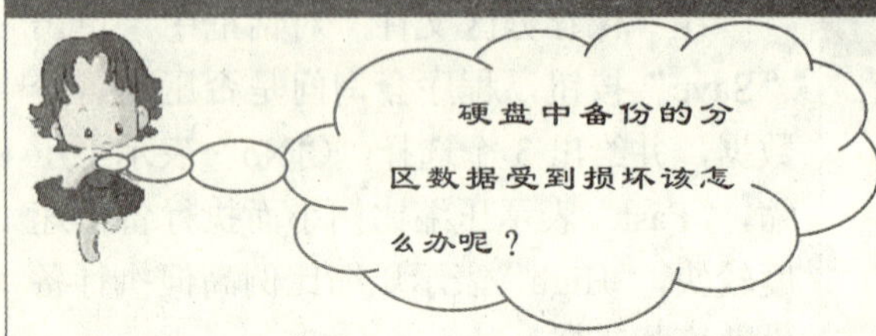

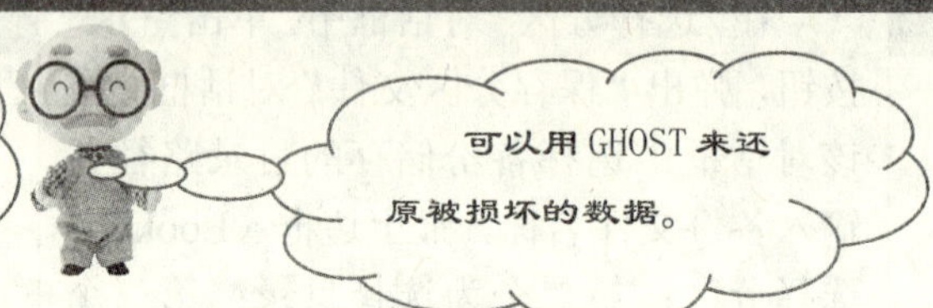

如果硬盘中备份的分区数据受到损坏，用一般数据修复方法不能修复，以及系统被破坏后不能启动，都可以用备份的数据进行完全的复原，而无须重新安装程序或系统。当然，也可以将备份还原到另一个硬盘上。在计算机中要恢复备份的分区，具体操作步骤如下：

1　运行 GHOST，进入 GHOST 的操作界面。然后在操作界面中执行“Local（本地）→Partition（分区）→From Image（恢复镜像）”命令，弹出“选择镜像文件”对话框。

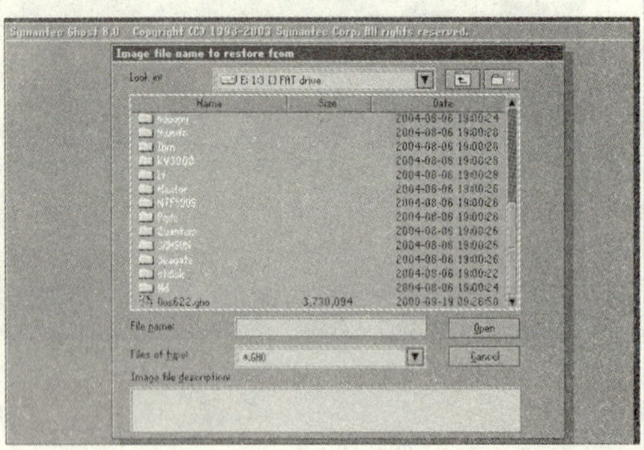

2　在“选择镜像文件”对话框中，用方向键选择镜像文件 Dos622.GHO 后，单击“Open”按钮，弹出“显示备份信息”对话框。

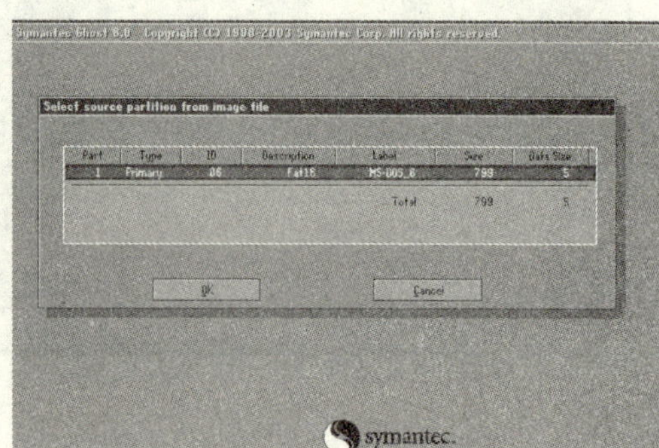

3 在“显示备份信息”对话框中，显示出选择镜像文件备份时的备份信息，当确认无误后，按回车键，弹出“选择目标硬盘”对话框。

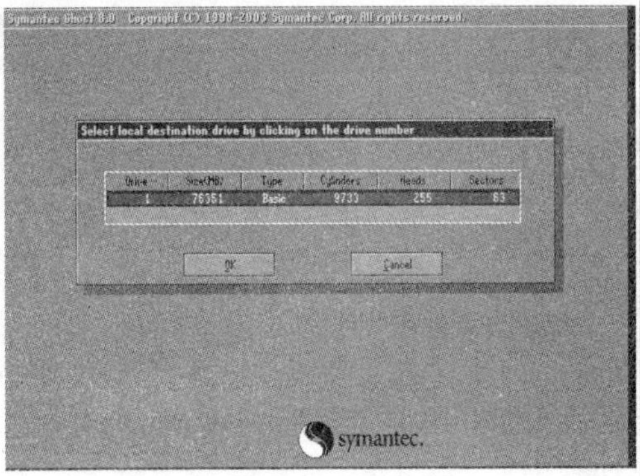

4 在“选择目标硬盘”对话框中，选择将镜像文件恢复到哪个硬盘。这里只有一个硬盘，不用选，直接按回车键，弹出“选择恢复到的分区”对话框。

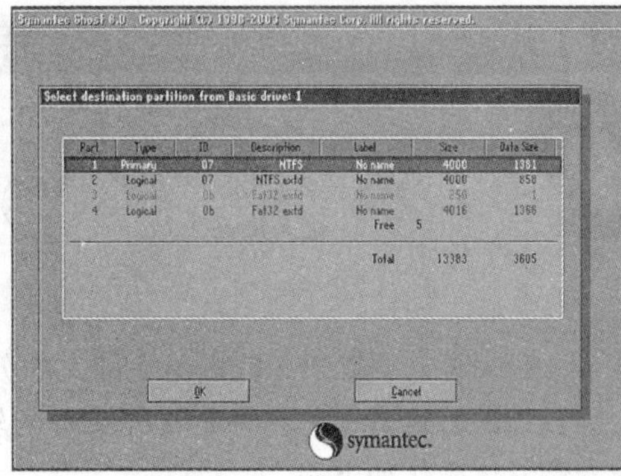

5 选择要恢复到的分区，这一步要特别小心。若要将镜像文件恢复到 C 盘（即第一个分区），就选第一项（第一个分区），按回车键，弹出恢复提示框。

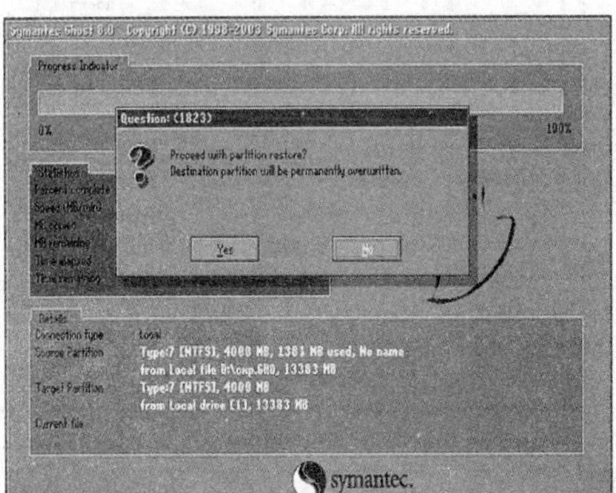

6 提示即将恢复，会覆盖选择分区破坏现有的数据，单击“Yes”按钮，即可将备份的镜像文件进行恢复，并显示恢复的进度。

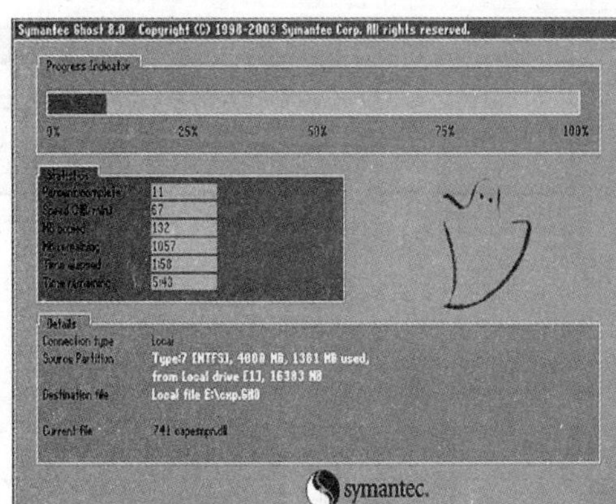

6.2 Windows 优化大师

Windows 优化大师是一个非常适用、功能强大的系统工具软件，通过该软件可以为系统提供全面、简便、安全的优化；及时地清理不需要的文件（如注册表、垃圾文件等）；十分有效地维护系统功能。

6.2.1 优化大师的安装

一般来说，下载到本地机器上的文件分为两种：一种是安装文件的可执行程序，只需要用鼠标双击即可运行；另一种是压缩文件的软件包，需要解压缩才能运行。Windows 优化大师的安装具体操作如下：

1 双击安装文件，弹出提示将要解压缩文件到硬盘中的对话框。

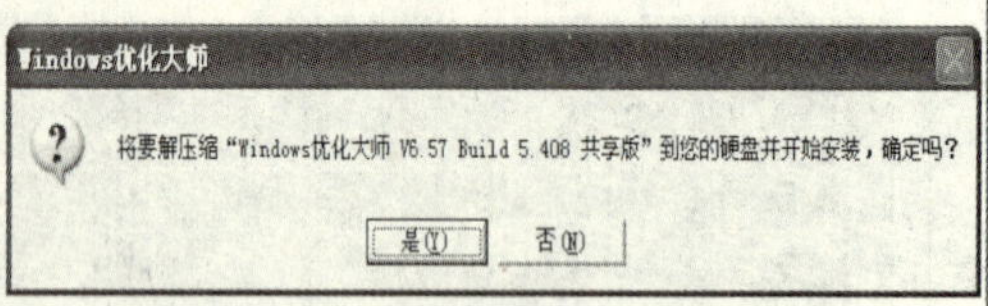

2 在该对话框中，单击“是”按钮，弹出安“安装协议对话框”。

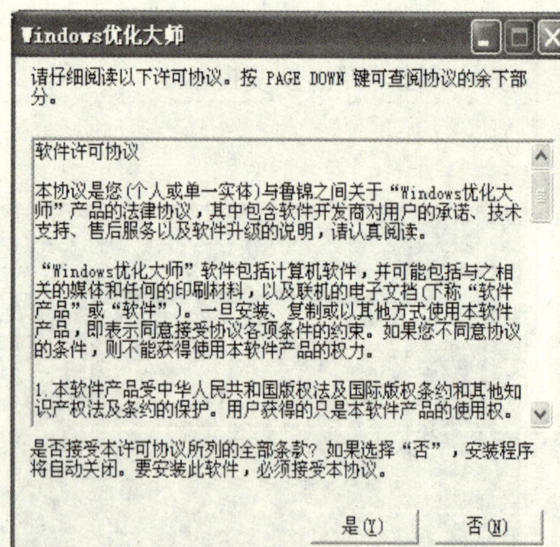

3 单击“是”按钮，接受协议，弹出“Windows 优化大师 安装/卸载”对话框。

4 选择“安装 Windows 优化大师”单选按钮，然后单击“下一步”按钮。

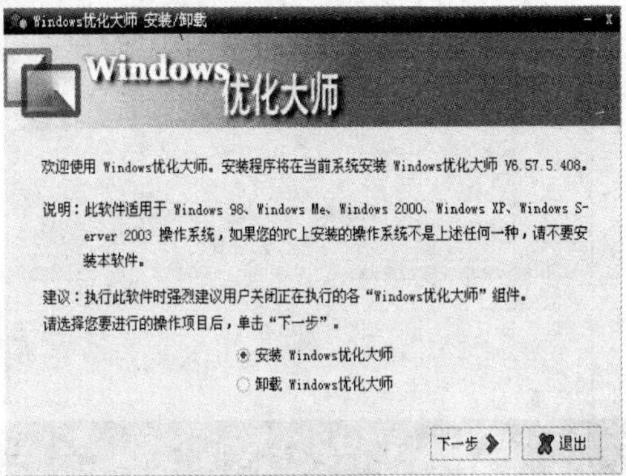

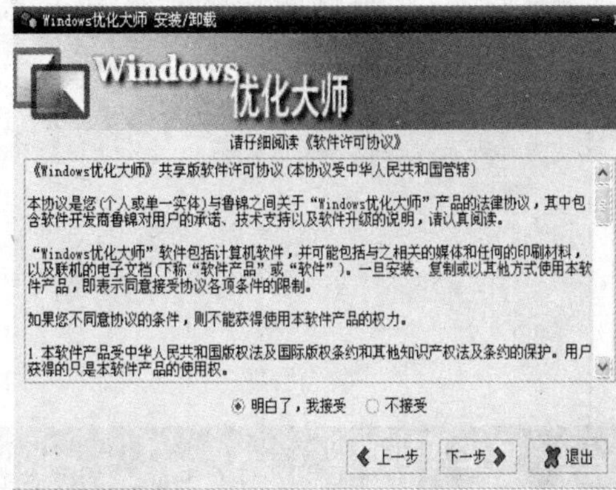

5 选择"明白了，我接受"单选按钮，接受安装许可协议，然后单击"下一步"按钮，弹出对话框，在路径栏中输入软件安装的路径，或者单击右边的图标，在弹出的菜单中选择路径即可。本例中选择将软件安装到 F 盘的优化大师目录中。

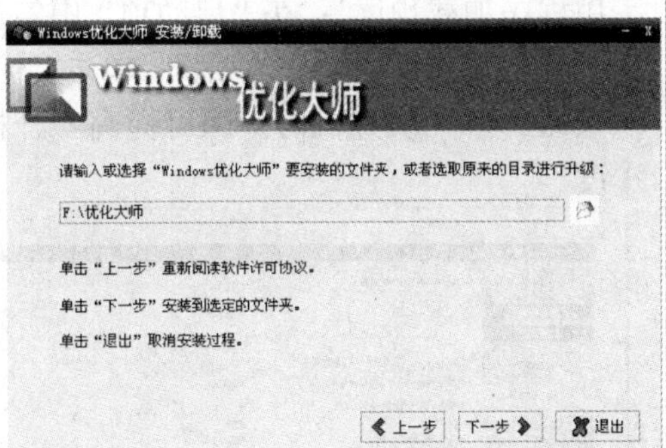

6 单击"下一步"按钮，弹出对话框，系统默认设置为全部选中，如果不需要安装 3721 上网助手（3721 是网络实名，是一款为网络用户定制的网络辅助管理软件。它具有功能强大的网络实名功能、隐私保护功能），可以用鼠标取消该选项。

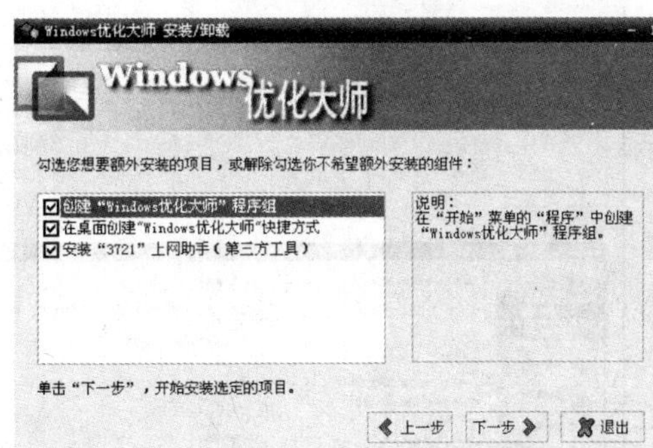

7 单击"下一步"按钮，弹出优化大师的安装界面。

8 当 Windows 优化大师已经正确安装到计算机中时弹出对话框，单击"完成"按钮，安装结束。

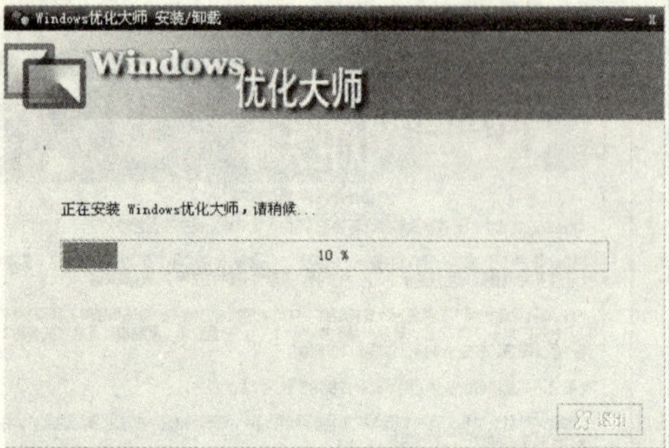

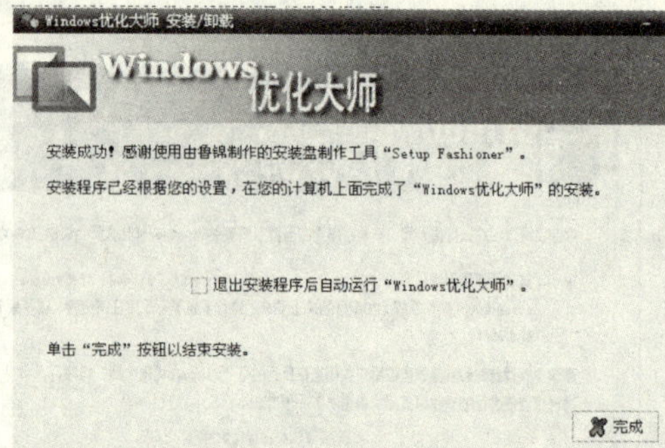

6.2.2 优化开机速度

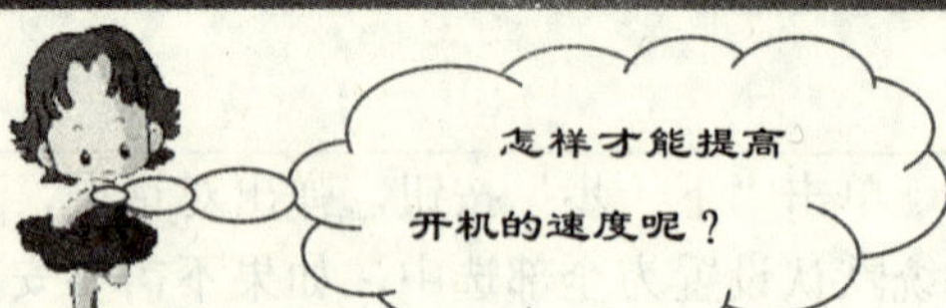

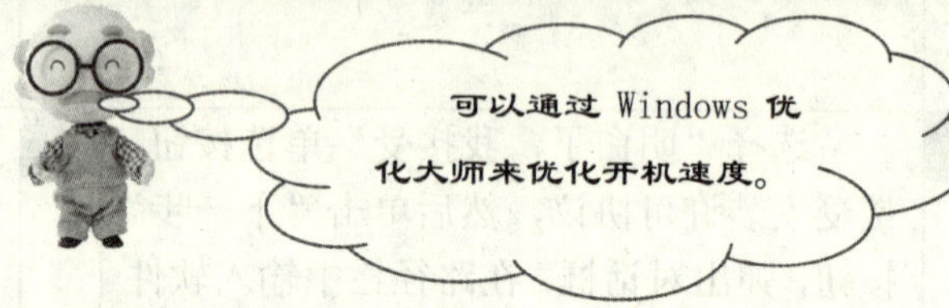

在 Windows 优化大师中，设置开机速度的具体操作步骤如下：

1 启动 Windows 优化大师，单击“系统优化”选项卡，在展开的面板中单击“开机速度优化”按钮，如下图所示。

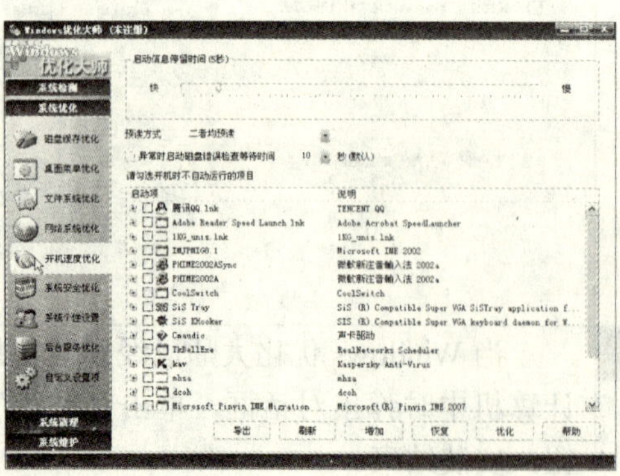

2 为了尽可能地加快“开机速度”，将“启动信息停留时间”下的滑块向左拖动，设置为“直接进入”；将预读方式设置为“应用程序加载预读”；在“启动项”中勾选开机时不需要自动运行的项目。单击“优化”按钮。下一次开机时，即可提高“开机速度”。

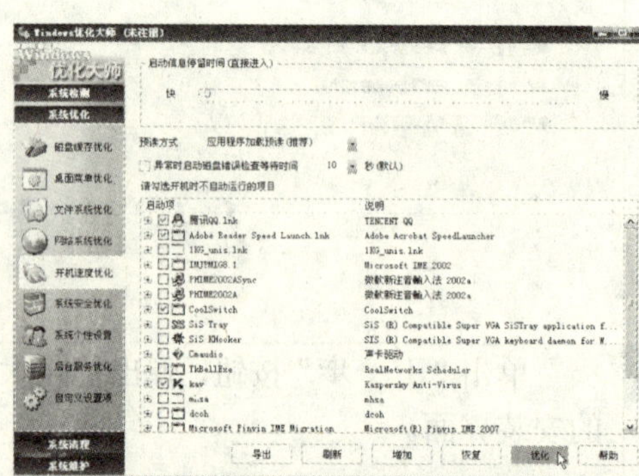

6.2.3 清理注册信息

在 Windows 优化大师中，清理注册信息的具体操作步骤如下：

1 启动 Windows 优化大师，单击“系统清理”选项卡，在展开的面板中单击“注册信息清理”按钮。如果是第一次使用“注册信息清理”，建议在“请选择要扫描的项目”下勾选所有的项目，单击“扫描”按钮。

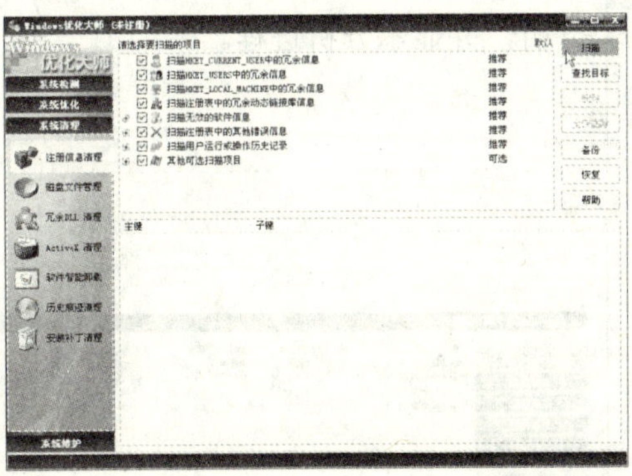

2 Windows 优化大师即对选择的项目进行扫描，在操作界面的底部显示当前“正在分析”的信息。

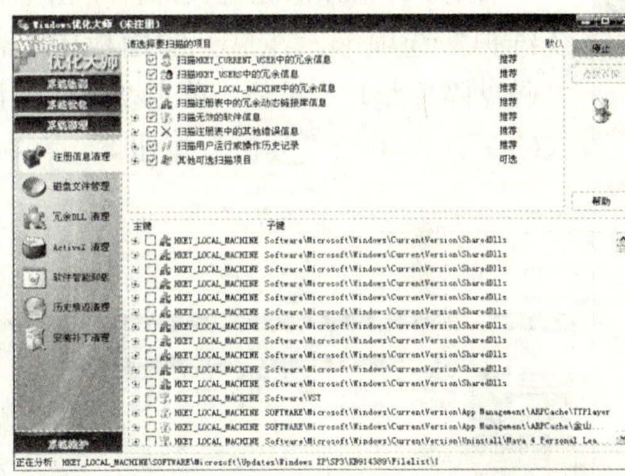

3 在“主键”区域选择需删除的项目，为了防止意外事件的发生，可先单击“备份”按钮进行备份操作，弹出“提示”对话框，根据选择项目的多少及大小不同，需要等待的时间也不同。

4 备份完成后，单击“删除”按钮，弹出“提示”对话框，单击“是”按钮，即可删除选择的“注册信息”。

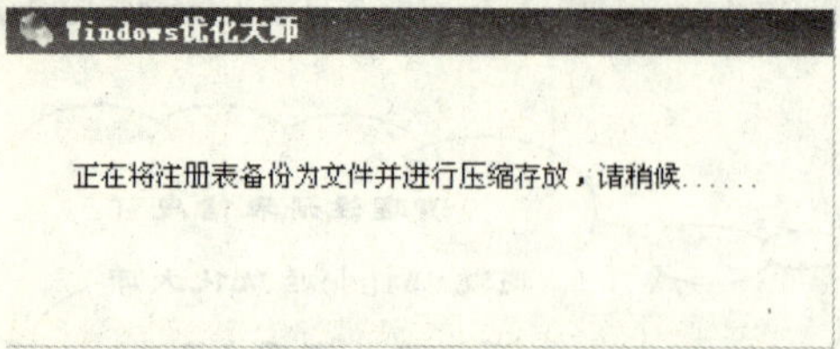

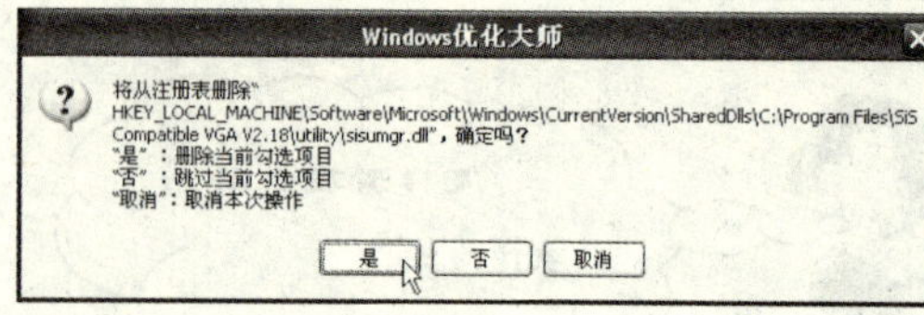

6.2.4 整理磁盘碎片

在 Windows 优化大师中，整理磁盘碎片的具体操作步骤如下：

1 启动 Windows 优化大师，单击"系统维护"选项卡，在展开的面板中单击"磁盘碎片整理"按钮。单击"本地磁盘（C:）"，再单击"分析"按钮。

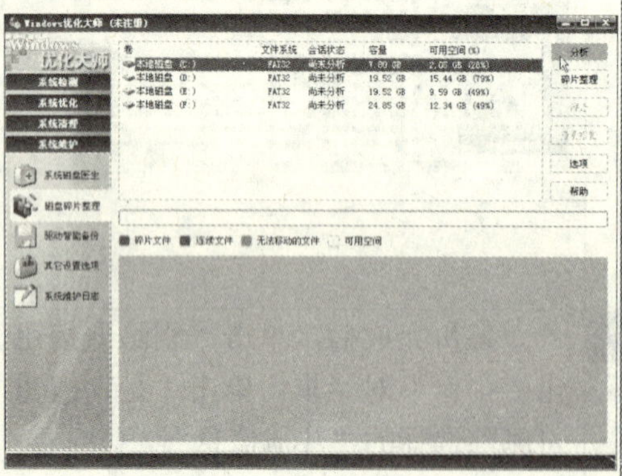

2 Windows 优化大师则进行"磁盘碎片"分析，并显示分析进程。

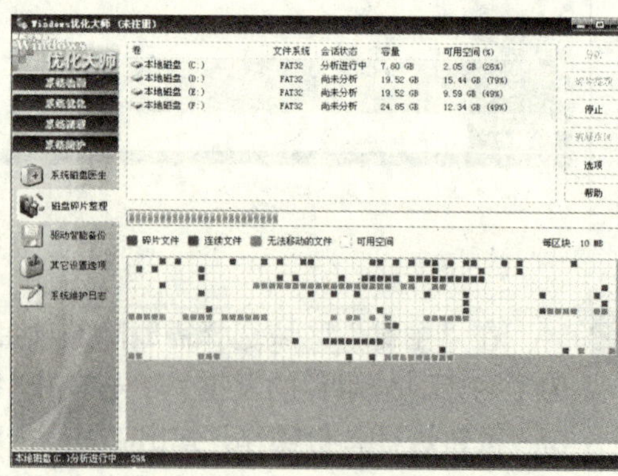

3	分析完成后,弹出分析报告,显示“本卷目前不需要进行磁盘碎片整理”,此时可单击“关闭”按钮,不对该卷作“碎片整理”。	4	对“本地磁盘(E:)”进行分析,弹出分析报告,显示“您应该对该卷进行磁盘碎片整理”,单击“碎片整理”按钮。

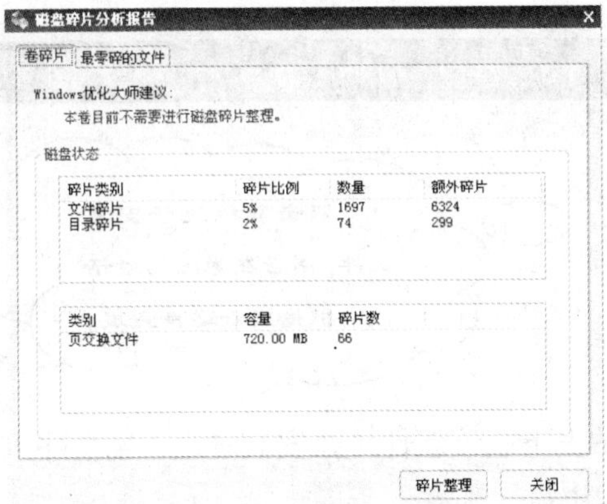

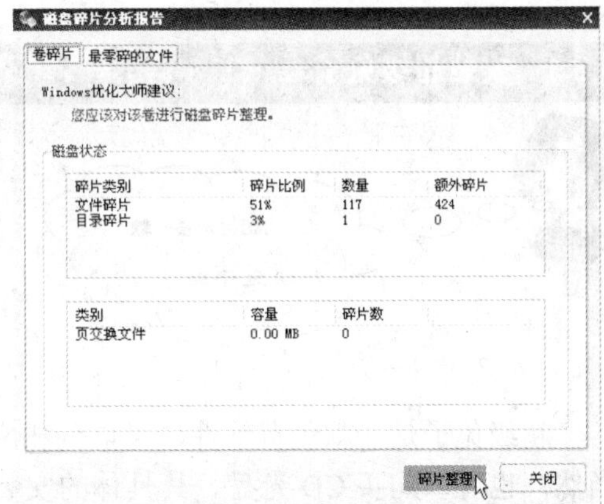

5	Windows 优化大师则进行“碎片整理”,并显示整理进程。碎片整理完成后,弹出“磁盘碎片整理报 告”对话框,单击“关闭”按钮。	提示: 合理的分配硬盘的分区和不要在整理磁盘时进行写操作可以加快磁盘整理的速度。

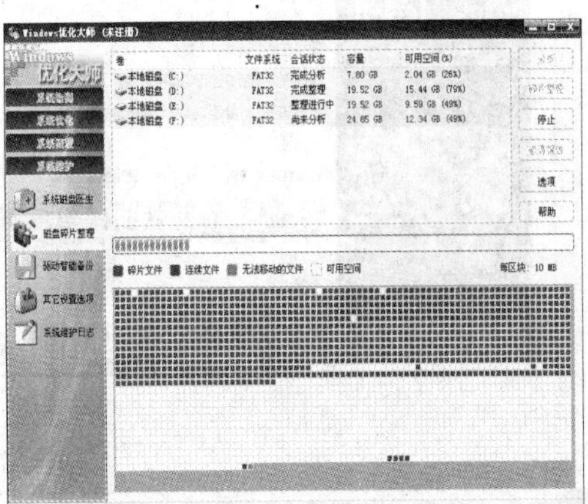

6.3 超级兔子魔法设置

超级兔子魔法是一个系统维护工具，在互联网上对该软件有多种称谓，如超级兔子、魔法兔子等。超级兔子魔法设置的版本类型也很多，如安装版、绿色版、企业版和个人版等。其中绿色版是 WinRAR 压缩文件，需要时直接解压即可使用，不需要安装。

6.3.1 安装超级兔子

超级兔子是一款免费软件，可以到相应的网站去下载该软件，在安装时也不需要序列号；当然，也可以购买 CD 光盘。其具体的安装步骤如下：

打开超级兔子安装文件。

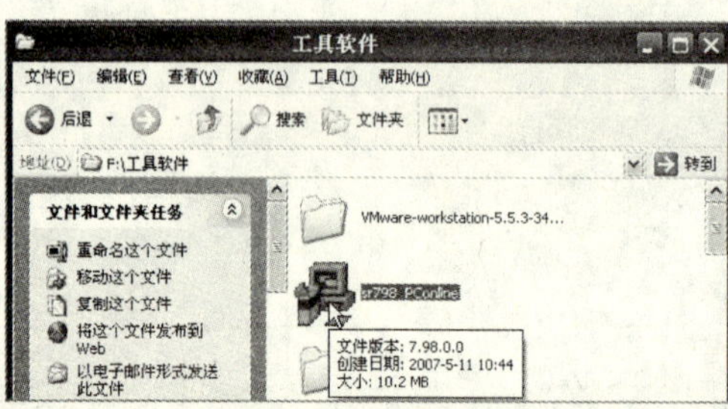

2 在该文件夹中双击超级兔子 V7.98 安装文件，弹出“魔法兔子”对话框。

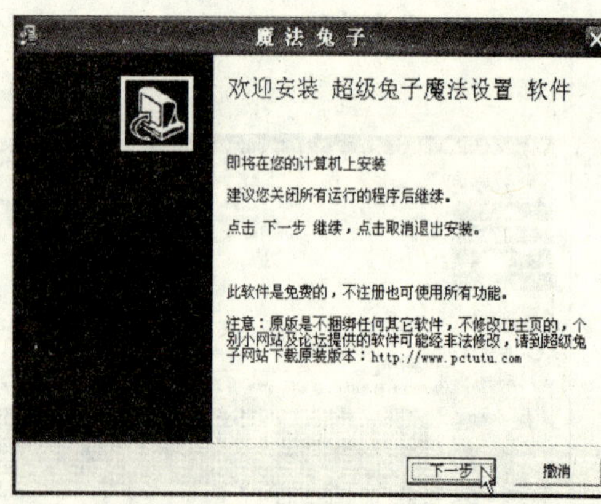

在该对话框中，单击“下一步”按钮。弹出对话框。

4 在该对话框中，单击“同意”按钮，弹出对话框。

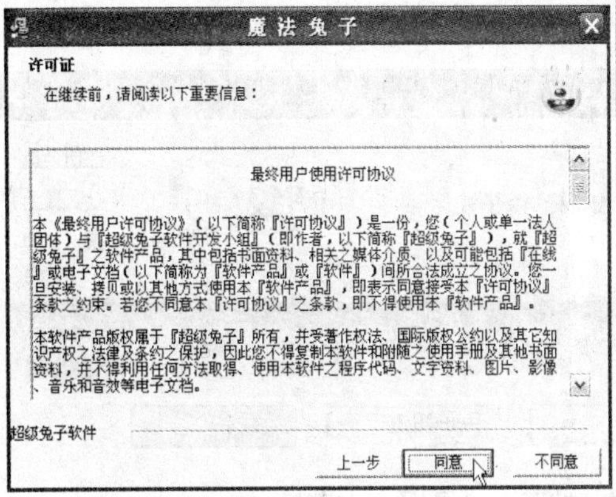

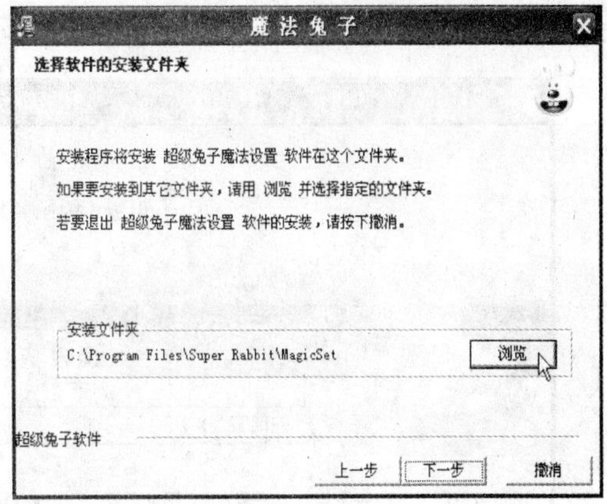

5 在该对话框中，单击“浏览”按钮选择安装的目标文件夹。

6 设置好安装目标文件夹后，单击“OK”按钮，系统将自动安装，安装完成后弹出对话框，在该对话框中可根据个人需要选择各选项，单击“完成”按钮。至此，完成超级兔子 V7.98 的安装。

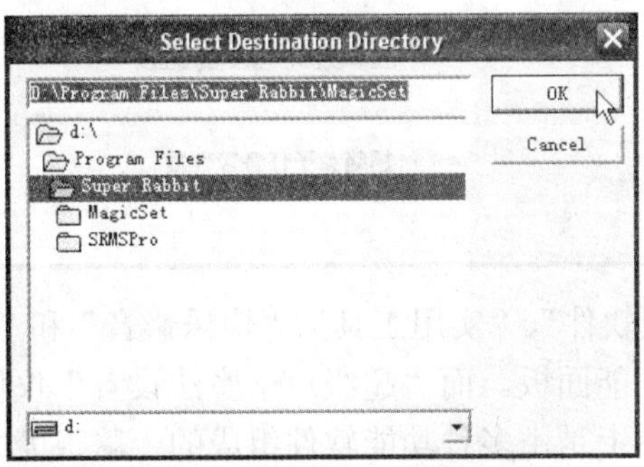

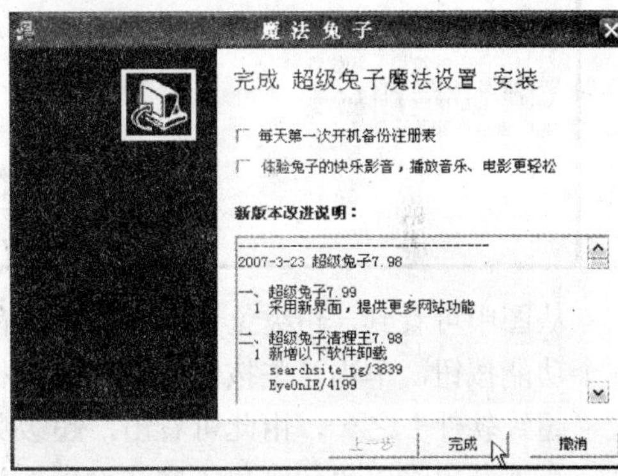

6.3.2 使用超级兔子魔法设置

怎样使用超级兔子魔法设置呢？

使用超级兔子魔法设置最简单的方法是在“超级兔子操作界面”中完成。

安装好超级兔子后，执行“开始 / 所有程序 / 超级魔法兔子设置 / 超级兔子”菜单命令，弹出超级兔子 V7.98 操作界面，如下图所示。

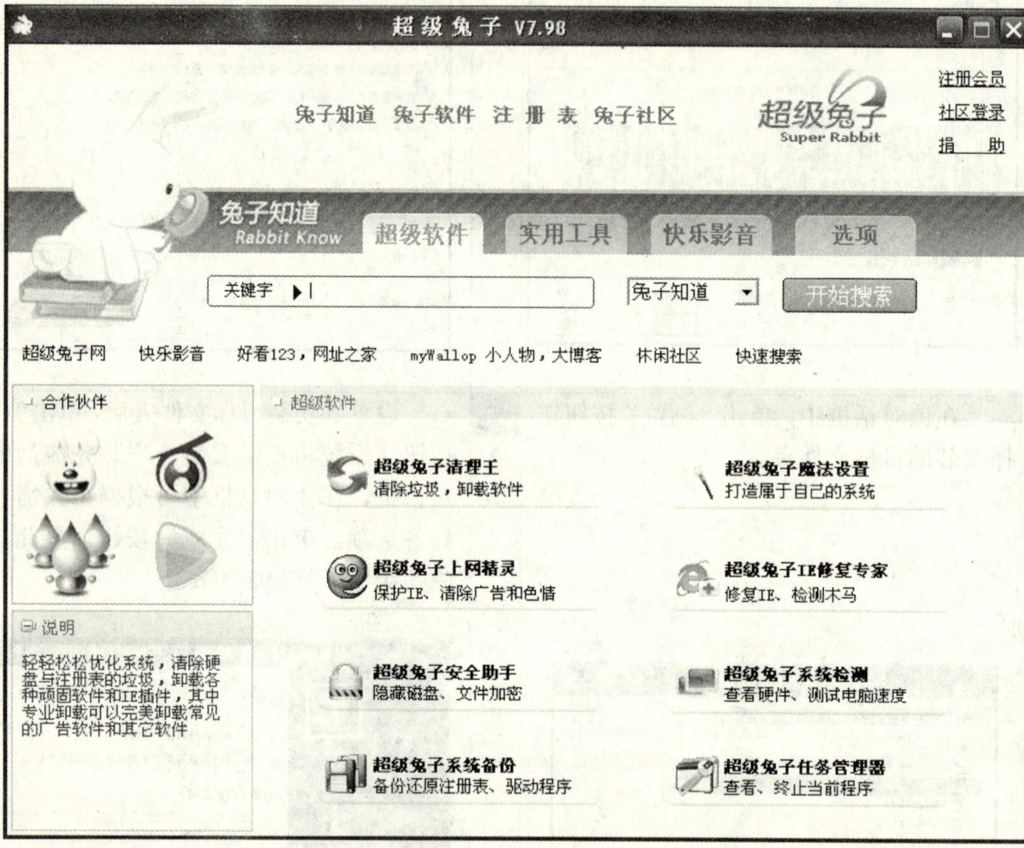

从图中可看到，超级兔子 V7.98 包含有“超级软件”、“实用工具”、“快乐影音”和“选项”4 个功能按钮，单击这些按钮，即可进入相应的功能面板。而“超级兔子魔法设置”仅仅是 8 大“超级软件”之一，由此可看出，超级兔子实际上是由多种功能软件组成的一款很庞大的套件。在本节中将以“超级兔子魔法设置”为例进行讲解。

6.3.3 启动程序设置

进入“超级软件”面板，单击“超级兔子魔法设置”按钮，弹出“超级兔子魔法设置 V7.98”对话框，在该对话框的右边部分为“感谢”及“使用提示”；在左边部分有“魔法设置”和“其他功能”两个面板。在“魔法设置”面板中包含有 8 个“文字超链接”及其相对应的图标。单击“文字超链接”，即可进入其相对应的面板。下面仅以“启动程序”和“个性化”的魔法设置为例进行介绍，其操作步骤如下：

1 启动超级兔子，然后单击“启动程序”超链接。

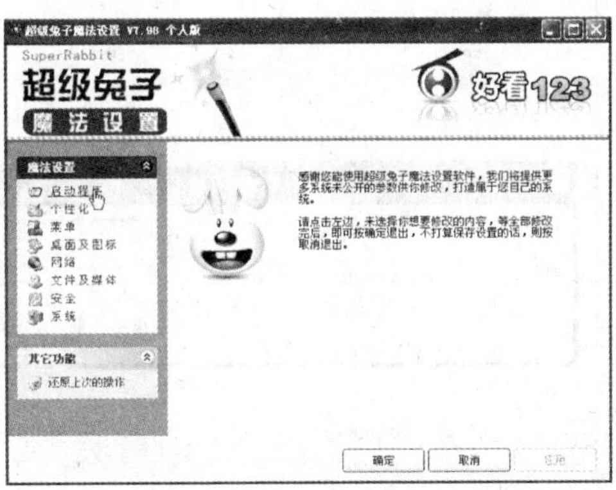

2 单击“启动程序”超链接后，弹出如下图所示的面板。在该面板中有“自动运行”、“NT 多系统选择”和“系统服务”3 个选项卡，单击相应选项卡，即可进入相应的功能面板。默认显示“自动运行”功能面板，该面板以表格的形式将“项目名称”和“说明”分为两列。如需将某个程序设置为开机即运行，可选择该程序名称前面的按钮（即打上√）；如要将某个程序设置为开机时不运行，可取消该程序名称前面的按钮（即空白）。

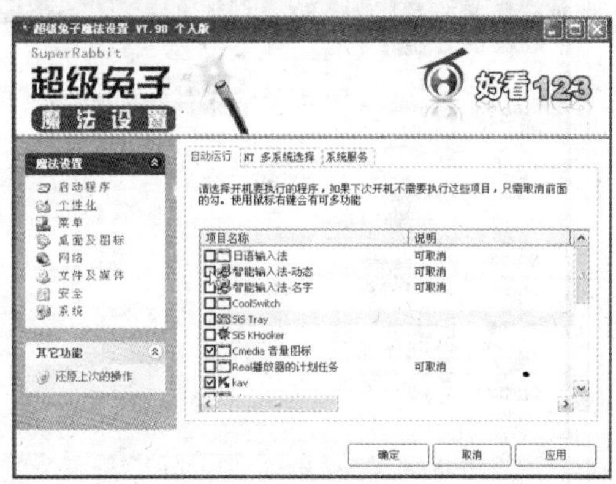

3 在某个程序名称上单击鼠标右键，弹出快捷菜单。在该菜单中包括有“取消启动”、“允许使用”、“删除项目”、“运行程序”、“编辑项目”和“新建项目”菜单命令。

4 根据需要选择各个命令，如单击“编辑项目”命令，弹出“编辑启动项目”对话框。

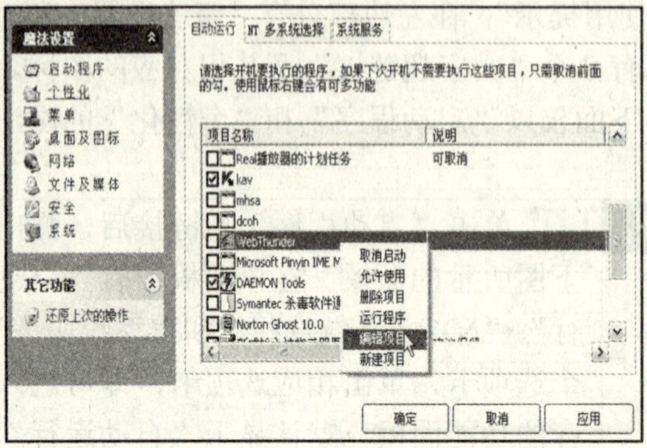

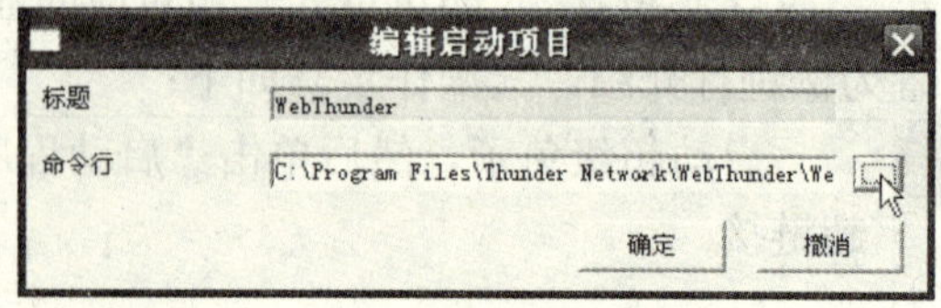

5 单击“命令行”后的矩形按钮，弹出“打开”对话框，在该对话框中选择文件路径，单击“打开”按钮。

6 回到“编辑启动项目”对话框，在“命令行”中修改为 F:\webxl_01556.exe，单击“确定”按钮。

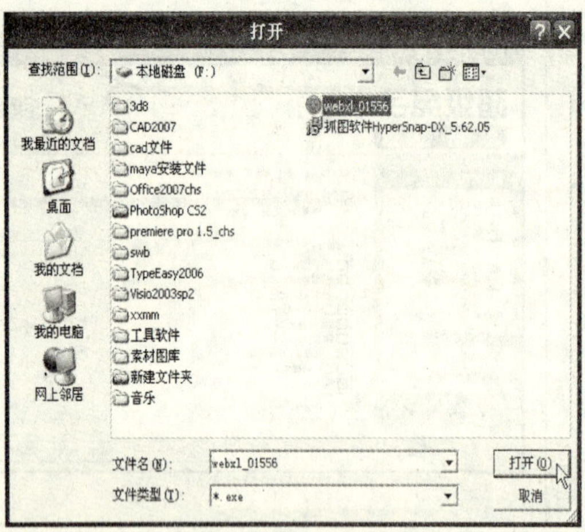

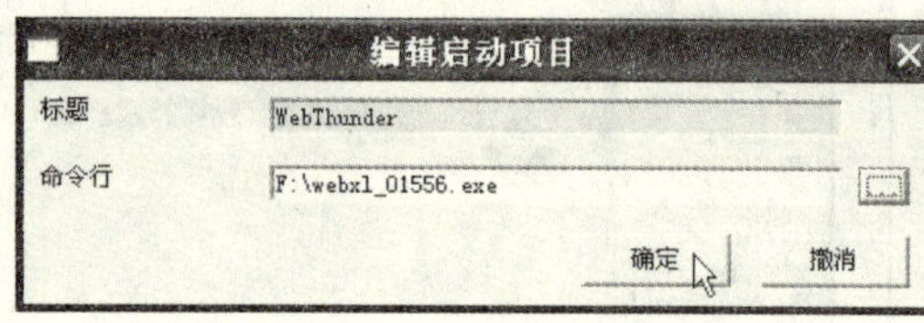

7 回到“自动运行”面板，此时，还可以设置其他的程序，如不再设置，单击“应用”按钮。再单击“确定”按钮，即可保存前面的设置。

8 执行“开始 / 运行”菜单命令，弹出对话框，在打开后的文本框内键入刚才编辑的程序“命令行”。

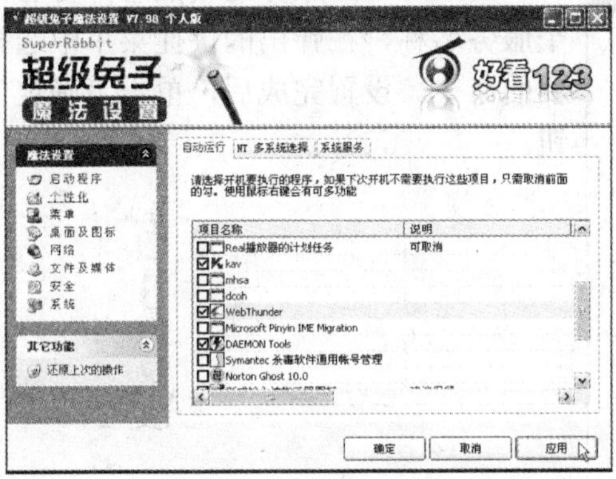

9 单击“确定”按钮，弹出“安装 Web 迅雷”对话框，如果单击“我接受”按钮，即可进行该软件的安装。此处，作者并不需要安装此软件，故单击 “取消”按钮。

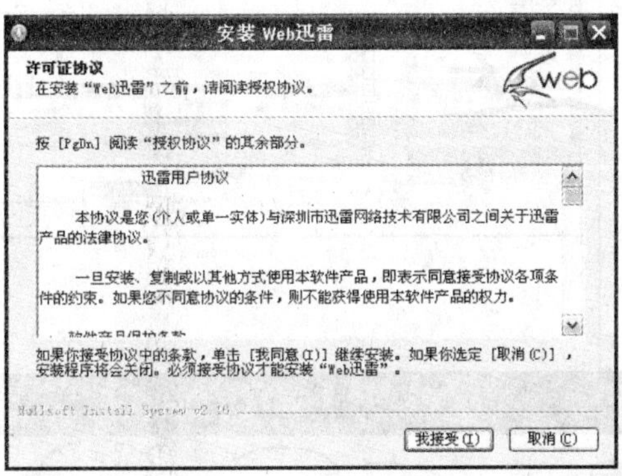

10 回到步骤 2 所示的面板，单击“NT 多系统选择”选项卡，弹出面板。此项设置是针对安装多个系统的电脑，如果在电脑中安装有多个系统，在此面板中就可以设置开机时需运行的系统，以及设置自动出现启动菜单和等待时间。

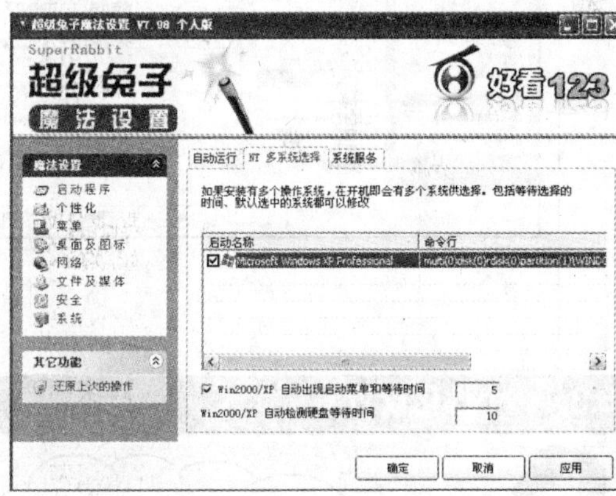

提示：

由于在本机中只安装了一个操作系统，因此，在该面板中只有一个操作系统名。如果是经常使用的电脑，在每次启动都自动检测硬盘会浪费时间，因此，在这里可以将“自动检测硬盘等待时间”设置得更长一些。这样，在启动系统时，当显示“自动检测硬盘等待”时，才有足够的时间按回车键，这样就不用检测硬盘，从而缩短了启动系统的时间。

单击“系统服务”选项卡，弹出面板。启用过多的系统服务会导致系统运行缓慢，减少不必要的服务可以令系统运行更顺畅。但是，不要取消操作系统本身需要的服务。如果是对这些服务不太熟悉，而取消了某个操作系统需要的服务，系统的运行将出现问题，甚至不能运行。所以，建议不要使用“自定义”，可单击“自定义”右边的下拉箭头，在下拉列表中选择适合自己的设置，如选择 WinXP 专业版默认。

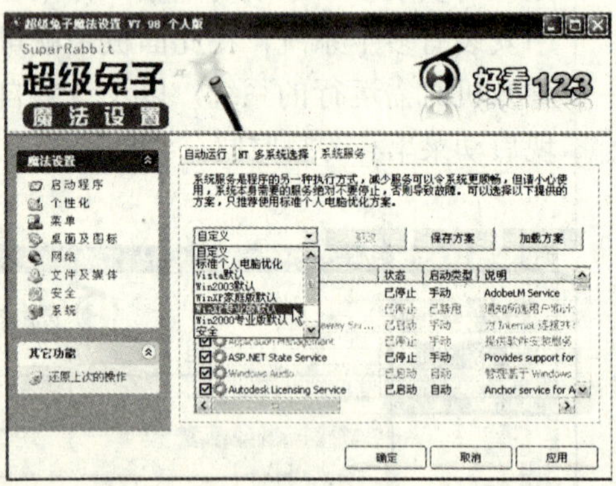

如果对这些服务比较熟悉，可右击某个服务名称，在弹出的快捷菜单中选择需要的命令。设置完成后，单击“确定”按钮。

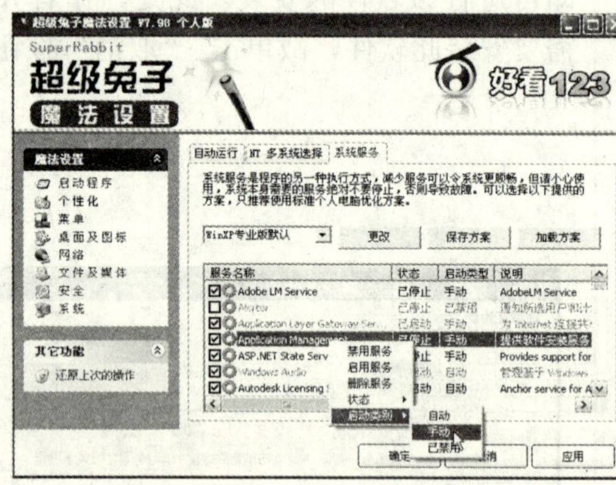

6.3.4　个性化设置

在“魔法设置”面板中单击“个性化”按钮，弹出如下图所示的面板。该面板包含“输入法顺序”、“OEM 信息”、“外观”、“文件夹图标”、“光驱音效”和“键盘”6 个选项卡。单击这些选项卡即可进入相应的面板进行设置。

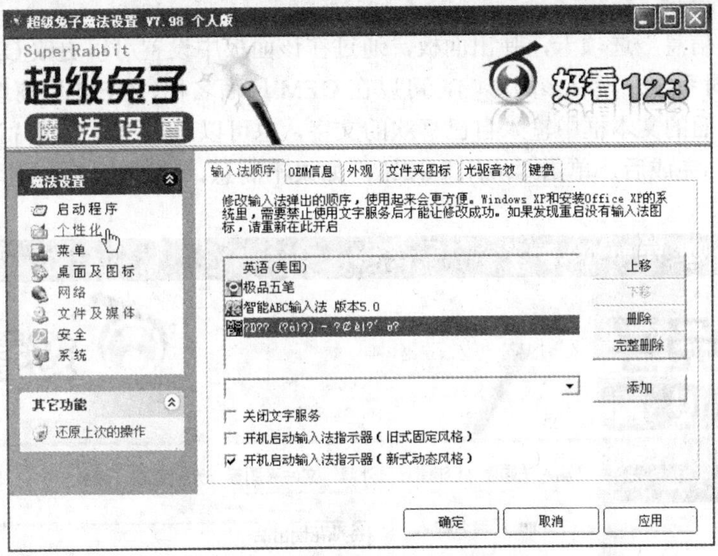

• 输入法顺序

在该面板中还可以通过单击“删除”按钮将不常用的输入法删除。单击“删除”按钮，不会从系统中直接删除输入法，当需要用的时候，可再进入该面板，将其添加即可。而单击“完全删除”按钮将从系统中把选择的输入法彻底删除，并且不能通过添加的方式将完全删除后的输入法还原，因此，最好不使用“完全删除”按钮。

在超级兔子中添加输入法的具体操作步骤如下：

1 要添加输入法时，可单击“添加”按钮左边的下拉箭头，在弹出的列表中选择需添加的输入法，如选择“中文（简体）-双拼”输入法。

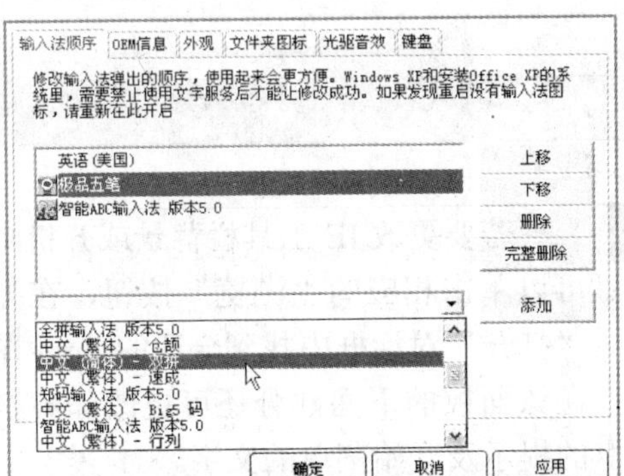

2 单击“添加”按钮，即可将其添加。再单击“应用”按钮。

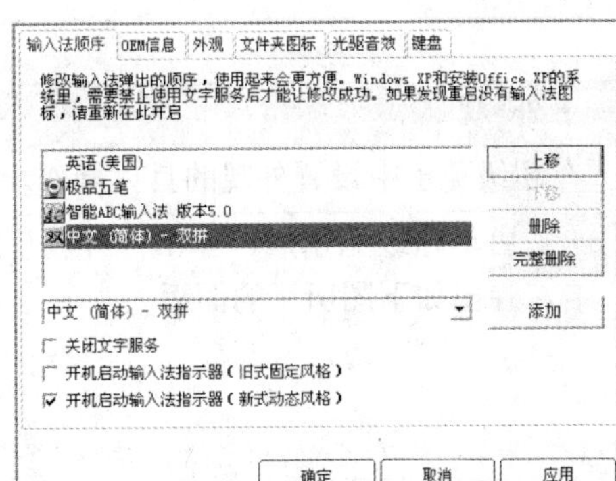

·OEM 信息

单击“OEM 信息”选项卡，弹出面板，通过在该面板中设置可以更改 OEM 信息。在此面板做的所有修改对系统并没有多大影响，可以在 OEM 厂商名称、OEM 厂商地址、CPU 商家标识和 CPU 标识后面的文本框中输入自己喜欢的文字，也可以单击“更改图片”按钮来选择一幅自己喜欢的图片。完成后，单击“应用”按钮，如果不满意，可单击“全部清除”按钮。

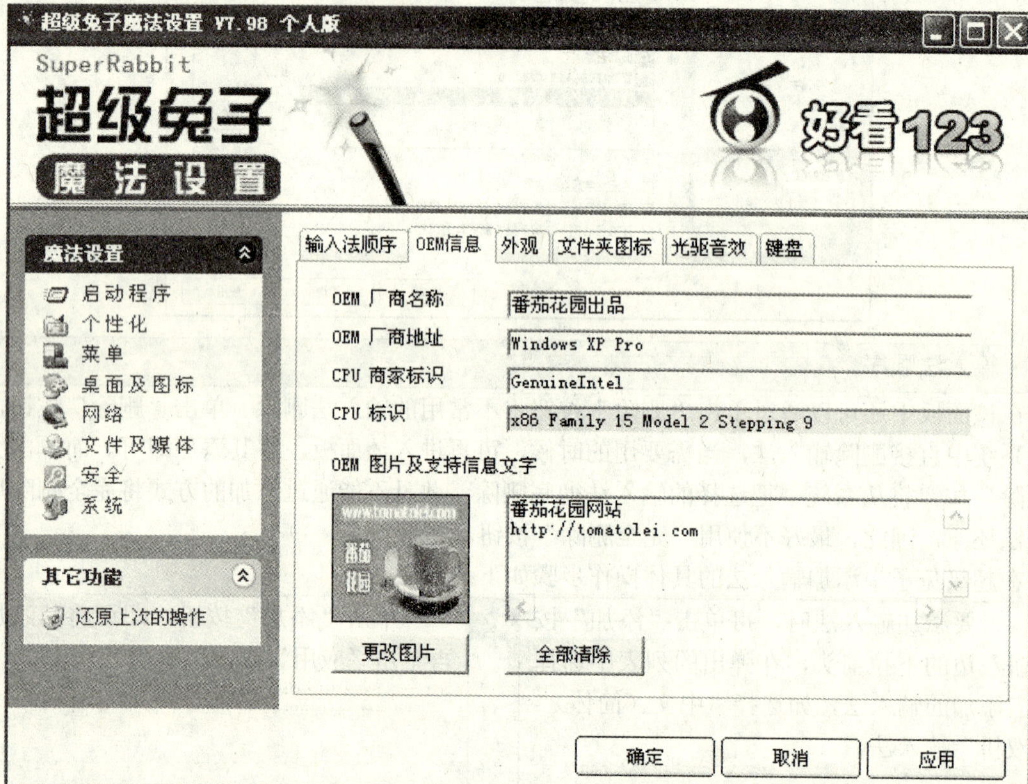

·外 观

在超级兔子中设置外观的具体操作步骤如下：

1 启动超级兔子后，单击“外观”选项卡，弹出如下图所示的面板。

2 若要更改 IE 工具栏背景或开机画面，可以单击相应的“浏览”按钮，在弹出的“打开”对话框中找到合适的 bmp 图片。在该面板的下面部分还可更改任务栏时间的提示及开始菜单的文字。

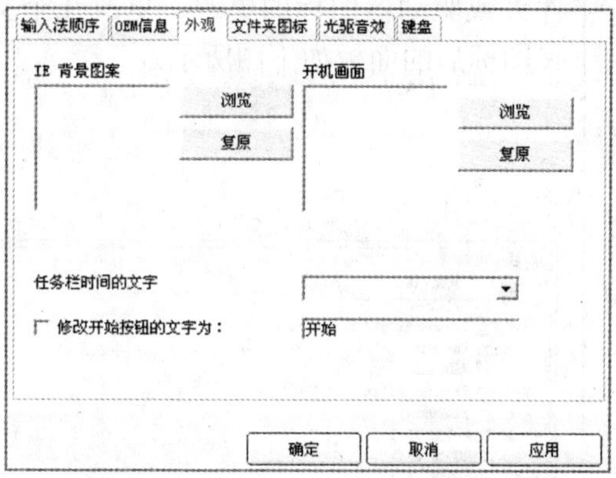

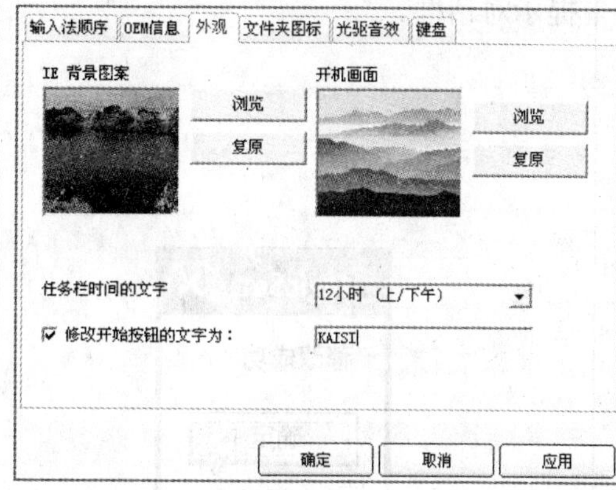

提示：

并不是所有的图片都适合做开机时的画面，而且只有 Windows 98 和 Windows XP 系统的用户才能更改。

• 文件夹图标

在超级兔子中，设置不同文件夹图标的具体操作步骤如下：

启动超级兔子后，单击“文件夹图标”选项卡，弹出面板，在该面板中可更改硬盘、文件夹的图标。

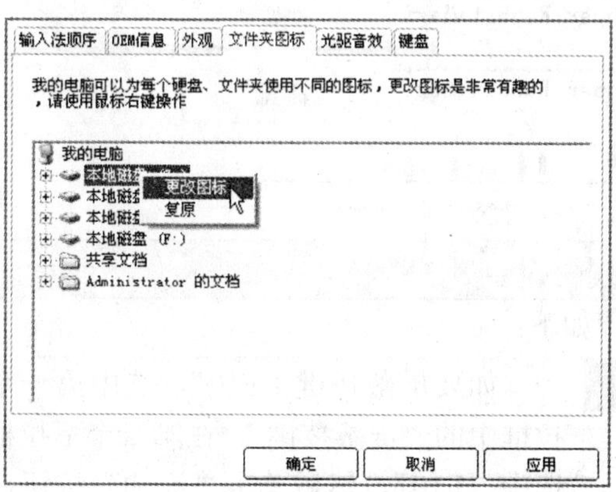

如果要更改某个文件夹的图标，可右击该文件夹，在弹出的菜单中单击“更改图标”命令，弹出对话框，在该对话框中选择图标（也可单击“浏览”按钮选择其他的图标）。

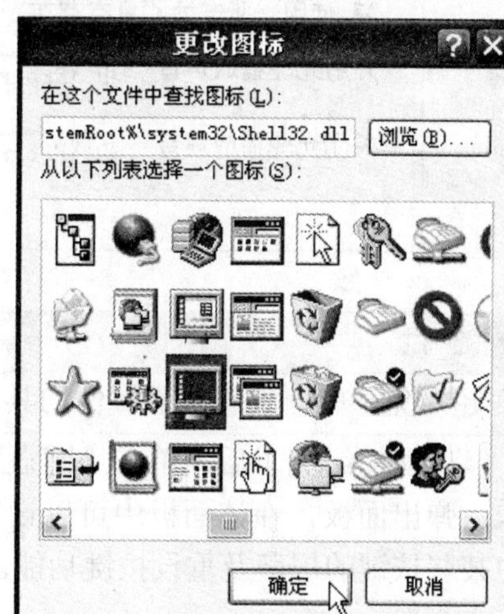

3 单击“确定”按钮，弹出“修改成功”提示对话框。

4 单击“确定”按钮，即可完成选定文件夹或驱动器图标的更改。更改几个文件夹图标后的面板如下图所示。

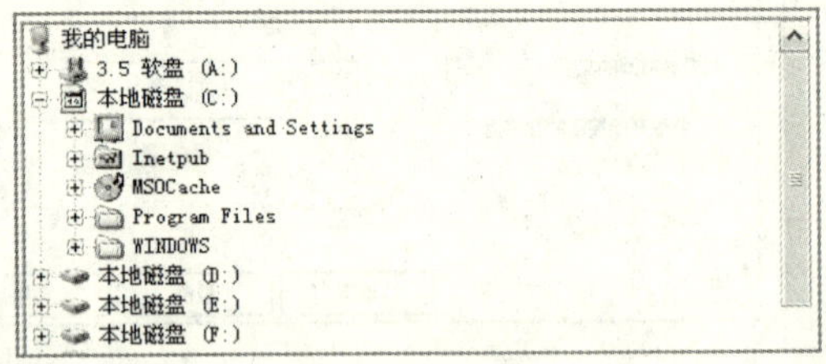

• 光驱音效

单击“光驱音效”选项卡，弹出如下图所示的面板，在该面板中可使用光驱音效。点击“浏览”按钮，选取想要的“开启光驱播放声音”和“关闭光驱播放声音”即可。同时，要使用光驱音效，必须要在光驱中放入光碟时才能生效。

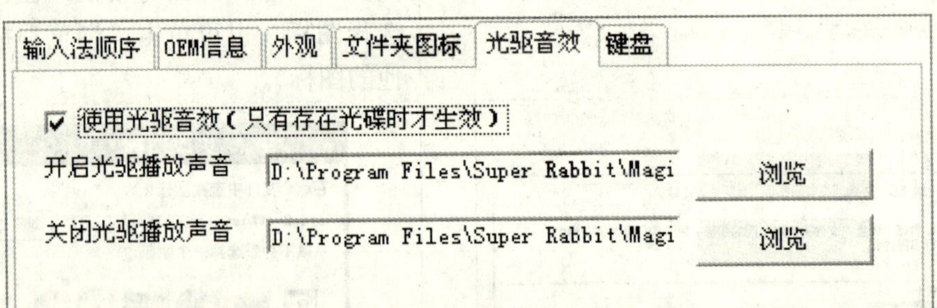

• 键 盘

在超级兔子中，设置键盘属性的具体操作步骤如下：

1 启动超级兔子后，单击“键盘”选项卡，弹出面板，在该面板中可以设置键盘中某些按键的屏蔽及重设按键功能。

2 如要屏蔽按键“F10”，选中第一个下拉框中的“屏蔽按键”，在第二个下拉框中选中“F10”，然后单击“添加”按钮，就可以屏蔽“F10”按键。

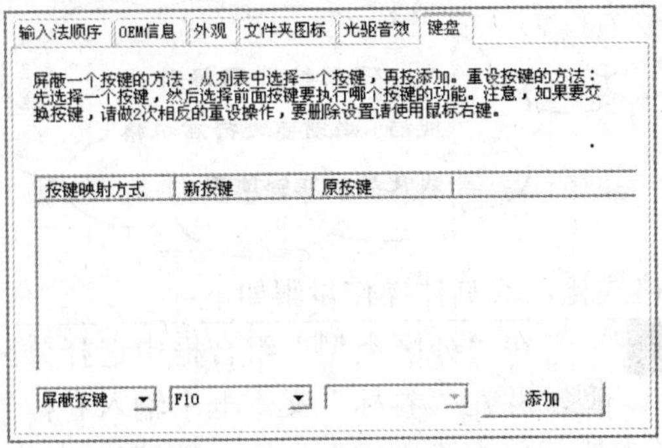

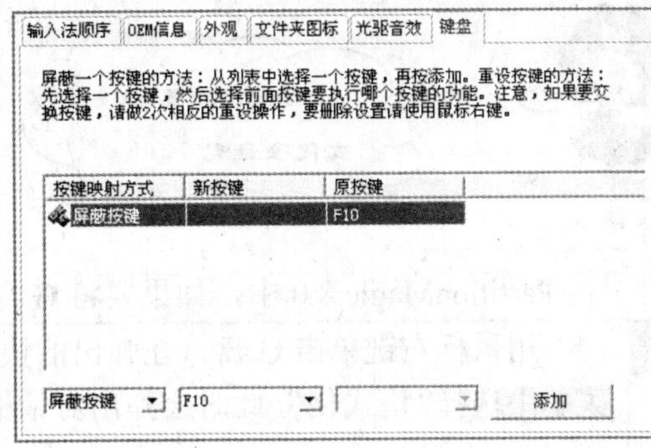

3 如需重设按键，可将第一个下拉框设置为“重设按键”，在第二个下拉框中选中需重设的按键（如小键盘 5），在第三个下拉框中选择一个替代按键（如 Y），然后单击“添加”按钮，即可完成按键的重设。

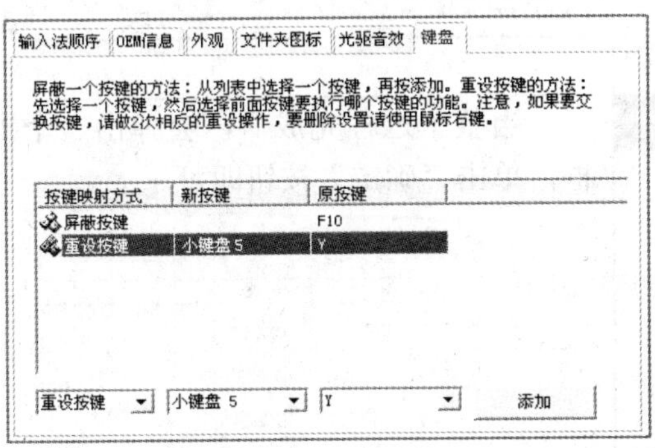

如果要取消按键的屏蔽，可在列表中单击需要取消屏蔽的按键或重设按键，再单击弹出的“删除”命令，即可取消该按键的屏蔽。最后单击“确定”按钮。在重启系统或注销系统后这些设置即可生效。

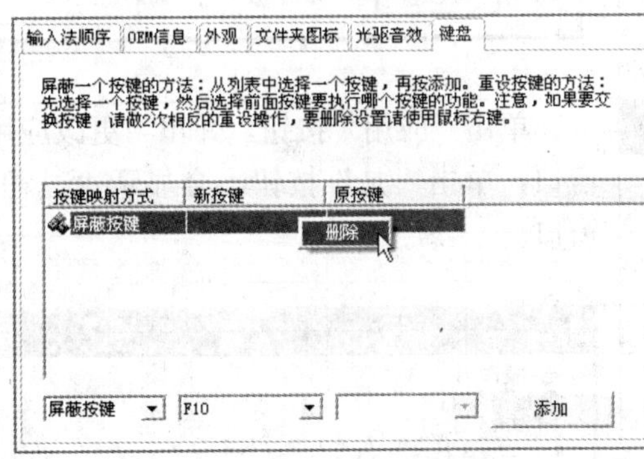

6.4 磁盘分区

PartitionMagic 8.0 也叫做魔术分区，是目前硬盘分区管理工具中最好用的磁盘分区软件，其最大特点是允许在不损失硬盘中原有数据的前提下对硬盘进行重新设置分区、分区格式化以及复制、移动、格式转换和更改硬盘分区大小、隐藏硬盘分区等操作。

6.4.1 格式化硬盘

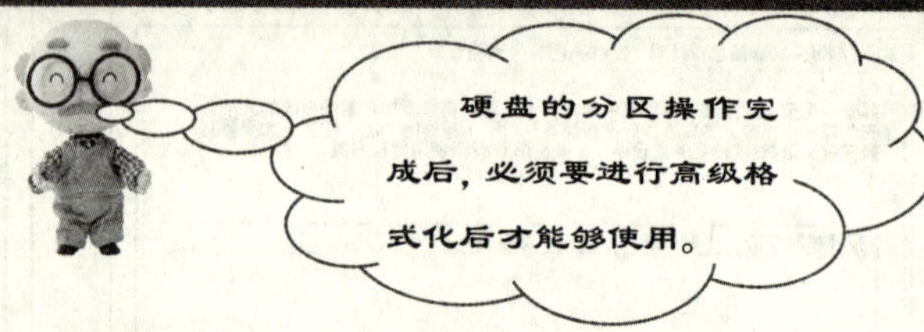

在 PartitionMagic 8.0 中，如果要将 G 盘进行格式化，其具体操作步骤如下：

1 用鼠标右键单击 G 盘，在弹出的快捷菜单中选择“格式化”，此时会弹出对话框。

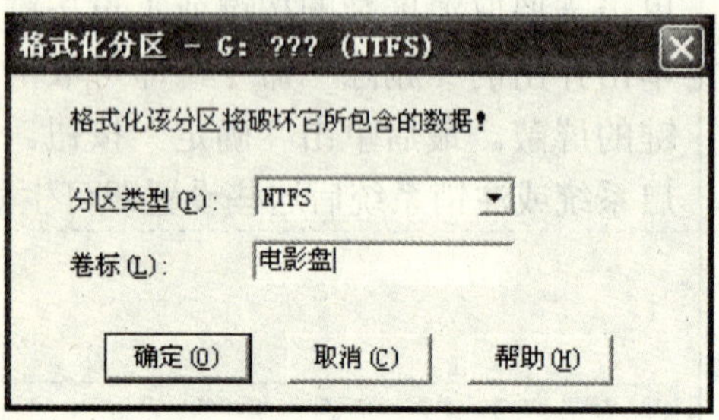

2 在“分区类型”组合框中选择分区类型，并在“卷标”文本框中输入卷标号，然后单击“确定”按钮，稍等片刻后，会返回到主窗口中，并显示 1 个操作挂起。

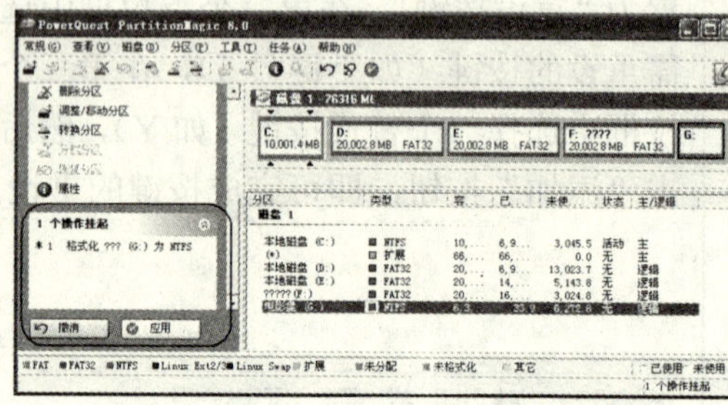

3 单击“应用”按钮，弹出“更改应用”窗口，单击“是”按钮，会显示“过程”窗口。

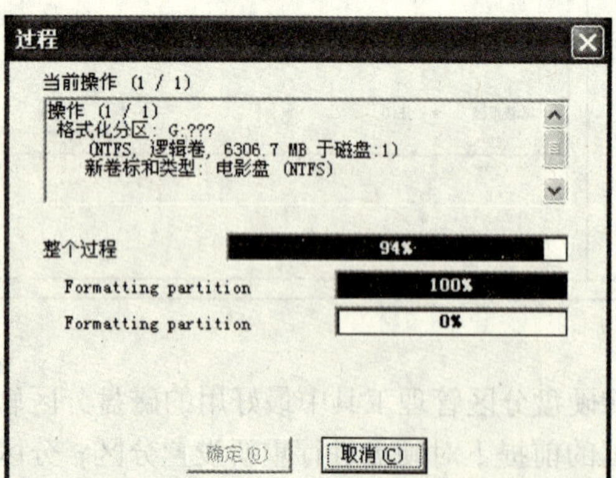

4 当整个过程完成后，会弹出一个提示框，单击“确定”按钮即可。

6.4.2 重新分配自由空间

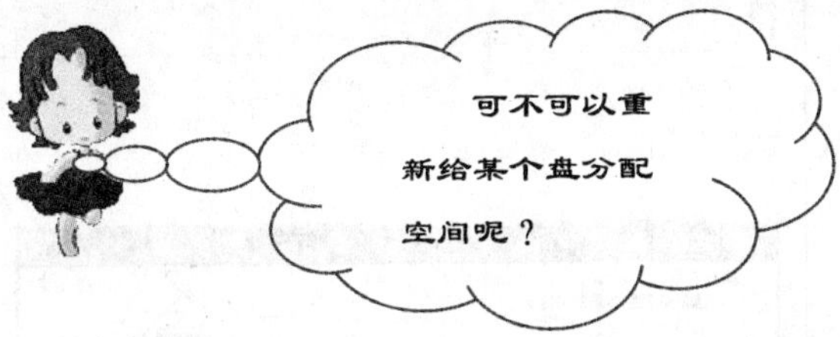

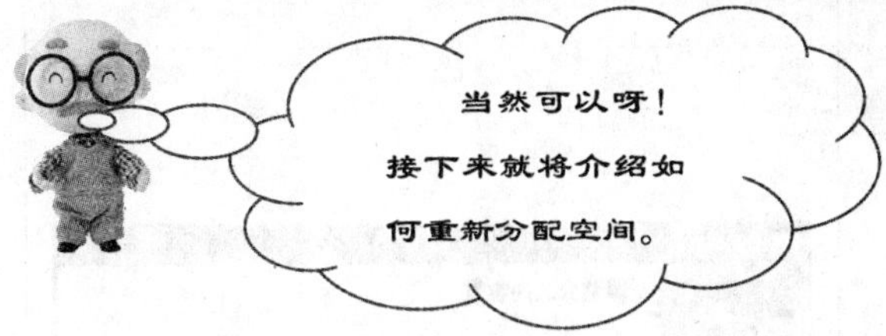

在 PartitionMagic 8.0 中，如果要将 G 盘的容量进行调整，其操作步骤如下：

用鼠标右击 G 盘，在弹出的快捷菜单中选择“调整容量/移动”命令，会弹出窗口，在相应的文本框中输入数据。

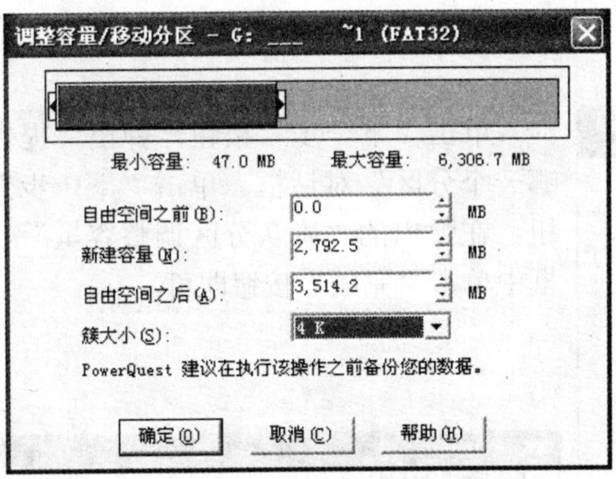

单击“确定”按钮，这时将会多一个分区（*）。

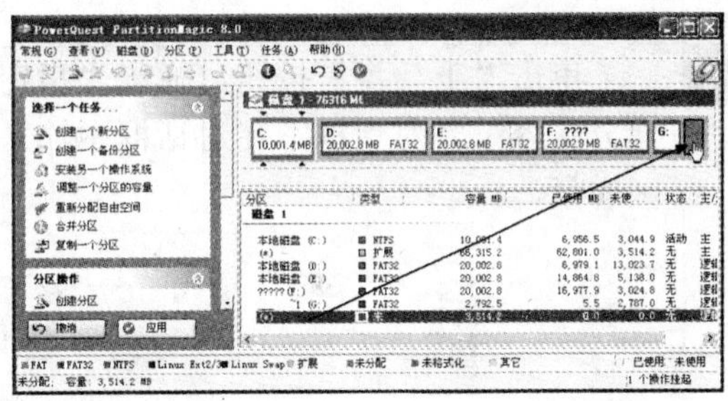

6.4.3 调整分区的容量

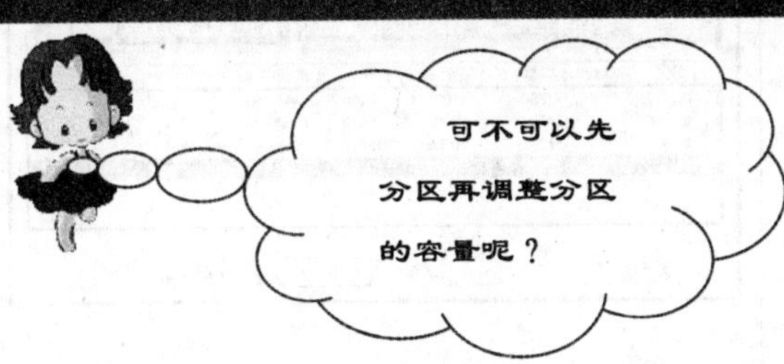

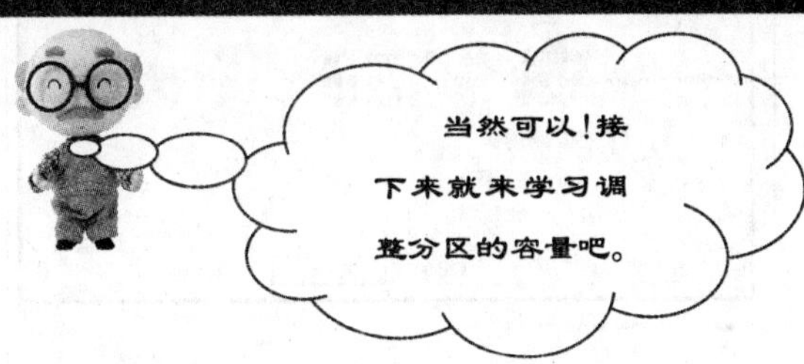

在 PartitionMagic 8.0 中，如果要将 G 盘的容量调整 1 000MB 到 F 盘，其操作步骤如下：

1 单击主窗口左侧的“调整一个分区的容量”，弹出“调整分区容量”对话框。

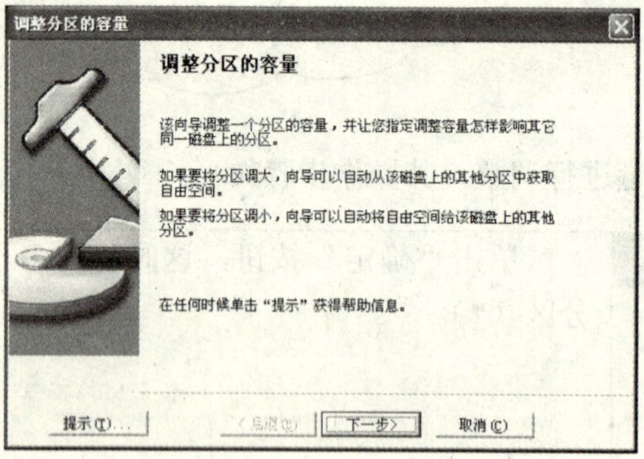

2 单击“下一步”按钮，弹出“选择分区”对话框，在此选择需要调整分区的盘符。

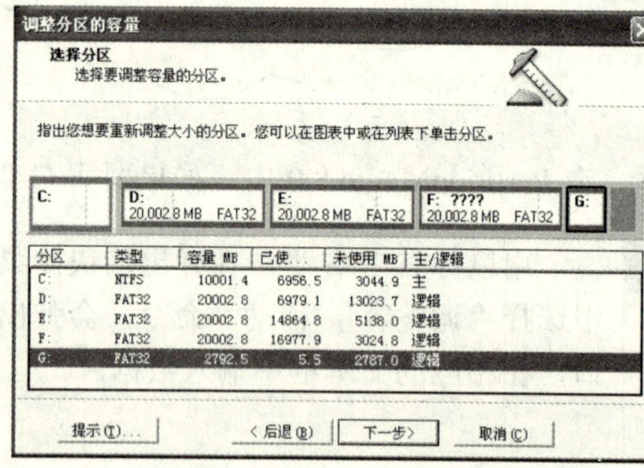

3 单击“下一步”按钮，弹出“指定新建分区容量”对话框，在对话框中输入分区容量。

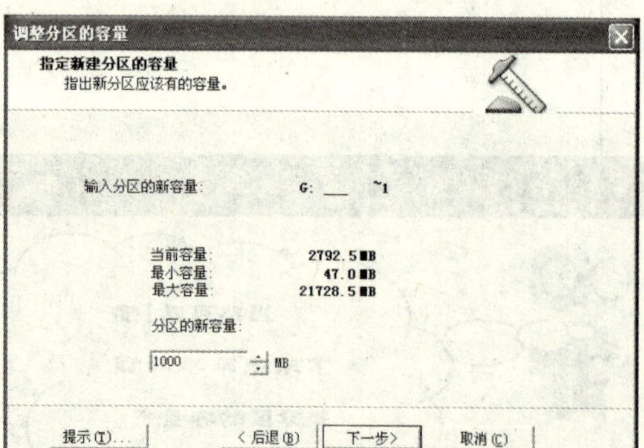

4 单击“下一步”按钮，弹出“提供给哪一个分区”对话框。单击“下一步”按钮，在弹出的“确认分区调整容量”对话框中单击“完成”按钮即可。

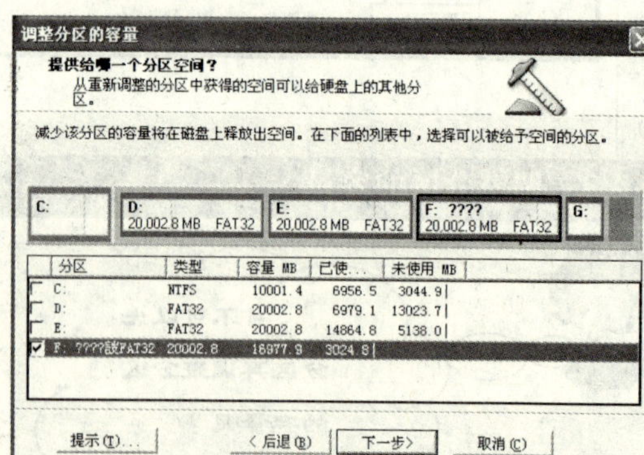

6.4.4 创建新分区

在 PartitionMagic 8.0 中，如果要在 G 盘后创建一个新分区 H 盘，并从 G 盘划分 1 000MB 的空间给 H 盘，其操作步骤如下：

1 单击主窗口左侧的“创建一个新分区”，弹出“创建新的分区”对话框。

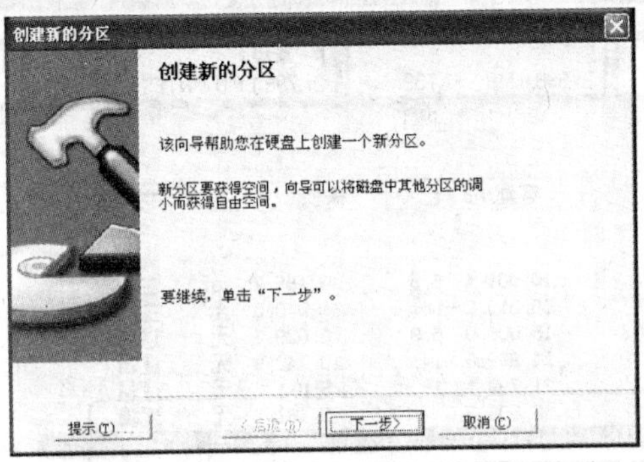

2 单击“下一步”按钮，弹出“创建位置”对话框，在此选择在“G 盘后创建”。

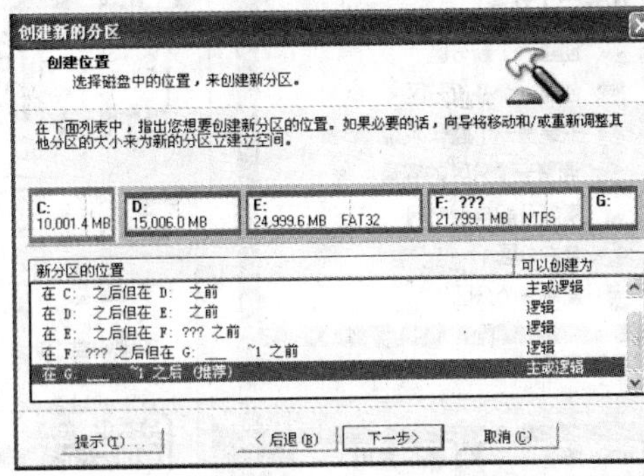

3 单击“下一步”按钮，弹出“减少哪一个分区的空间”对话框，在此选择 G 盘。

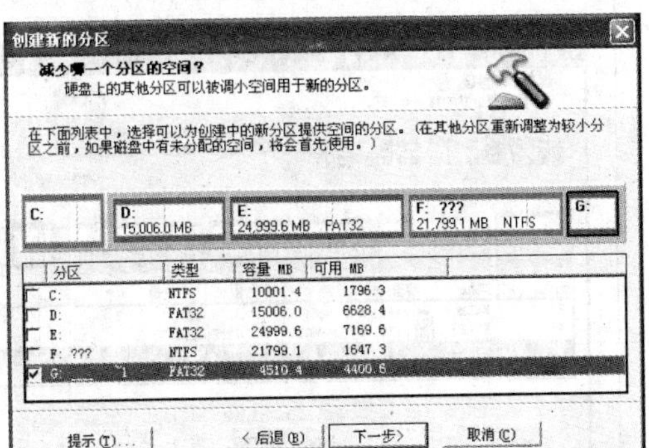

4 单击“下一步”按钮，弹出“分区属性”对话框，在此设置各种属性。单击“下一步”按钮，在弹出的“确认操作”对话框中单击“完成”按钮即可。

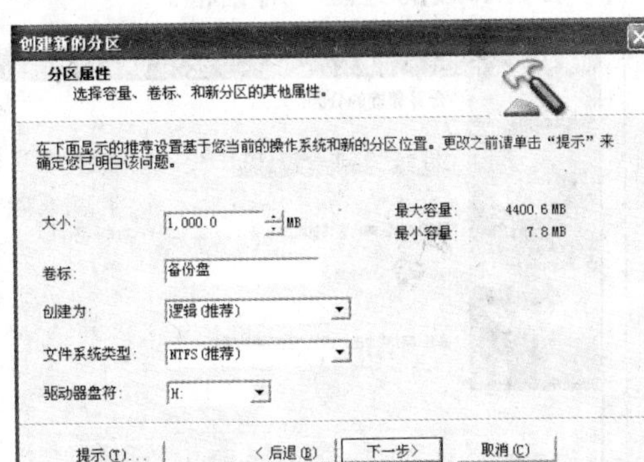

6.4.5 合并分区

在 PartitionMagic 8.0 中，如果要将如下图所示的 G 盘与 H 盘进行合并，其操作步骤如下：

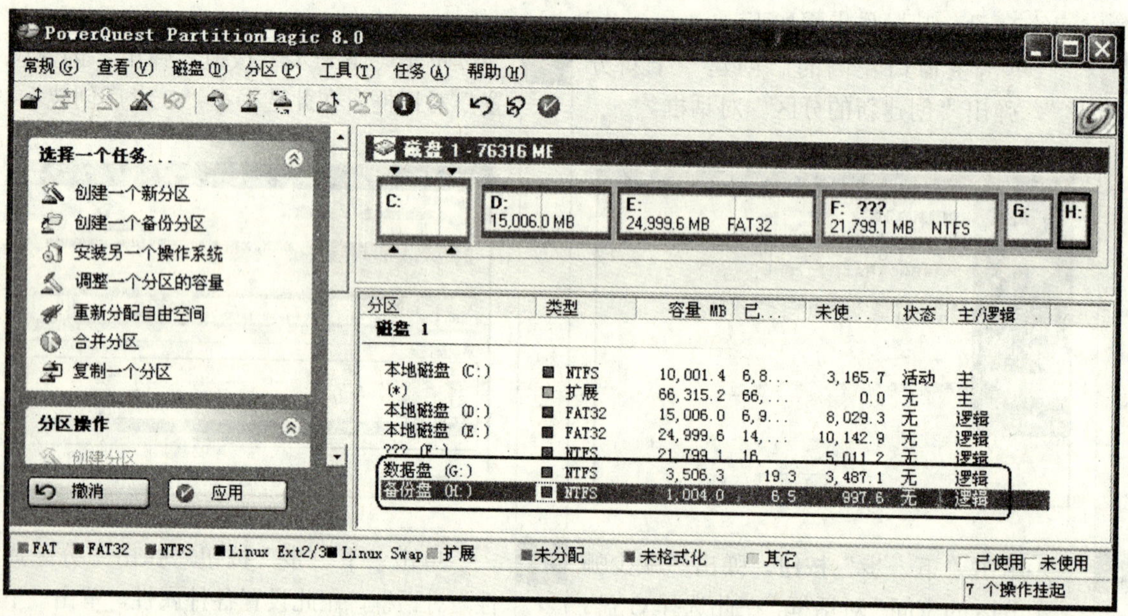

单击主窗口左侧的“合并分区”，弹出“合并邻近的分区”对话框。

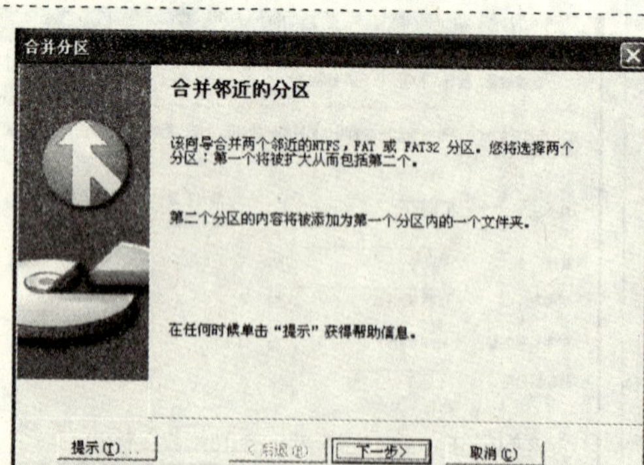

单击“下一步”按钮，弹出“选择第一分区”对话框，在此对话框中选中 G 盘。

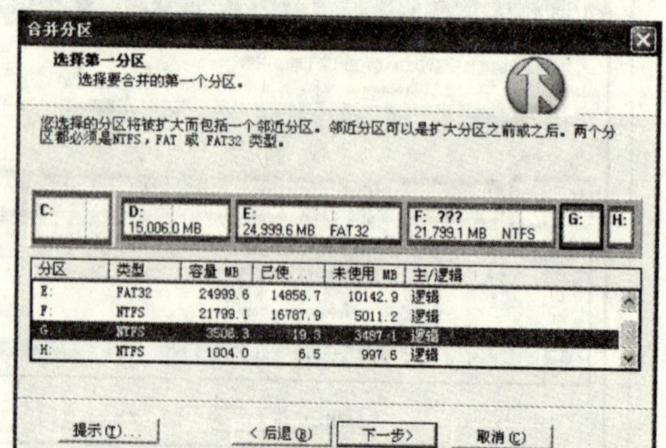

单击“下一步”按钮，弹出“选择第二分区”对话框，在此对话框中选中 H 盘。

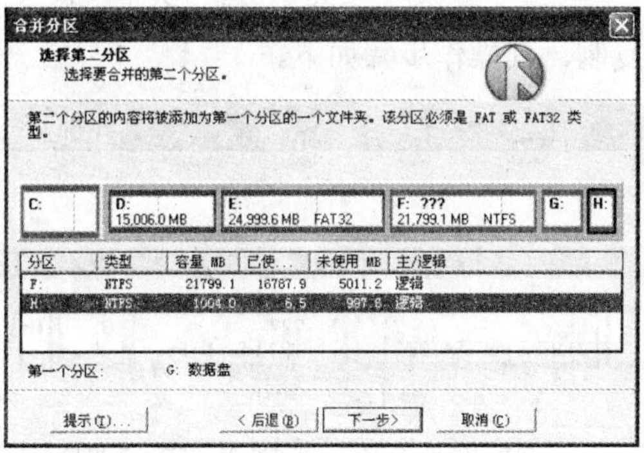

4 单击“下一步”按钮，弹出“选择文件夹名称”对话框，在此对话框中输入文件夹名称。

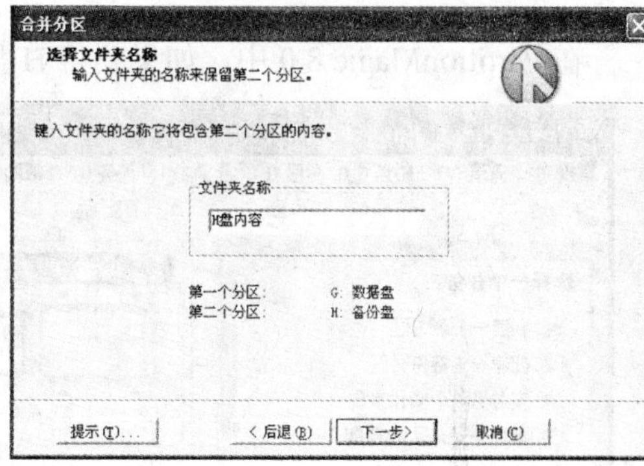

单击“下一步”按钮，弹出“驱动器盘符更改”对话框。

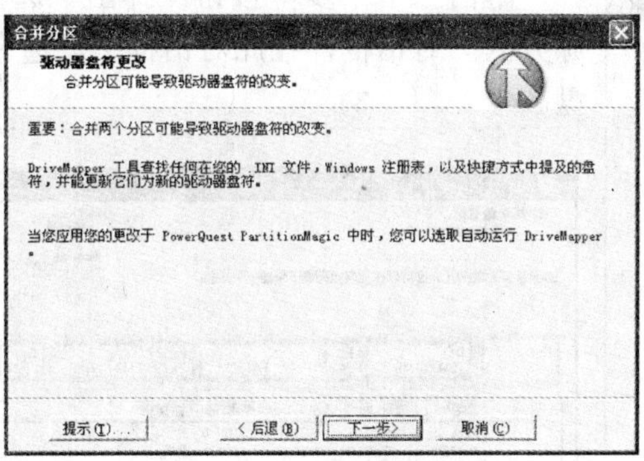

单击“下一步”按钮，弹出“确认分区合并”对话框。单击“完成”按钮即可。

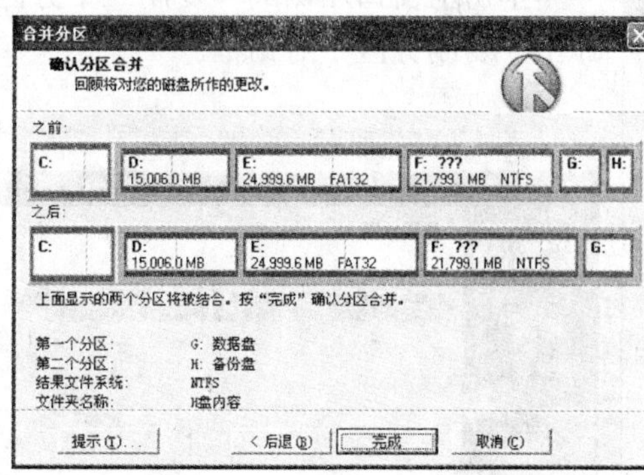

6.4.6 复制分区

在 PartitionMagic 8.0 中，如果要将 H 盘进行复制，其操作步骤如下。

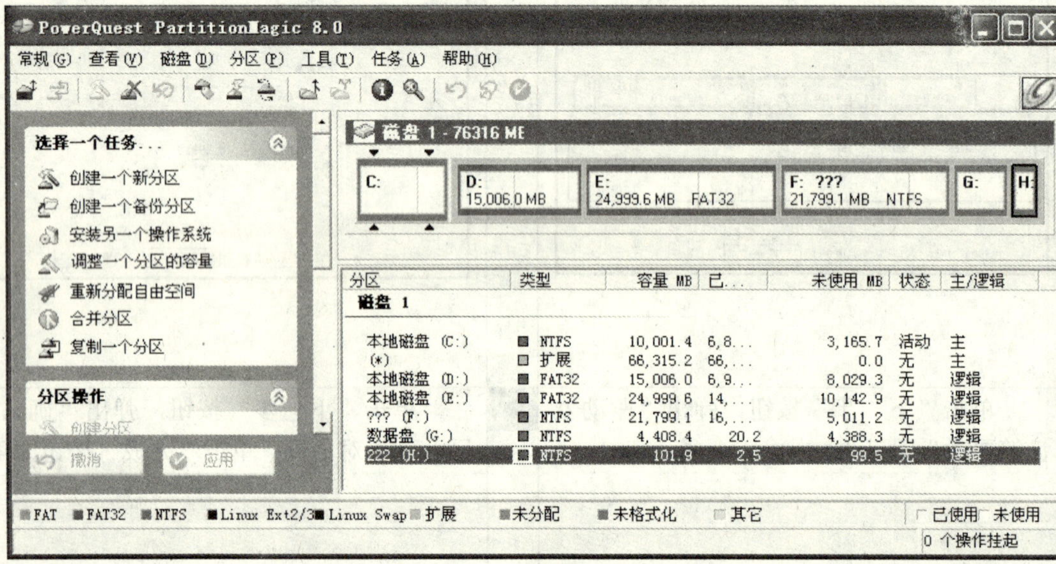

1 单击主窗口左侧的“复制一个分区”，弹出“复制分区”对话框。

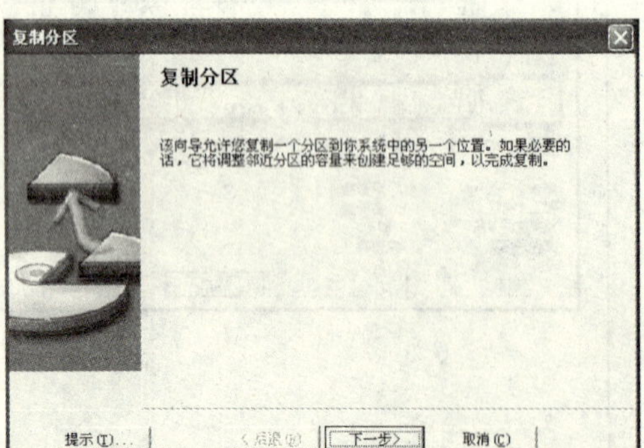

2 单击“下一步”按钮，弹出“选择来源分区”对话框，在此对话框中，选中 H 盘。

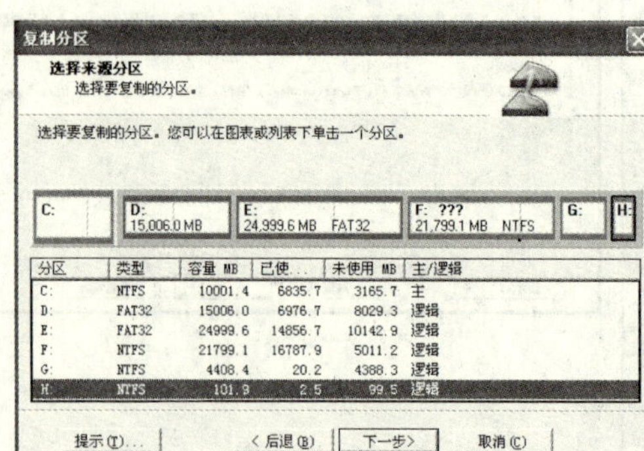

3 单击“下一步”按钮，弹出“选择目标磁盘”对话框。

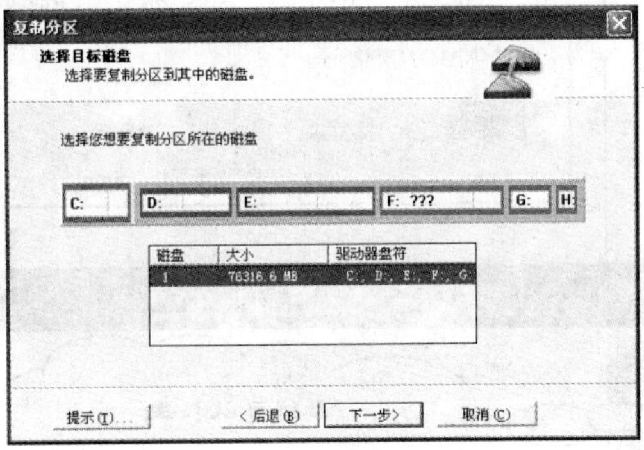

4 单击“下一步”按钮，弹出“复制选项”对话框，在此对话框中，分别选中“逻辑”和“显现”。

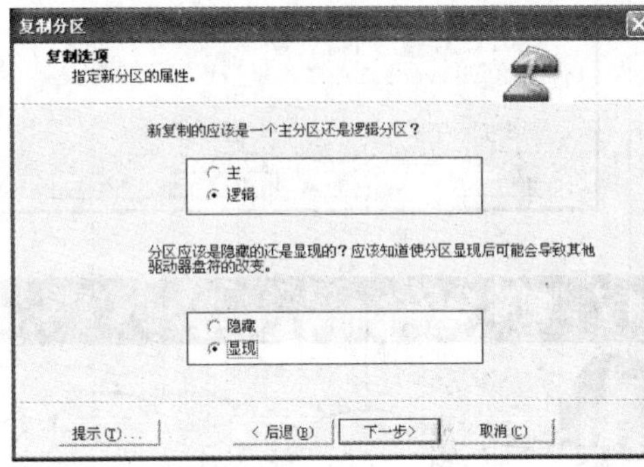

5 单击“下一步”按钮，弹出“复制位置”对话框。

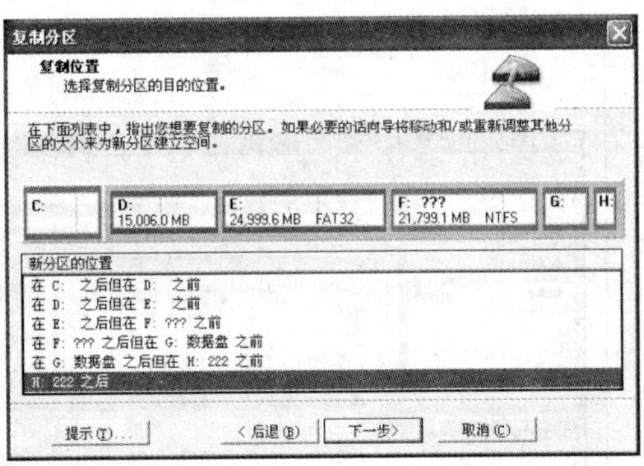

6 单击“下一步”按钮，弹出“减少哪一个分区的空间”对话框。

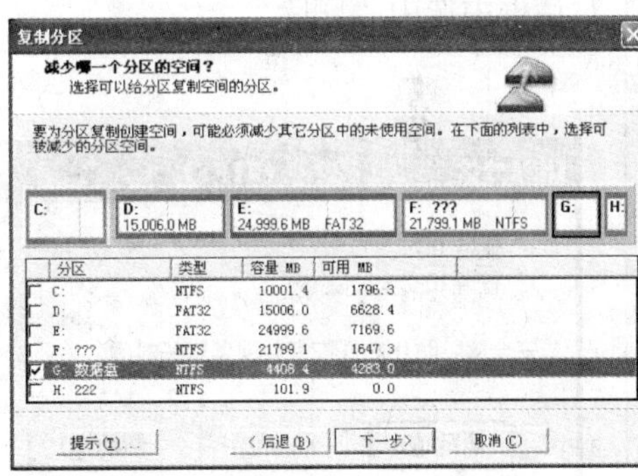

7 单击“下一步”按钮，弹出“指定分区容量”对话框。

8 单击“下一步”按钮，弹出“确认分区复制”对话框。在该对话框中单击“完成”按钮即可。

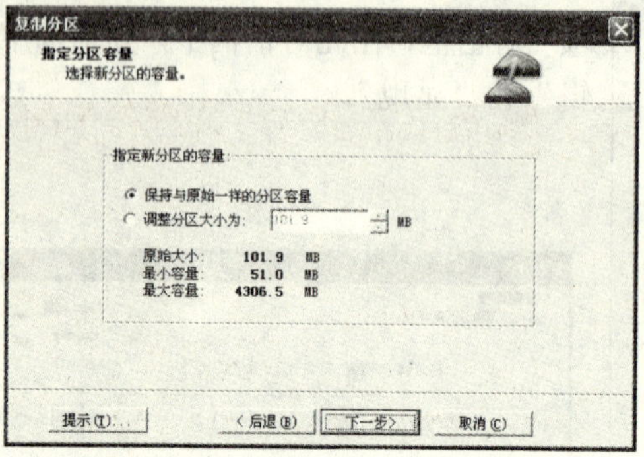

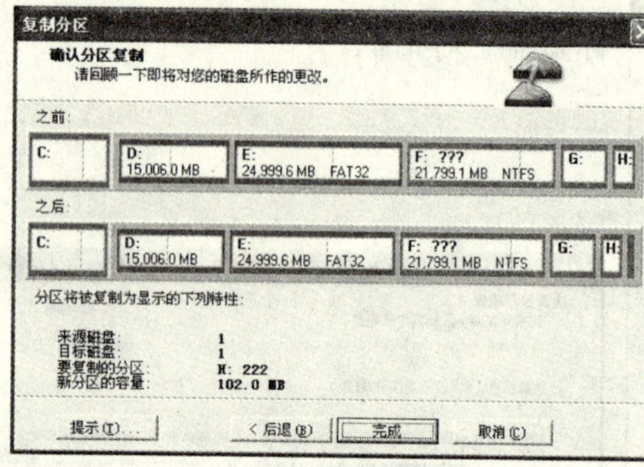

6.4.7 删除分区

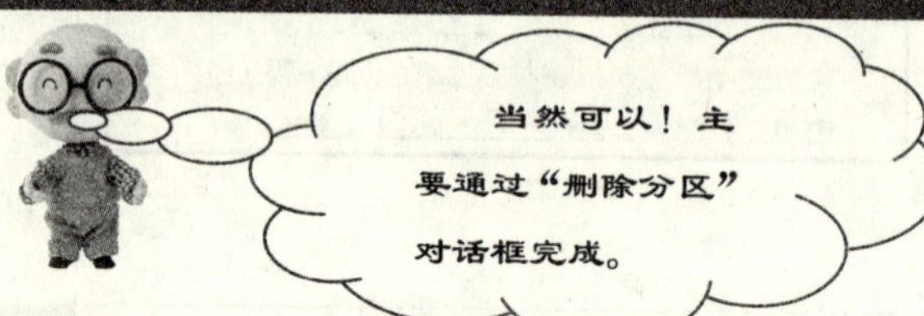

在 PartitionMagic 8.0 中，如果要进行删除分区操作，其操作步骤如下：

选择某一盘，单击主窗口左侧的“删除分区”，弹出“删除分区”对话框，在此对话框中选中“删除”。

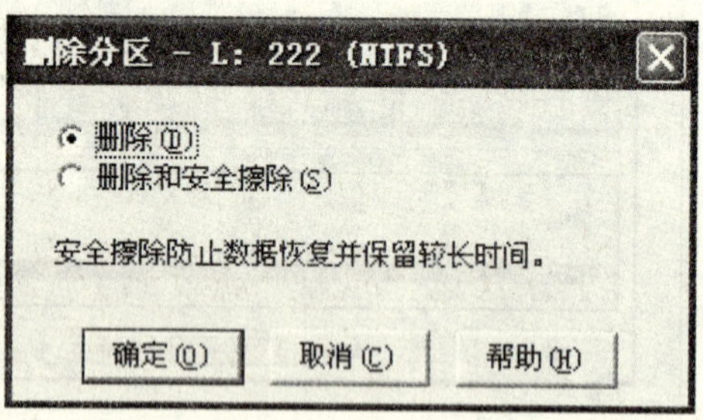

单击“确定”按钮即可，其删除分区后的窗口如下图所示。

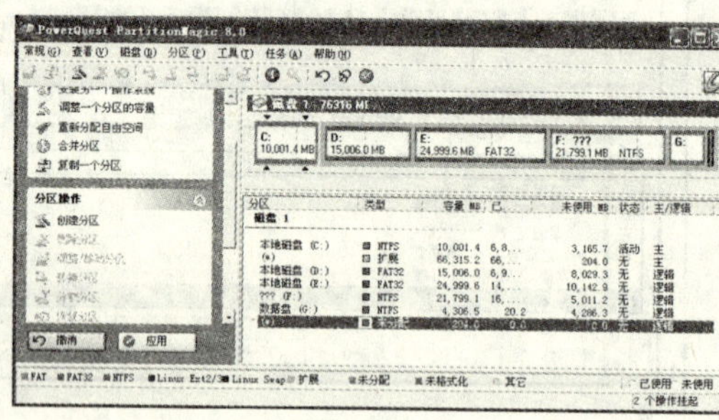

电脑即学即用

教你学电脑

第7章 计算机病毒防护

本 章 要 点:

- ◆ 计算机病毒简介
- ◆ 病毒的分类与传播途径
- ◆ 计算机病毒的防治
- ◆ 杀毒软件与防火墙
- ◆ 瑞星杀毒

电脑博士，什么是计算机病毒及怎样防治它呢?

小丽，本章首先介绍了计算机病毒的基础知识、计算机病毒的分类与传播途径、计算机病毒的防治以及杀毒软件，最后还详细介绍了常见杀毒软件的使用。

7.1 计算机病毒简介

计算机病毒在《中华人民共和国计算机信息系统安全保护条例》中被明确定义为：指编制或者在计算机程序中插入的破坏计算机功能或者破坏数据，影响计算机使用并且能够自我复制的一组计算机指令或者程序代码。

7.1.1 计算机病毒的概念

计算机病毒（Computer Viruses）并非可传染疾病给人体的那种病毒，而是一种人为编制的可以制造故障的计算机程序。它隐藏在计算机系统的数据资源或程序中，借助系统运行和共享资源而进行繁殖、传播和生存，扰乱计算机系统的正常运行，篡改或破坏系统和用户的数据资源及程序。计算机病毒不是计算机系统自身的，而是一些别有用心的破坏者利用计算机的某些弱点而设计出来的，并置于计算机存储媒体中使之传播的程序。

7.1.2 计算机病毒的起源

1987 年 10 月，在美国发现第一例计算机病毒。

1988 年，各种计算机病毒相继出现并广泛传播。11 月 2 日，美国康奈尔大学的学生莫里斯将自己编制的蠕虫病毒程序输入计算机，在几小时内造成 Internet 网络堵塞，6 000 多台计算机被感染，造成巨大损失。

1989 年 11 月 13 日，这天恰巧也是星期五，著名的“黑色星期五”病毒发作，损失巨大。

1998 年 6 月，世界上首例能够破坏硬件的病毒—— CIH 病毒被发现。CIH 病毒产于中国台湾，它既攻击硬盘中的文件系统，又攻击计算机的硬件，并使其损坏。

2003 年 2 月，冲击波病毒随着 Internet 全球横行，它发作后会自动删除 C 盘中的文件，屏蔽 Windows 操作系统的关闭、粘贴按钮，并使系统不稳定，造成了巨大的经济损失。

病毒的发展速度十分惊人。1988 年底，病毒不足 100 种，到现在已经有几万种病毒了，并且仍然在不断增加。病毒的攻击目标已由单台计算机发展到网络计算机；由破坏磁盘中的信息，发展到破坏计算机硬件。

关于计算机病毒的起源众说纷纭，大致有如下几个方面：

• 起源于计算机爱好者的表现欲

一些人认为，计算机病毒来源于一些计算机爱好者的表现欲。这些人编制计算机病毒的目的不是为了破坏，而是为了显示他们渊博的计算机知识和高超的编程技巧。

美国康奈尔大学的莫里斯在编制蠕虫程序时，一个人破译了采用 DES 对称密码加密的口令，使蠕虫无孔不入。而对 DES 密码，IBM 公司曾组织了由 18 位密码专家组成的班子，花了近一年的时间也未能找到破译的方法，由此可见，莫里斯的技术能力是非常惊人的。

但是，由著名专家组成的委员会在蠕虫事件的调查报告中认为：莫里斯释放蠕虫程序口令之后，它已经获取了系统用户的特权，可以读取被保护起来的机密数据，可以做种种特权操作，蠕虫已经具备了进行最严重破坏的能力。但是，蠕虫没有做，蠕虫造成的唯一破坏仅仅使计算机的运行速度变迟缓。

这说明莫里斯已经具备相当高超的技巧，如果他恶意攻击，蠕虫可以造成极为严重的后果。蠕虫事件是计算机病毒起源于计算机爱好者的表现欲的有力证据。

• 来源于软件加密

还有一些人认为，计算机病毒来源于软件的加密技术。

软件产品是一种知识密集的高科技产品。软件产品的研制耗资巨大，而且生产效率低，但复制软件却异常的简单。由于各种原因，社会未能对软件产品提供有力的保护，大量存在非法拷贝和非法使用的情况，严重地损害了软件产业的利益。为了保护软件产品，防止非法复制和非法使用，软件产业发展了软件加密技术，使软件产品只能使用，不能复制。

早期的加密技术是自卫的，它可以使程序锁死，使非法用户无法使用，或者使磁盘“自杀”，防止非法用户重复破译。后来随着加密与破译技术的激烈对抗，软件加密由自卫性转化为攻击性，于是产生了计算机病毒。

著名的巴基斯坦病毒是世界上唯一的给出病毒制造者姓名和地址的病毒，其目的就是跟踪软件的非法用户。

• 来源于游戏

20 世纪 60 年代初，美国麻省理工大学的一些年青研究人员，在做完工作后，利用业余时间玩一种他们自己创造的计算机游戏。做法是某个人编制一段小程序，然后输入到计算机中运行，并设法销毁对方的游戏程序。这可能就是计算机病毒的雏形。

· 来源于感情寄托

一些病毒信息具有明显的感情色彩，表明病毒制造者借用病毒发泄心中的郁愤，这种病毒的名称和发作信息往往直抒心意。

7.1.3 计算机病毒的特点

计算机病毒是一种特殊的程序，与其他程序一样可以存储和执行，但它具有其他程序没有的特性。计算机病毒具有以下特性：

（1）传染性

计算机病毒的传染性是指病毒把自身复制到其他程序中的特性。病毒可以附着在程 序上，通过磁盘、光盘、计算机网络等载体进行传染，被传染的计算机又成为病毒的生存的环境及新传染源。

（2）潜伏性（隐蔽性）

计算机病毒的潜伏性是指计算机病毒具有依附其他媒体而寄生的能力。计算机病毒可能会长时间潜伏在计算机中，病毒的发作是由触发条件来确定的，在触发条件不满足时，系统没有异常症状。

（3）破坏性

计算机系统被计算机病毒感染后，一旦病毒发作条件满足时，就在计算机上表现出一定的症状。其破坏性包括：占用 CPU 时间；占用内存空间；破坏数据和文件；干扰系统的正常运行。病毒破坏的严重程度取决于病毒制造者的目的和技术水平。

计算机病毒一般都具有很强的再生机制，其传播速度非常快。

（4）变种性

某些病毒可以在传播的过程中自动改变自己的形态，从而衍生出另一种不同于原版病毒的新病毒，这种新病毒称为病毒变种。有变形能力的病毒能更好地在传播过程中隐蔽自己，使之不易被反病毒程序发现及清除。有的病毒能产生几十种变种病毒。

（5）可激发性

在一定条件下，病毒程序可以根据设计者的要求，在某个点上激活并发起攻击。

（6）灵活性

计算机病毒都是一些可以直接运行或间接运行的程序，它们小巧灵活，一般占有很少的字节，可以隐藏在可执行程序或数据文件中，不易被人们发现。

7.2 病毒的分类与传播途径

计算机病毒可以根据病毒的诸多特点来划分，比如从攻击性对象、破坏力等方面来划分，而计算机病毒的传播则主要通过磁盘、网络等媒介进行传播。

7.2.1 计算机病毒的分类

据资料介绍，全世界所发现的计算机病毒已超过15 000种。它们种类不一，感染目标和破坏行为也不尽相同。对计算机病毒进行分类时，可以根据病毒的诸多特点来划分，主要有如下几个方面：

• 攻击对象

在计算机病毒中，根据该病毒攻击的对象可分为以下几种类型。

（1）攻击Windows的病毒

Windows操作系统发展一日千里，与DOS相比有很大的优越性。从Windows 95到Windows 98，再到Windows XP，在全球掀起一次次的推广应用热潮。使用Windows的用户越来越多，使Windows成为PC机的主流平台。人们在适应新一代Windows环境的同时，病毒悄悄地潜入到了Windows系统。攻击Windows的病毒主要是宏病毒，有感染Word的宏病毒，有感染Excel的宏病毒，其中感染Word的宏病毒最多。如Concept病毒是世界上首例感染Word的宏病毒。

（2）攻击网络的病毒

今天，Internet在我国发展迅速，上网已成为一种时尚的活动。随着网上用户的增加，网络病毒的传播速度更快、范围更广、病毒造成的危害更大。如今的大部分病毒都是在网络上进行传播的。如2003年2月发现的“冲击波”病毒，在短短的几个月内，它的变种就已经有6种之多。

• 寄生方式

在计算机病毒中，根据该病毒寄生的方式可分为以下几种类型。

（1）操作系统型病毒

这类病毒寄生在计算机磁盘的操作系统中，在启动计算机时，能够先运行病毒程序，然后再运行启动程序。这种病毒的破坏力很强，可以使系统瘫痪，无法启动。

（2）入侵型病毒

入侵型病毒将自己插入到感染的目标程序中，使病毒程序与目标程序成为一体。这类病毒编写起来很难，要求病毒能自动在感染目标程序中寻找恰当的位置，把自身插入，同时还要保证病毒能正常实施攻击，且感染的目标程序能正常运行。这类病毒的数量不多，但破坏力极大，而且很难检测，有时即使查出病毒并将其杀除，但被感染的程序也已被破坏，无法使用了。

（3）外壳型病毒

与入侵型病毒不同，外壳型病毒寄生于感染目标程序的头部或尾部，对原程序不作改动。这类病毒易于编写，数量也最多。

• 破坏力

在计算机病毒中，根据病毒破坏力的性质可分为以下几种类型。

（1）良性病毒

与生物学中的良性病毒一样，良性的计算机病毒是指那些只表现自己，而不破坏计算机系统的病毒。它们多是出自一些恶作剧者之手，病毒制造者编制病毒的目的不是为了对计算机系统进行破坏，而是为了显示他们在计算机编程方面的技巧和才华，但这种病毒会干扰计算机的正常运行。

（2）恶性病毒

恶性的计算机病毒就像是计算机系统中的“癌”，它的目的就是破坏系统中的信息资源。

常见的恶性病毒的破坏行为是删除计算机系统内存储的数据和文件；也有一些恶性病毒不删除任何文件，而是对磁盘乱写一气，表面上看不出病毒破坏的痕迹，但文件和数据的内容已被改变；还有一些恶性病毒对整个磁盘的特定扇区进行格式化，使磁盘上的信息全部消失；并且还有一种能够破坏计算机硬件的病毒——CIH 病毒，它不仅能够破坏计算机系统内的数据，还能破坏计算机的硬件。

• 感染方式

感染性是计算机病毒的特点之一，也是判断一个计算机程序是否是病毒的重要依据。根据这一特点对计算机病毒分类，有以下几种：

（1）引导型病毒

引导型病毒也称磁盘引导型病毒。磁盘分为软盘和硬盘，若想在磁盘中存储信息，事先必须对磁盘进行格式化（也称初始化）。计算机在对磁盘进行格式化时，在磁盘的最开始部位建立操作系统的引导程序（也称引导记录），磁盘的最开始部位被称为引导区。计算机启动时，首先自动运行引导区的引导程序，然后由引导程序引导操作系统来启动计算机。引导型病毒就是把自己的病毒程序放到磁盘的引导区，当作正常的引导程序，而将真正的引导程序搬到其他位置，这样计算机启动时，就会把引导区的病毒程序当作正常的引导程序来运行，使寄生在磁盘引导区的静态病毒进入计算机系统，病毒变成激活状态，这时病毒可以随时进行感染和破坏。这种病毒的感染目标都是一样的，即磁盘的引导区，所以能较好防治。

蠕虫病毒便是引导型病毒的典型代表。它是通过分布式网络来扩散传播特定的信息或错误，进而造成网络服务遭到拒绝并发生死锁。这种“蠕虫”程序常驻于一台或多台机器中，并有自动重新定位的能力。如果它检测到网络中的某台机器未被占用，它就把自身的一个拷贝(一个程序段）发送给那台机器。每个程序段都能把自身的拷贝重新定位于另一台机器中，并且能识别它占用了哪台机器。

“蠕虫”由两部分组成，分别是主程序和引导程序。主程序一旦在机器上建立就会去收集与当前机器联网的其他机器的信息。它能通过读取公共配置文件并运行显示当前网上联机状态信息的系统实用程序而做到这一点。随后，它尝试利用前面所描述的那些缺陷在这些远程机器上建立其引导程序。

（2）系统程序型病毒

计算机要想工作必须有操作系统的支持。操作系统的程序称为系统程序。系统程序型病毒专门感染操作系统程序。一旦计算机用染毒的操作系统启动，这台计算机就成了传播病毒的基地。

（3）一般应用程序型病毒

这种病毒感染计算机的一般应用程序，如电子表格等。

7.2.2 计算机病毒的传播途径

计算机病毒主要通过以下 3 种途径传染：

（1）通过软盘传染

这是最普遍的传染途径。由于使用带病毒的软盘，首先机器（例如硬盘、内存）感染病毒，并传染给未被感染的“干净”软盘。这些感染病毒的软盘再在别的计算机上使用，造成进一步的传染。因此，大量的软盘交换、合法或非法的程序复制等是造成病毒传染并蔓延泛滥的温床。

（2）通过机器传染

这实际上是通过硬盘传染。由于带病毒的机器移到其他地方使用、维修等操作，将干净的软盘传染并再次扩散。

（3）通过网络传染

这种传染扩散得极快，能在很短时间内使网络上的机器受到感染。

7.3 计算机病毒的防治

计算机病毒及反病毒是两种以软件编程技术为基础的技术，它们的发展是交替进行的，因此，对计算机病毒以预防为主，防止病毒的入侵要比病毒入侵后再去发现和排除要好得多。

7.3.1 采用抗病毒的硬件

目前国内商品化的防病毒卡已有很多种，但是大部分病毒防护卡采用识别病毒特征和监视中断向量的方法，因而不可避免地存在两个缺点：只能防护已知的计算机病毒，面对新出现的病毒无能为力；发现可疑的操作，如修改中断向量时，频频出现突然中止用户程序的正常操作，在屏幕上显示出一些问题让用户回答的情况。这不但破坏了用户程序的正常显示画面，而且由于一般用户不熟悉系统内部操作的细节，这些问题往往很难回答，一旦回答错误，不是放过了计算机病毒就是使自己的程序执行中出现错误。

7.3.2 机房安全措施

实践证明，计算机机房采用了严密的机房管理制度，可以有效地防止病毒入侵。机房安全措施的目的，主要是切断外来计算机病毒的入侵途径。这些措施主要有：

（1）定期检查硬盘及所用到的软盘，及时发现病毒，消除病毒。

（2）慎用公用软件和共享软件。

（3）给系统盘和文件加写保护。

（4）不用外来软盘引导机器。

（5）不要在系统盘上存放用户的数据和程序。

（6）保存所有重要软件的复制件，主要数据要经常备份。

（7）新引进的软件必须确认不带病毒方可使用。

（8）教育机房工作人员严格遵守制度，不准留病毒样品，防止有意或无意扩散病毒。

（9）对于网络上的机器，除上述注意事项外，还要注意尽量限制网络中程序的交换。

7.3.3 社会措施

计算机病毒具有很大的社会危害，它已引起社会各领域及各国政府的注意，为了防止病毒传播，应当成立跨地区、跨行业的计算机病毒防治协会，密切监视病毒疫情，搜集病毒样品，组织人力、物力研制解毒、免疫软件，使防治病毒的方法比病毒传播得更快。为了减少新病毒出现的可能性，国家应当制定有关计算机病毒的法律，认定制造和有意传播计算机病毒为严重犯罪行为。同时，应教育软件人员和计算机爱好者认识到病毒的危害性，加强自身的社会责任感，不从事制造和改造计算机病毒的犯罪行为。

7.4 杀毒软件与防火墙

检查和清除病毒的一种有效方法是：使用各种防治病毒的软件。一般来说，无论是国外还是国内的杀毒软件都能够不同程度地解决一些问题，但任何一种杀毒软件都不可能解决所有问题，在本小节中将介绍几种杀毒软件。

7.4.1 卡巴斯基反病毒 6.0 个人版

卡巴斯基反病毒软件来源于俄罗斯，是一款很优秀的网络杀毒软件。它具有超强的中心管理和杀毒能力，并且能够带毒杀毒。它提供了所有类型的抗病毒防护：抗病毒扫描仪、监控器、行为阻断和完全检验。它支持大多数操作系统、E-mail 通讯和防火墙。卡巴斯基反病毒软件能够控制病毒可能进入的所有端口。

·安装“卡巴斯基反病毒 6.0 个人版”

在计算机中，安装“卡巴斯基反病毒 6.0 个人版”的具体操作步骤如下：

1 双击下载“卡巴斯基反病毒 6.0 个人版”安装文件，弹出对话框。

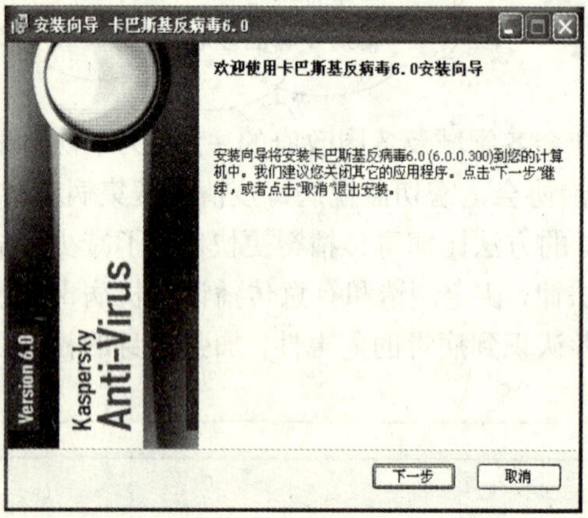

2 在该对话框中单击“下一步”按钮，弹出“最终用户授权协议”对话框

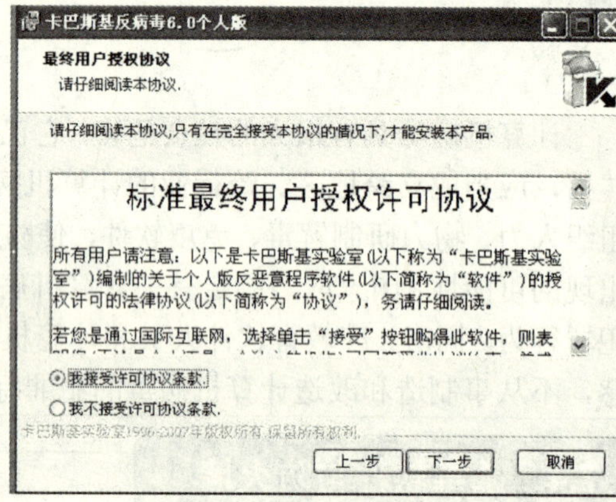

3 在“最终用户授权协议”对话框中选择“我接受许可协议条款”，然后单击“下一步”按钮，弹出“选择目标文件夹”对话框。

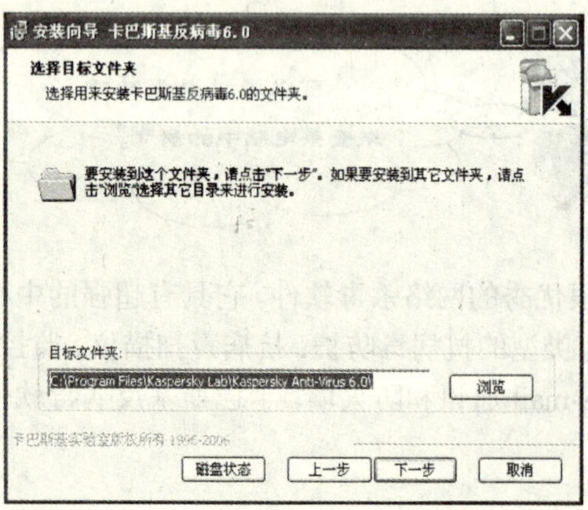

4 在“选择目标文件夹”对话框中，选择好安装目标文件夹后，单击“下一步”按钮，弹出“选择安装类型”对话框。

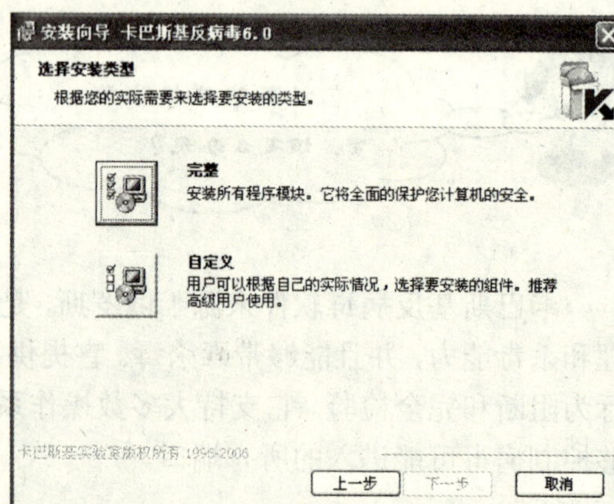

5 在“选择安装类型”对话框中单击“完整”按钮，弹出“准备安装”对话框。

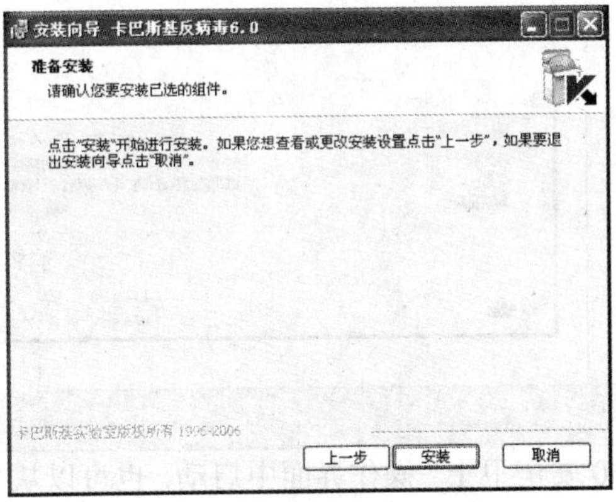

6 在“准备安装”对话框中，单击“安装”按钮，系统将自动安装“安装向导 卡巴斯基反病毒6.0”。

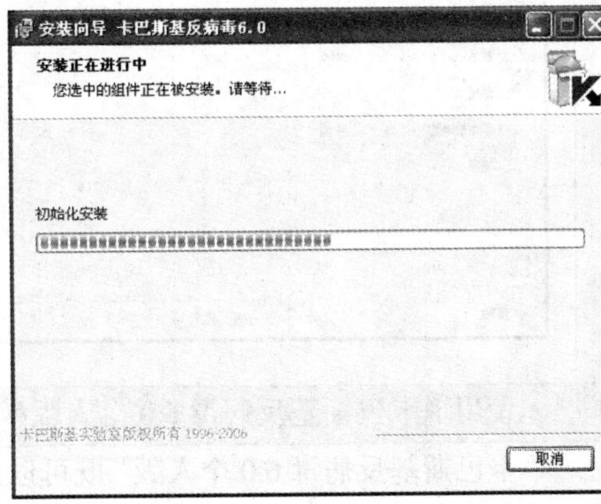

7 安装完成后，将弹出“完成安装”对话框。

8 在“完成安装”对话框中，单击“下一步”按钮，弹出“欢迎！”对话框。

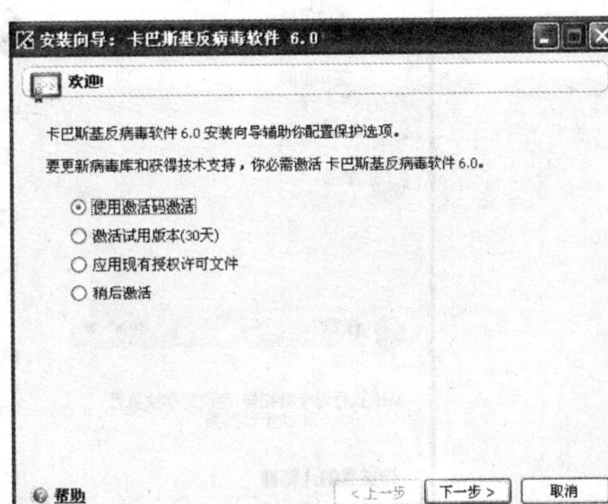

9 在“欢迎！”对话框中，选择“使用激活码激活”单选钮，然后单击“下一步”按钮，弹出“激活”对话框。

10 在该对话框中设置好后，单击“下一步”按钮，弹出对话框，在该对话框中单击“完成”按钮即可。

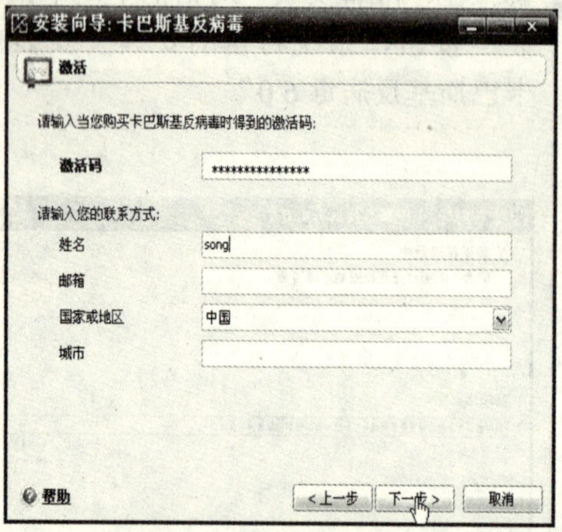

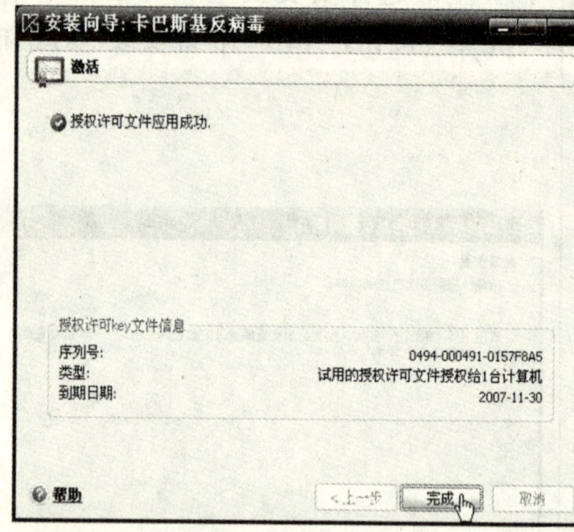

·使用“卡巴斯基反病毒 6.0 个人版”

“卡巴斯基反病毒 6.0 个人版”既可以从“360 安全卫士”操作界面中启动，也可以从“开始”菜单中启动。启动“卡巴斯基反病毒 6.0 个人版”，其操作界面如下图所示。

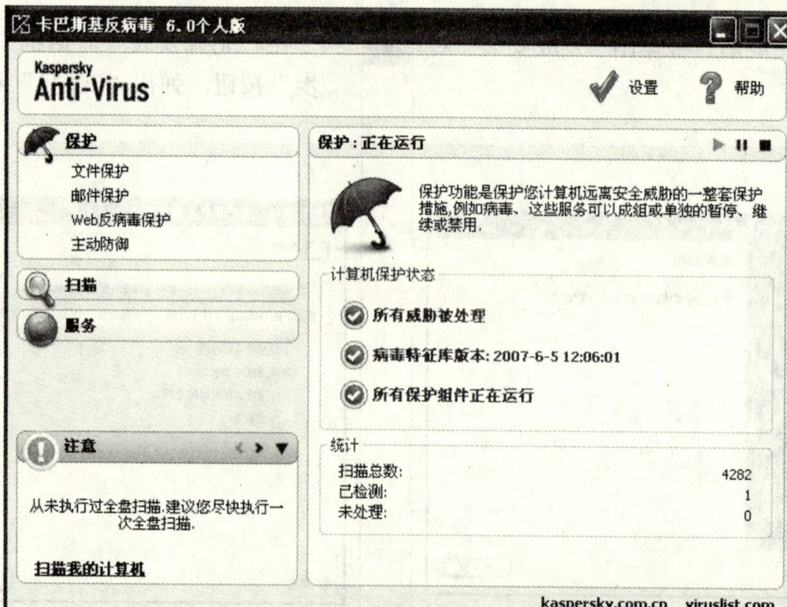

“卡巴斯基反病毒 6.0 个人版”操作界面是一个十分简洁的界面，它分为左右两个窗格。左边是导航窗格，在该窗格中包含有“保护”、“扫描”、“服务”和“注意”等面板。右边是信息窗格，在该窗格中显示左边窗格选择组件的相关信息。

下面以“扫描”为例进行介绍，其具体操作步骤如下：

1 单击左边窗格中的“扫描”选项卡，展开其面板。单击“关键区域”链接，在右边的窗格中即显示计算机当前选中的“关键区域”。

2 单击右边窗格中的“添加”按钮，弹出“选择扫描对象”对话框，在该对话框中选择对象（如快车）。

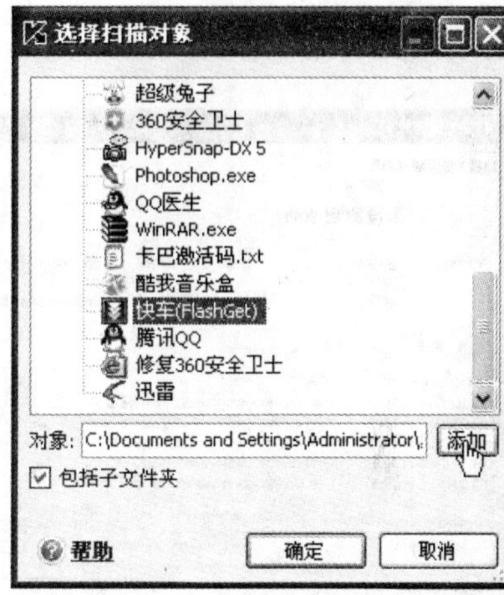

3 单击“添加”按钮，即可将选择的对象添加到“关键区域”，单击“删除”按钮，将选择的对象排除在“关键区域”之外。如果暂时不需要对某个或多个“关键区域”内的对象进行扫描，可取消其选择。

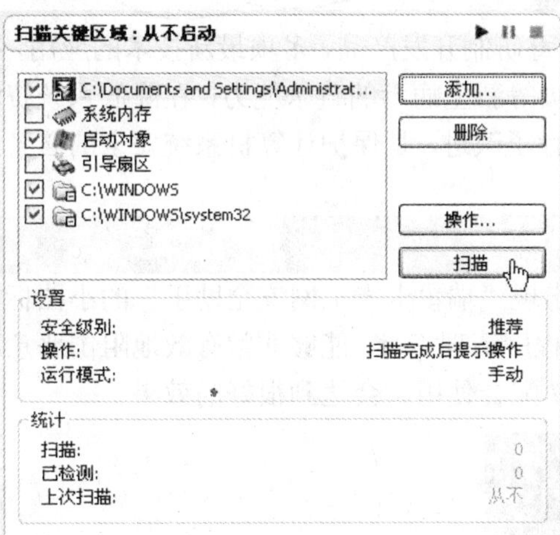

4 单击“扫描”按钮，即可对“关键区域”内选择的对象进行扫描。弹出对话框，在该对话框中可显示扫描的进程；在该面板中还放置了四个选项卡，它们是“已检测”、“事件”、“统计”和“设置”。

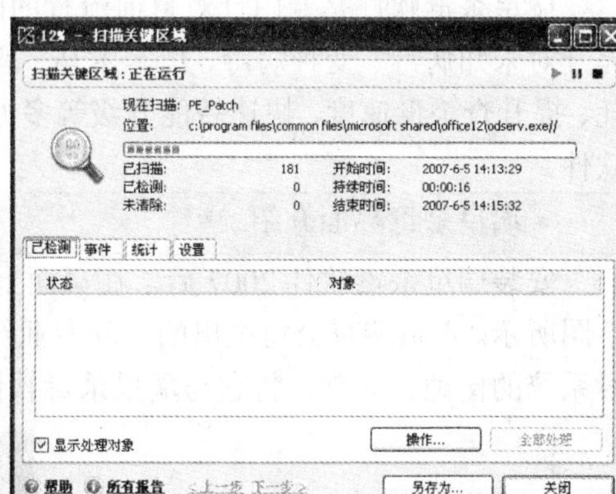

5 单击这些选项卡，即可进入相应的面板中进行操作。如单击“事件”按钮，在面板中显示扫描的“事件”，在本次操作中未检测到威胁。

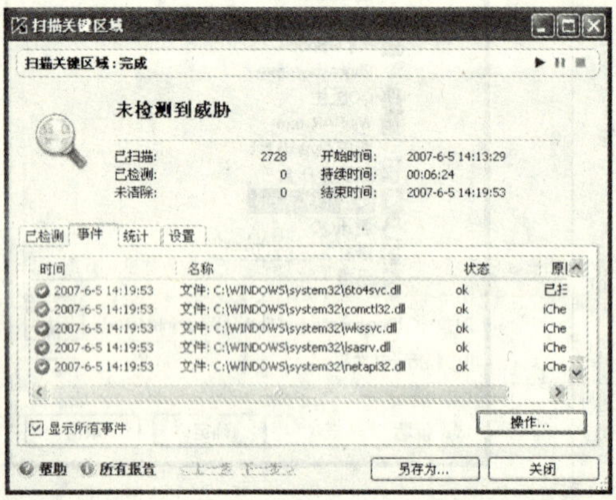

6 如果存在威胁，将弹出如下图所示的“主动防御警告”对话框，在下图中显示检测到风险软件，单击“拒绝”按钮，即可阻止该风险软件的安装。如果有病毒、木马程序等，在该对话框中将显示出来，并显示“清除”、“删除”等按钮。

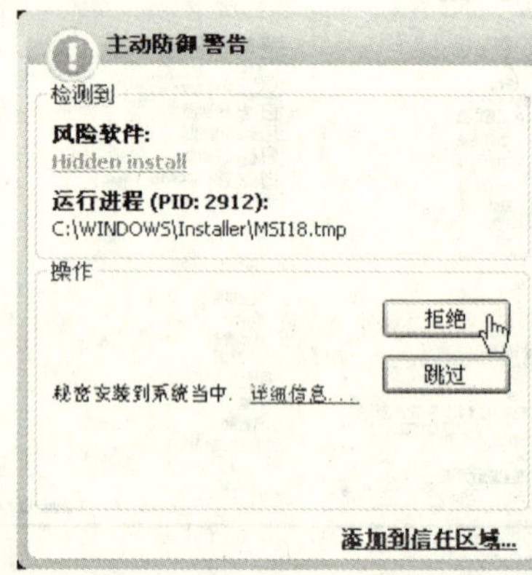

7.4.2 瑞星杀毒

瑞星杀毒软件是专门针对目前流行的网络病毒研制开发产品，多项最新技术的应用，有效提升对未知病毒、变种病毒、黑客木马、恶意网页等新型病毒的查杀能力，在降低系统资源消耗、提升查杀毒速度、快速智能升级等多方面进行了改进，是保护计算机系统安全的必备工具软件。

• 瑞星杀毒界面介绍

安装瑞星杀毒软件 2007 后，在桌面上将会出现“瑞星卡卡上网安全助手”的小图标，如下图所示。它是瑞星公司推出的一款专业级恶意程序清理工具，能够非常有效地阻击恶意程序对系统的侵蚀。通常，将它与瑞星杀毒软件 2007 配合使用，会达到很好的效果。

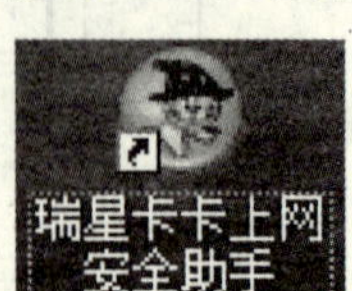

双击桌面上的“瑞星杀毒软件”图标；或执行“开始 / 所有程序 / 瑞星杀毒下载版 / 瑞星杀毒软件”菜单命令；也可以单击快速启动栏中的“瑞星杀毒软件”图标，都可以启动“瑞星杀毒软件”。

启动瑞星杀毒软件后，界面如下图所示。

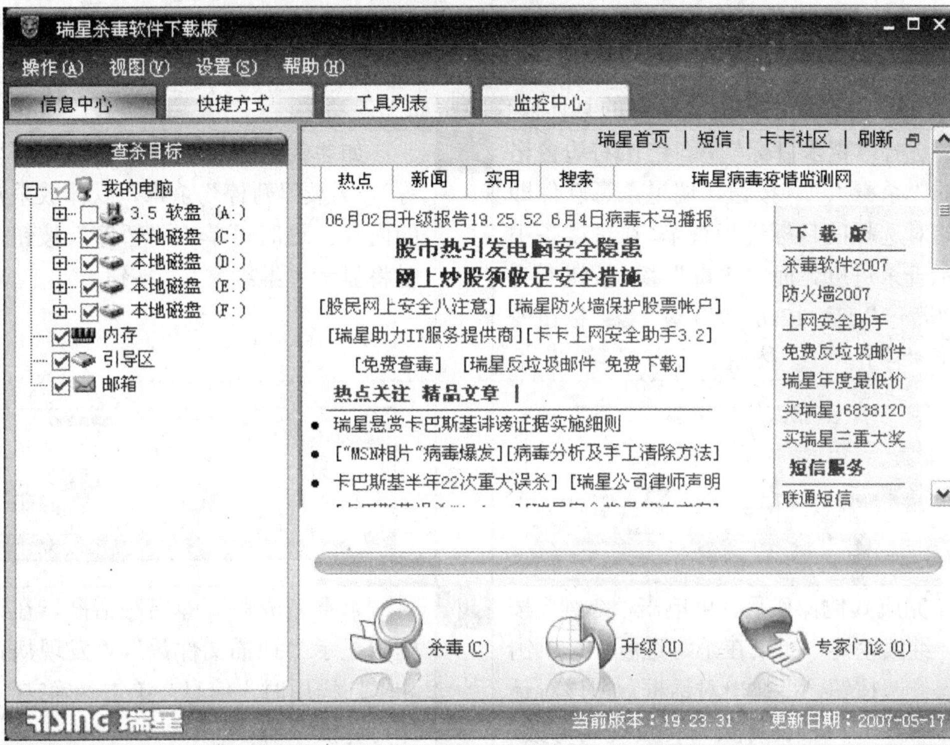

• 查杀病毒

（1）选择查杀目标

在瑞星杀毒软件中，选择查杀目标的具体操作步骤如下：

1	启动“瑞星杀毒软件”后，默认显示“信息中心”面板。在“查杀目标”窗格中勾选需要查杀的目标（在默认情况下为全选）。如只需查杀本地磁盘 C：、内存和引导区，选择如下图所示。	2	在“查杀目标”窗格中展开某个“本地磁盘”，选择其中需要查杀的目标（如 F：）。

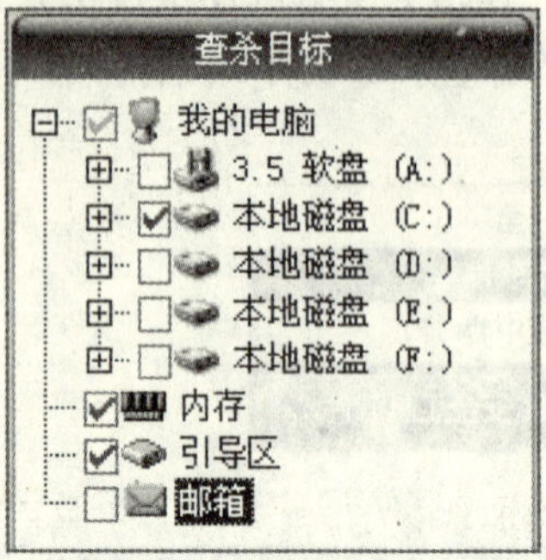

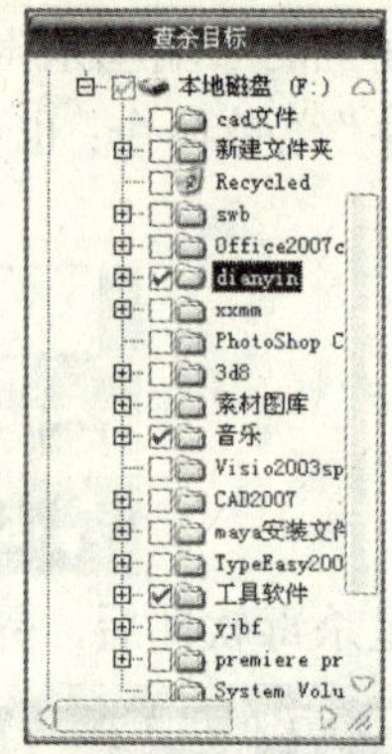

（2）查杀病毒

在瑞星杀毒软件中，查杀病毒的具体操作步骤如下：

选择“查杀目标”后，单击右边窗格中的“杀毒”按钮，瑞星杀毒软件即开始对选择的目标进行查杀。在进度条中显示查杀进度，而“杀毒”按钮变为了“暂停”按钮，“升级”按钮变为了“停止”按钮。

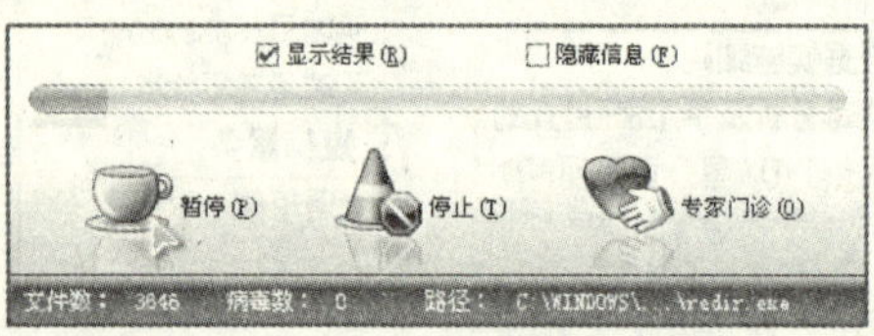

如急需进行其他的操作（如打印文件等），需要“暂停”杀毒，以释放杀毒所需的内存。这时可单击“暂停”按钮，而此时将显示“继续”按钮。

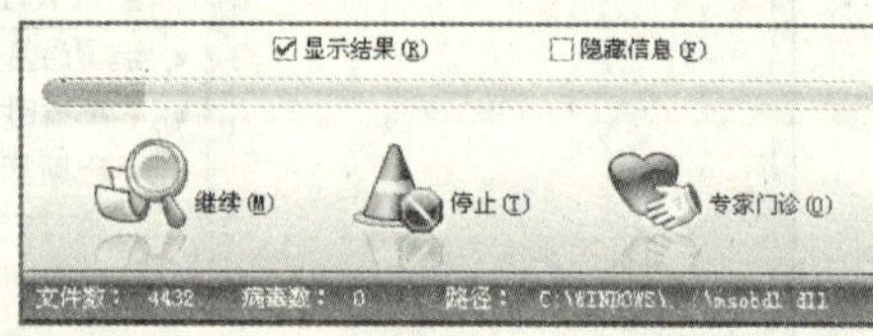

完成其他操作后，可单击“继续”按钮，继续杀毒。如果在杀毒过程中，单击“停止”按钮，将弹出对话框，在该对话框中显示“扫描文件数”、“发现病毒数”和“扫描用时”信息。单击“确定”按钮，即可中止杀毒操作。

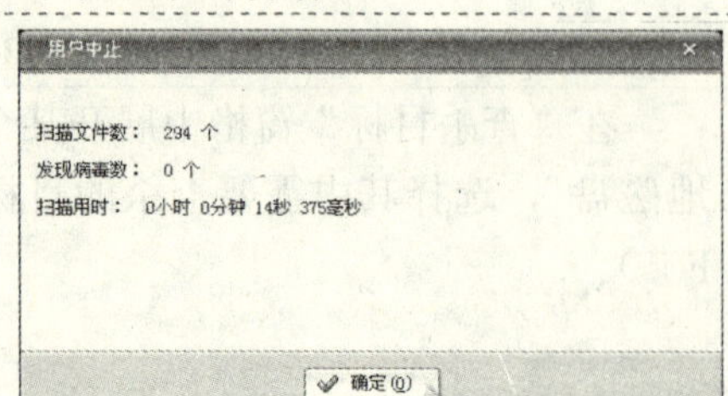

杀毒完成后，弹出对话框。在该对话框中显示“扫描文件数”、“发现病毒数”和“扫描用时”信息。单击“确定”按钮，即可完成杀毒操作。

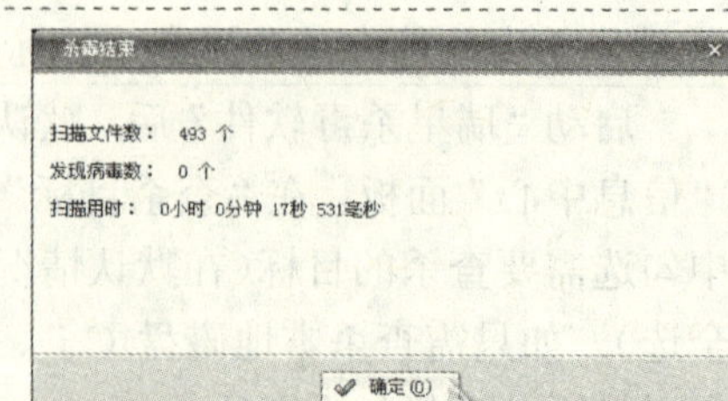

（3）专家门诊

在瑞星杀毒界面中，单击“专家门诊” 按钮，即可连接到“瑞星客户服务中心”网站。在该网站中可以了解最新的服务动态，获得有关反病毒的最新信息，享受瑞星公司提供的在线服务。

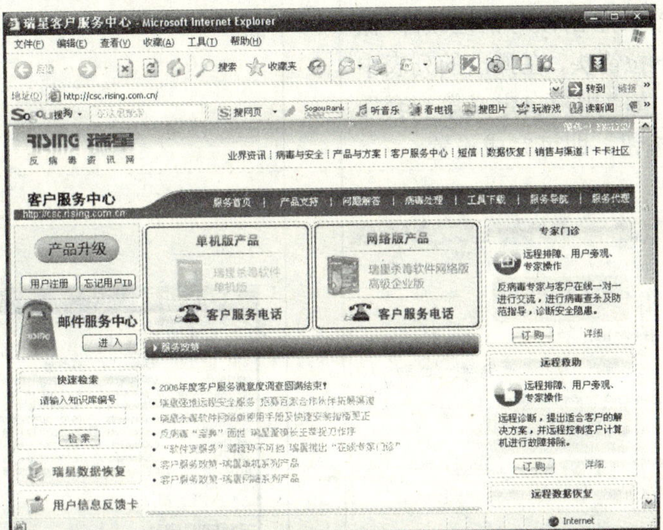

• 设置病毒隔离系统及占用存储空间

在查杀毒时，可以通过设置将染毒文件备份到病毒隔离系统，在必要时，可以从病毒隔离系统中来恢复备份文件副本。

单击“工具列表”选项卡，即可切换到“工具列表”面板。

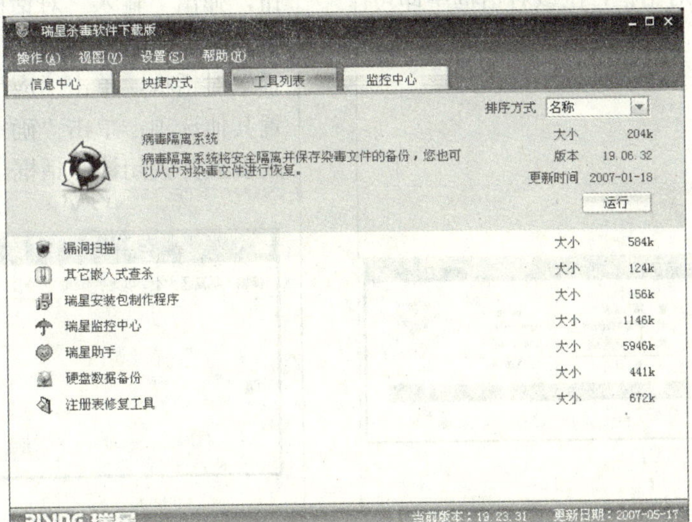

在瑞星杀毒软件中，设置病毒隔离系统的具体操作步骤如下：

执行“设置/详细设置”菜单命令，单击弹出对话框左边目录中的“其它设置”，在右边选择“将染毒文件备份到病毒隔离系统”选项。单击该对话框顶部“储存为”右边的下拉箭头，在弹出的列表中任选一个选项，如“用户自定义第一套”。单击“确定”按钮，即可完成设置。

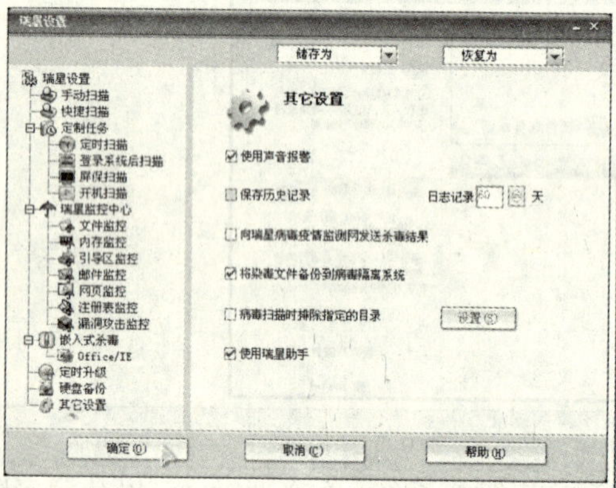

在“工具列表”面板中单击“病毒隔离系统”工具，再单击其后面的“运行”按钮，弹出“瑞星病毒隔离系统”操作界面。

执行“工具/设置空间”菜单命令，弹出“设置”对话框，在该对话框中即可进行设置。

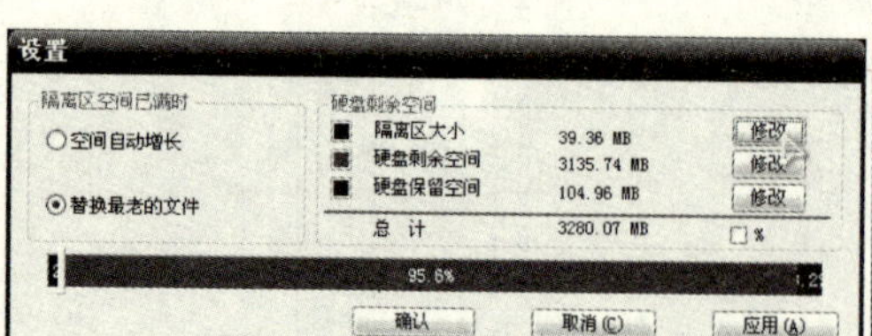

单击“隔离区大小”后的“修改”按钮，弹出“输入”对话框，在该对话框中输入数值，单击“确认”按钮。返回到“设置”对话框，单击“应用”按钮可继续设置其他选项；单击“确定”按钮，即可完成设置并关闭该对话框。

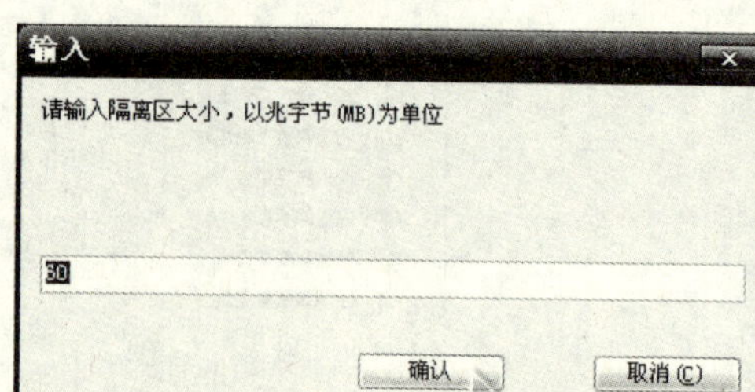

• 使用“监控中心”

单击“监控中心”选项卡，即可切换到“监控中心”面板。

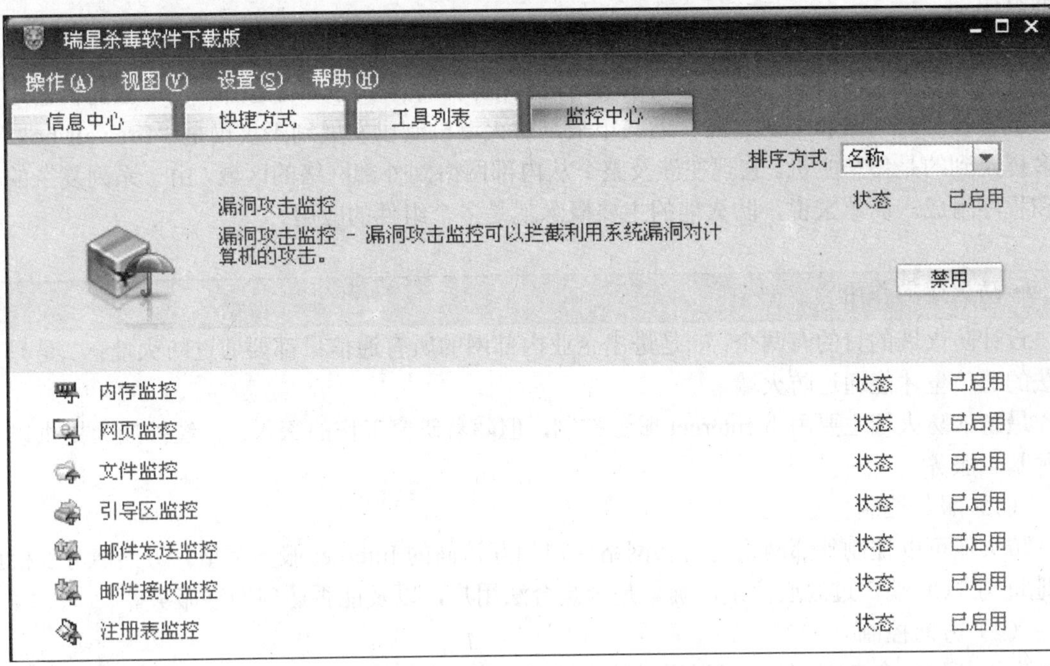

在该面板中显示了瑞星杀毒软件 2007 所有的监控及其状态。包括的监控有：漏洞攻击监控、内存监控、网页监控、文件监控、引导区监控、邮件发送监控、邮件接收监控和注册表监控。单击各个监控即可显示该监控的主要功能。

在该面板的右边可以查看各个监控的状态，通过单击“开启”或“禁用”按钮来改变监控状态。开启这些监控功能后，能够在打开陌生文件、收发电子邮件和浏览网页时，查杀和截获病毒，从而全方位保护计算机不受病毒侵害。

7.4.3 防火墙简述

在上面的章节中重点介绍了几种杀毒软件，下面将简单介绍防火墙的基本知识。

• 防火墙的概念

防火墙的概念起源于中世纪的城堡防卫系统。那时人们为了保护城堡的安全，在城堡的周围挖了一条护城河，每个进入城堡的人都要经过一座吊桥，接受城门守卫的检查。在网络中，人们借鉴了这种思想，设计了一种网络安全防护系统（即网络防火墙）。防火墙（Firewall）就是在网络之间执行控制策略的系统，包括硬件与软件。其主要用来检查通过企业内部网与外部网的分组。

在计算机网络中，网络防火墙扮演着防备潜在的恶意活动的屏障角色，并可通过一扇“门”来允许人们在安全网络和开放的不安全网络之间通信。原来，防火墙是由一个单独的机器组成的，放置在私有网络和公网之间。近些年来，防火墙机制已发展到不仅仅是“firewall box”，更多提及到的是堡垒主机。它现在涉及整个从内部网络到外部网络的区域，由一系列复杂的机器和程序组成。简单来说，防火墙的主要概念就是多个组件的应用。

·防火墙的作用

设计防火墙的目的有两个：一是进出企业内部网的所有通信量都要通过防火墙；二是只有合法的通信量才能通过防火墙。

最初的防火墙主要用于 Internet 服务控制，但随着研究工作的深入，已经扩展为提供以下四种基本服务。

（1）服务控制

防火墙可以控制外部网络与内部网络用户相互访问的 Internet 服务类型。防火墙可以根据 IP 地址与 TCP 端口过滤通信量，确定是否是合法用户，以及能否访问网络服务。

（2）方向控制

出于某种安全考虑，我们可以通过防火墙的设置，来限制允许企业内部网的用户访问外部 Internet，而不允许外部 Internet 用户访问企业内部网，反之亦然。

（3）用户控制

出于某种安全考虑，我们可以确定防火墙的设置，只允许企业内部网的那些用户访问外部 Internet 的服务，而其他用户不能访问外部 Internet 的服务；同样也可以限制外部 Internet 的特定用户访问企业内部网的服务。

（4）行为控制

通过防火墙的设置，可以控制如何使用某种特定的服务。例如，我们可以通过防火墙将电子邮件中的一些垃圾邮件过滤掉，也可以限制外部网的用户，使他们只能访问企业内部网的 WWW 服务器中的某一部分信息。

电脑即学即用

教你学电脑

第8章 常见故障及处理方法

本章要点：

- ◆ 计算机日常维护
- ◆ 计算机故障
- ◆ 计算机故障的分类
- ◆ 计算机硬件故障判断方法

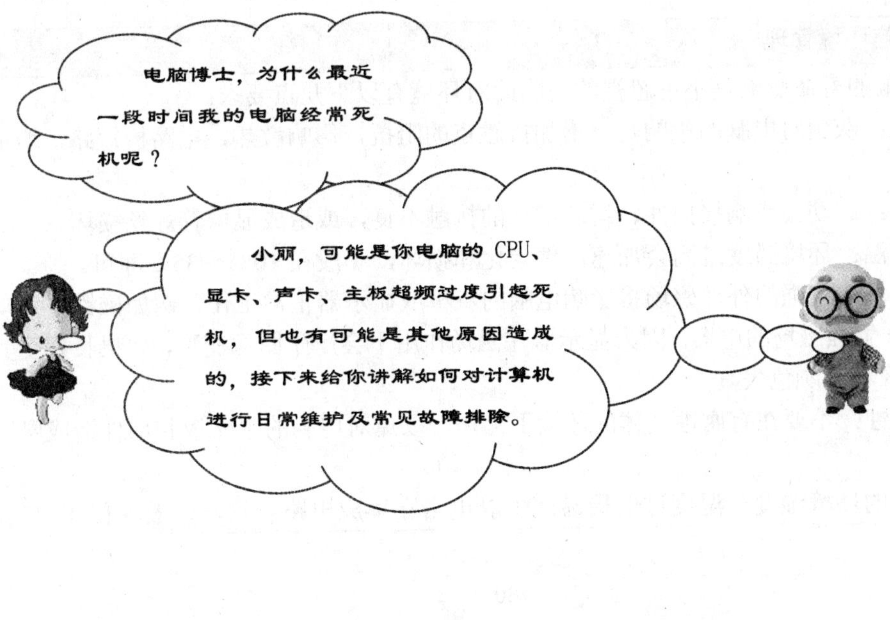

8.1 计算机日常维护

电脑不一定只有感染了病毒才出现运行速度减慢等情况，也有可能是硬件或软件方面出了问题，所以平时需要注意对电脑的维护。

8.1.1 计算机维护的作用

计算机硬件是运行各种软件的基础，一旦出现故障便会影响正常学习和工作。如果能够养成对计算机重视、日常生活中保持维护的习惯，那么就可以延长计算机硬件的工作寿命。所以对计算机使用者来说，能够定期对计算机进行维护是一件很重要的事。

8.1.2 计算机日常维护

计算机的日常维护与计算机使用者使用习惯、计算机存放处的环境等多方面有关，在本小节中将具体介绍。

· 加强电脑环境管理

环境对电脑的寿命影响是不可忽视的，因此对环境有以下几点要求：

（1）防尘：灰尘对电脑的影响是：增加接触点的阻抗，影响散热，电路板短路，增加磨损。

（2）防震：震动会影响接插件、运动部件的接触不良，或造成显像管灯丝损坏。

（3）防高温：环境温度过高会加速部件老化和损坏，一般在10℃～35℃即可。

（4）防磁场：较强的外部磁场将影响电脑的主机或显示器正常工作，例如磁铁、大功率音箱、电扇等产生强磁场的电器。因为显示器在磁场作用下会产生图像变形，如果长期受其影响，显示器图像将会颜色失真。

（5）防腐蚀：不要在有腐蚀气体的环境下工作，以免对电脑的电路板和部件造成腐蚀损坏。

（6）合适的环境湿度：湿度过低极易产生静电击穿集成电路芯片，一般保持在 30%～

80%。

（7）防水：不要在工作台上放置水杯、吃的东西等，以免键盘进水，造成键盘内部短路。

（8）稳定的电压：电脑对电源也有要求，交流电正常值是 220V，上下浮动 10%，频率是 50Hz，上下浮动 5%。

• 注意个人使用习惯

个人使用习惯对电脑的影响也比较大，主要是使用正确的开关机顺序，开机的顺序是，先打开外部设备（如打印机、扫描仪或显示器等）的电源，再打开主机电源。关机的顺序则与开机的顺序相反，先关闭主机电源，再关闭外部设置的电源。因为先关闭外部设备的瞬间，对主机产生的冲击比较大。且关机后一段时间内，不能频繁地做开机、关机操作，这样对电脑的各个配件的冲击也比较大，尤其对硬件的损伤比较大。不能在机器工作时搬动机器，即使机器未工作时，也应尽量避免搬动机器，因为过大的震动会对硬盘一类的配件造成损坏。

一般关机后距离下一次开机的时间，中间至少间隔 10～15 秒。另外，在关闭电脑之前，必须先关闭所有程序，再按正常关机步骤来关闭电脑。

• 主机的日常维护

主机是电脑的核心，是指主机箱内的所有配件，包括主板、CPU、内存条、显卡、电源等。对于主机的维护应努力做到以下几点：

（1）不能在电脑处于开机状态时打开机箱并触摸电路板，否则很可能烧毁电路板。

（2）开机后，如果听到风扇发出异常的声音，应立即关闭电脑，找出并排除故障后再开机。

（3）电脑出现故障时，不能拍打机箱或显示器，减少扩大故障的范围和程度。

（4）不要将装有液体的容器放在主机箱上，更不能将液体倒进主机内，那样很容易引起机箱内部短路。

（5）不能在开机状态下搬动电脑，即使需要搬动也必须在关机后，小心地搬动。

（6）定期为主机除尘。

• 显示器的日常维护

显示器是所有计算机部件之中，寿命最长，也是最为保值的配件了。因为目前显示器的技术较为成熟，其更新换代周期较长，因此平时稍微注重一下它的维护保养，即可获得更好的可靠性和寿命。另外，正确地维护使用显示器，也能获得最佳最可靠的显示效果，以保护我们使用者视力方面的健康。

显示器的价格一般占整个电脑配置价格的四分之一或三分之一。对于一般用户而言，做到以下几点即可。

（1）注意显示器的工作环境：显示器的工作环境与电脑的工作环境要求是一致的，一般是 10℃～30℃。在正常工作中，显示器也要释放一定的热量，如果温度过高，导致本身发热的配件无法散发热量，就会使配件持续升温，最终使配件被烧毁。

（2）防尘：灰尘也是损坏显示器的原因之一。在湿度过高的环境下，显示器内部电源变压器和其他电路线圈受潮后也易产生漏电，甚至有可能霉断连线，泄漏的电流足以危及用户的人身安全。而且显示器内部的电器元件遇湿后容易腐蚀老化，进而缩短显示器的寿命。显示器内部有大面积的电路板，积累灰尘过多，电路或电器元件搭脚之间容易生成灰尘污垢，加上湿度影响，显示器通电之后就会直接引起短路烧毁。

另外，在出门或其他长时间不用的情况下，最好使用防静电袋将显示器封罩好。如果是在南方湿度较大的环境使用，要不定期打开显示器电源，使之运行一段时间，让内部电器元件逐渐升温来驱散潮气。

（3）正确插接信号电缆：在将显示器信号电脑插头插入显示接口时，应对准方向，不能歪斜硬插，否则会将插针碰弯。

（4）显示器应注意防水：应避免液体滴入到显示器内部，否则会造成短路。即使在清理显示器外部的灰尘时，也应使用较干燥的抹布，在断开显示器和电脑的电源后，再进行擦拭灰尘工作。

（5）不要轻易触摸显示器的镜面：在日常使用中，千万不要使用手去触摸显示器的镜面，以免手上的汗和灰尘黏到镜面上，给以后的清理工作带来麻烦。且不可用油性或水性笔涂写镜面作任何记号，虽然可以去掉，但是经过一段时间后，会造成镜面涂层的脱落。

（6）不要在显示器上堆放杂物：将杂物堆放在显示器上会影响显示器的正常散热。

8.2 计算机故障

计算机故障是指造成电脑系统功能不能正常使用的物理损失和软件错误。小的故障可能导致系统的某个功能无法正常使用，大的故障则能引起整个系统瘫痪，甚至是损坏硬件。因此，对电脑故障应特别的注意，发现后应立即排除。

8.2.1 电脑故障的分类

电脑的常见故障包括不能正常启动计算机、应用程序出错、硬件故障、网络系统故障等。但总的来说可以将这些故障分为：硬件故障和软件故障。

• 硬件故障

硬件故障包括主板、显卡、声卡、内存条、CPU 和外部设备出现电气或机械等物理故障，也包括由于硬件安装不当，或受外界环境影响造成系统无法正常工作的故障。

• 软件故障

软件故障主要由程序方面引起的，其主要包括以下几个方面：

（1）BIOS 设置不当或错误。

（2）操作系统或应用软件的原因。

（3）系统设备的启动程序的原因。

（4）操作系统、设备的启动程序与相应的硬件不兼容。

（5）电脑病毒或木马程序。

8.2.2　检查计算机故障的原则

当电脑出现故障时，对于不太熟悉电脑的用户一定会不知如何是好。那么可以通过以下 22 字原则来检测：“先硬后软，先外后内，先静后动，先易后难，先一般后特殊。”

• 先硬后软

当电脑出现故障时，如果不能准确判断出发生故障的部分是硬件还是软件的问题，应首先检查硬件设备是否能正常工作，排除硬件的可能性后，再对软件系统进行检查。

• 先外后内

如果电脑故障外部设备不能使用时，应先检查外部设备是否正常，然后检查主机内和该设备相关的硬件或软件是否正常。

• 先静后动

在检测电脑故障时，应先在静态环境（即不通电）中直接检查，确定通电后不会引起更大的故障时，再进行通电。

· 先易后难

在检测电脑故障时，可以先进行一些相对简单的检测操作，排除发生故障的可能，然后再进行难度较大的检测。

· 先一般后特殊

在检测电脑故障时，先进行常规检查，或先排除常见的故障，再进行特殊情况或不太常见的故障检测。

8.2.3 排除故障具体方法

计算机中排除故障主要有以下方法：

（1）如果计算机不自检或显示器无显示，应首先检查计算机外部电源线及显示器电源插头是否插好。

（2）如果显示器无显示或音箱无声音，可检查显卡或声卡有无松动或插头是否插紧。

（3）如果主机自检时喇叭响，可根据响声长短次数判断错误。但是，根据主板 BIOS 的不同，声音的表示也有所不同。

AMI BIOS

1 短：内存刷新失败

2 短：内存校验错误

3 短：基本内存错误

4 短：系统时钟错误

5 短：CPU 错误

6 短：键盘错误

7 短：实模式错误

8 短：内存显示错误

9 短：ROM BIOS 校验错误

1 长 3 短：内存错误

AWARD BIOS

1 短：启动正常

2 短：非致命错误

1 长 1 短：显示错误

1 长 2 短：键盘错误

（4）根据屏幕提示错误信息判断。

CMOS Battery State LOW（CMOS 电池不足）。

Keyboard Interface Error（硬盘接口错误）。

Hard disk drive failure（硬盘故障）。

Hard disk not present（硬盘参数错误）。

Missing operating System（硬盘主引导区被破坏）。

Non System Disk Or Disk Error（启动系统文件错误）。

Replace Disk And Press A Key To Reboot（CMOS 硬盘参数设置错误）。

Invalid Media Type Reading Drive C（硬盘参数不匹配）。

Invalid Drive Specification（硬盘 BOOT 引导系统被破坏）。

Invalid BOOT Diskette，Diskette BOOT Failure（软盘引导系统错）。

FDD Controller Failure BIOS（软驱控制错误）。

HDD Controller Failure BIOS（硬盘控制错误）。

Drive Error（BIOS 未收到硬盘响应信号）。

Cache Memory Bad，Do Not Enable Cache（主板 Cache 故障）。

（5）应用软件故障，可按如下步骤来进行。

先用系统软盘启动计算机，在 DOS 状态下使用查、杀病毒软件检查硬盘。

如硬盘无法启动，可用原硬盘中相同版本系统软件启动并用 SYS 命令传输系统文件到硬盘。

用安全模式启动计算机，检查故障并重新启动。

卸载最后安装的软件并删除其所在目录后，重新安装该软件。

8.2.4 计算机常见死机故障

死机是使用计算机中经常会遇到的问题，引起死机的常见原因有以下 16 种.

（1）CPU 超频、显卡、声卡、主板超频过度容易引起死机。

（2）内存太小，特别是运行大程序时。

（3）病毒引起死机。

（4）硬件接触不良：板卡松动，灰尘过多，各种接口的金属氧化等。

（5）电压不稳或电源管理有问题。

（6）软件不兼容，同时运行 16 位和 32 位的程序可能有冲突。

（7）误操作造成系统文件和共享文件（通常是 DLL）丢失。

（8）不正确地使用磁盘工具，破坏了文件、目录、分区等。

（9）同时运行的程序太多，造成系统资源耗尽，包括缓存、GUI、CPU 等资源。

（10）硬盘太多,文件碎片或者硬盘有物理性坏磁道，计算机读此数据时会卡住。

（11）设备的 IRQ、I/O 地址、DMA 占用有冲突。

（12）硬件质量不过关，如同一内存条上的芯片不同型号等。

（13）软件的运行有时有先后顺序，若顺序颠倒则不行。

（14）系统的 Bug 被黑客或黑客软件攻击。

（15）数据传输（打印机、扫描仪、红外线、网络多媒体传输）时协议使用不当，软件的支持情况不好，线路不通顺等。

（16）软件本身的 Bug 有时也会造成死机。

8.2.5 计算机硬件故障判断方法

使用计算机时,经常会出现这样或那样的故障。很多故障都是由于各部件接触不良造成的。对于常见的故障，自己动手也能很快予以修复，并非只有专业计算机技术人员才能解决。要学会判断简单的故障，还要掌握一定的知识、了解计算机启动过程、知道常见的故障现象。

下面以 Windows 98 为例，来讲解计算机的启动过程。

（1）计算机首先从 ROM（只读存储器）中把自诊断程序移动到 RAM（随机存储器）中。

（2）随着 Bootstrap Loader 的运行，储存的辅助存储装置（通常是硬盘）中的操作系统将系统文件送到 RAM 中。

（3）执行系统文件 IO.SYS 和 MSDOS.SYS，这时画面上出现如下信息：

“Starting Windows 98…”。

（4）搜索 Config.sys 文件，若有则执行该文件。

（5）执行系统文件的 Command.com 文件。

（6）搜索 Autoexec.bat 文件，若有则执行它。

（7）读取 Windows 的初始化文件 System.ini 和 Win.ini，再读取注册表文件。

（8）启动结果，出现初始化画面，运行操作系统。

·启动过程中判断

在启动过程中，主板中的ROM BIOS除了用于初始化系统运行环境外，还用于监测硬件是否异常，包括硬件故障、接线情况、各类板卡的安装等。如果发生错误，屏幕上什么也不会出现。因此如果出现这种情况，很可能是硬件故障。其设备检查顺序如下：

检测显示器、键盘、鼠标，此时这些设备上的电源灯会闪烁。

检测显卡（屏幕上出现短暂的显卡信息）。

检测内存（随着“嘟嘟”的声音，画面上出现内存的容量信息）。

执行BIOS（画面上出现简略的BIOS信息）。

检测其他设备（出现其他设备的信息，如：CPU、HDD、MEM等）。

执行OS（操作系统）初始化文件，启动Windows 98。

·容易混淆的软件故障

（1）CMOS Setup错误。如果在CMOS Setup中的硬盘设置不正确，计算机可能无法识别硬盘，从而导致不能从硬盘启动。因此，当无法启动系统时应检查CMOS Setup的内容。若要正确识别硬盘，可以使用CMOS Setup中的IDE HDD Auto Detection选项。

（2）系统文件错误。Windows启动时需要Command.com、IO.sys、MSDOS.sys、Drvspace.bin 4个文件。如果这些文件遭破坏，即使识别了硬盘也不能启动，这时可以使用sys.com命令恢复这些文件。具体步骤是用启动盘启动系统后，键入“Sys C：”命令。

（3）初始化文件的错误。Windows在启动时要读取Autoexec.bat、Config.sys、System.ini、user.dat、System.dat等6个文件。在读取时如果文件有错误的话，将发生启动失败。不过，由于这些文件很难恢复，因此，在这种情况下通常要重新安装Windows操作系统。

（4）Windows错误。Windows初始画面出现后的故障大部分是软件故障，例如，程序间的冲突或驱动程序问题等。对于这样的问题，可以通过卸载软件或升级设备的驱动程序来解决。

·硬件故障的测试方法

（1）首先准备一个工作台，将主板从机箱拔出，再把主板上的所有部件拔出，只留下CPU和RAM，然后把主板放到工作台上。

（2）将主机电源连接在主板上，并插上显卡，插入时要注意将显卡镀金部分完全插入到插槽中。

（3）连接显示器电源插口后，将显卡与显示器连接起来。

（4）打开显示器电源，再接通机箱电源开关，然后用金属物品短接-F主板的电源开关。主板电源开关，一般标记为PWR SW或POWER SW。

（5）如果画面上出现BIOS版本信息，并且画面没有异常的话，说明CPU、主板、RAM、显卡、电源都是正常的。

（6）按顺序连接硬盘、软驱、CD-ROM、声卡、Modem 等设备，并进行检测。如果不出现画面，就说明最后连接的那个部件出了故障或存在兼容性问题。

8.2.6 计算机故障检测方法

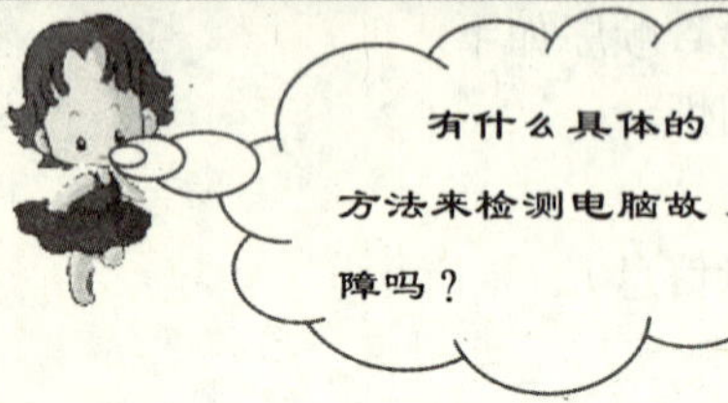

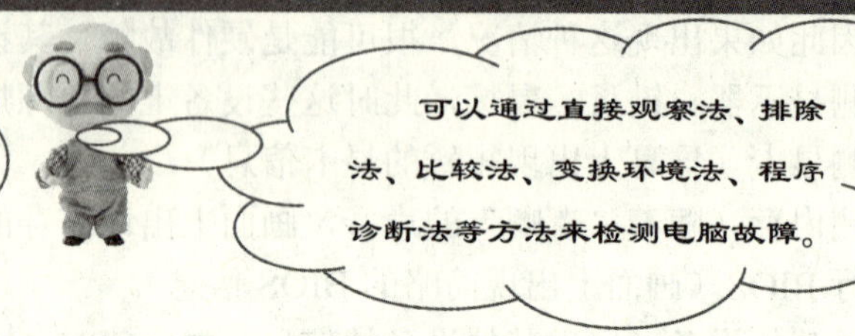

电脑出现故障固然会使用户烦恼，如果没有正确的方法排除故障，那可能会让人很头疼的。如果采取了不正确的检测方法，还有可能损害其他地方，造成更大的损失。

·直接观察法

该方法就是通过看、听、摸、闻等方式检查比较典型或比较明显的故障。如观察机器是否有火花、异常声音、插头松动、电缆损坏、断线或碰线、插件板上元件发烫烧焦、元件损坏或管脚断裂、接触不良、虚焊等现象。对于一些时隐时现的瞬时性故障，除直接观察外，也可以用橡皮榔头轻敲有关元件，看故障现象有何变化，以确定故障位置。

·隔离法

隔离法是将可能防碍故障判断的硬件或软件屏蔽起来的一种判断方法。它可以通过相互冲突的硬件、软件隔离开来判断故障是否发生变化。

上面提到的软硬件屏蔽，对于软件来说，即是停止其运行，或者是卸载；对于硬件来说，是在设备管理器中，禁用、卸载其驱动，或将硬件从系统中去除。

·替换法

替换法是用好的配件去代替可能有故障的配件，以判断故障现象是否消失的一种检测方法。好的配件可以是同型号的，也可能是不同型号的。替换的顺序一般为：

（1）根据故障的现象或第二部分中的故障类别，来考虑需要进行替换的配件或设备。

（2）按先简单后复杂的顺序进行替换。如：先内存、CPU、后主板，又如要判断打印故障时，可先考虑打印驱动是否有问题，再考虑打印电缆是否有故障，最后考虑打印机或并口是否有故障等。

（3）最先考查与怀疑有故障的配件相连接的连接线、信号线等，之后是替换怀疑有故障的配件，再后是替换供电配件，最后是与之相关的其他配件。

（4）从配件的故障率高低来考虑最先替换的配件。故障率高的配件先进行替换。

- 比较法

比较法即通过将一台有故障的电脑和正常电脑分别执行相同的操作,或运行相同的应用程序。根据不同的表现来判断电脑发生故障的原因。

- 变换环境法

变换环境法即将同一台电脑分别放置在两个不同环境下进行相同的操作,再从电脑中的表现来初步判断电脑的故障。

- 程序诊断法

程序诊断法也称为软件分析法，主要采用一些高级诊断软件，对电脑的整体或某一部分进行故障检测。现在比较流行的有 SiSoftsandra 99、BurnInTest、Norton 等。诊断软件在对电脑检测时要尽量满足两个条件：

（1）能较严格地检查正在运行的机器的工作情况，考虑各种可能的变化，造成“最坏”环境条件。这样，不但能够检查整个电脑系统内部各个部件的状况，而且也能检查整个系统的可靠性、稳定性和系统工作能力。

（2）如果发现问题所在，要尽量了解故障所在范围，并且范围越小越好，这样才便于寻找故障原因和排除故障。高级诊断软件检查法实际上是系统原理和逻辑的集合，这种软件为电脑用户带来了极大的方便。